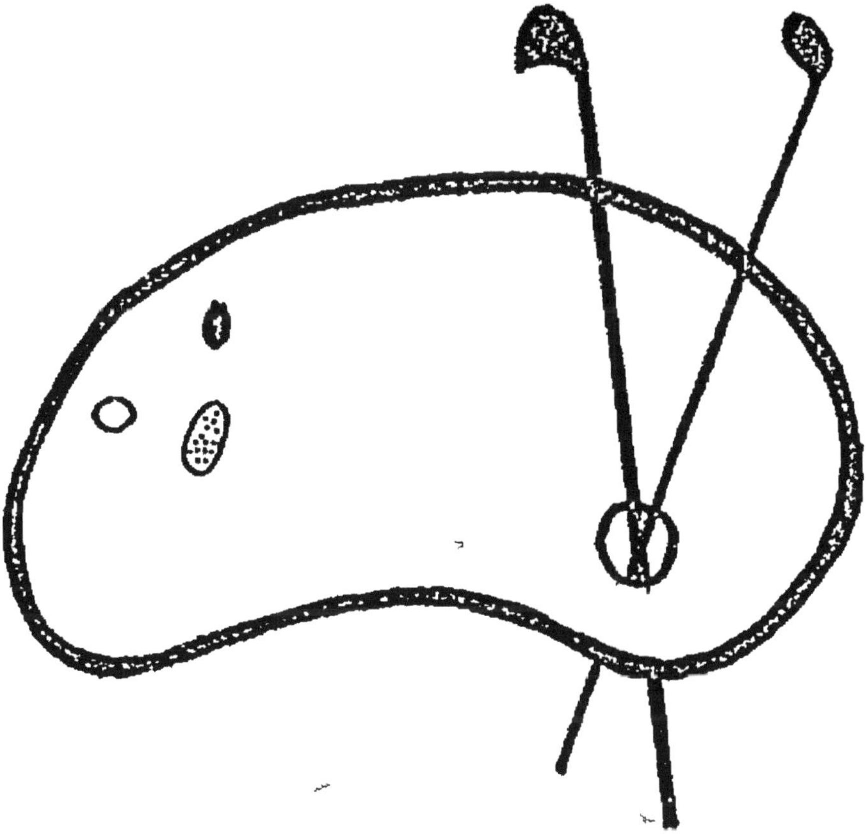

COUVERTURE SUPERIEURE ET INFERIEURE
EN COULEUR

COURS ÉLÉMENTAIRE

DE CHIMIE

ET

DE MANIPULATIONS CHIMIQUES

PAR

A. JOLY

Ancien élève de l'École normale supérieure
Agrégé de l'Université
Maître de Conférences à la Faculté des sciences de Paris

CINQUIÈME ANNÉE

Conforme aux programmes de 1886

PARIS

LIBRAIRIE HACHETTE ET Cⁱᵉ

79, BOULEVARD SAINT-GERMAIN, 79

1887

COURS D'ÉTUDES

A L'USAGE DE L'ENSEIGNEMENT SECONDAIRE SPÉCIAL
RÉPONDANT
AUX PROGRAMMES DE 1886

FORMAT IN-16, CARTONNÉ

HISTOIRE

Histoire de France et histoire générale. — Moyen âge, par M. Ducoudray, 1re année. 1 volume . . . . » »

Histoire de France et histoire générale — Temps modernes, par le même auteur, 2e année. 1 vol . . . . » »

Histoire de France et histoire générale. Époque contemporaine, par le même auteur, 3e année. 1 vol . . . . » »

Histoire de la civilisation depuis les origines jusqu'à nos jours, par le même auteur, 4e, 5e et 6e années. 3 vol . . . . . . » »

GÉOGRAPHIE

Géographie de l'Afrique, de l'Asie, de l'Océanie et de l'Amérique, par M. R. Cortambert, 1re année. 1 vol . . . . 1 fr. 50

Atlas correspondant, grand in 8 . . . . 5 fr.

Géographie générale de l'Europe, par le même auteur, 2e année. 1 vol . . . . . 2 fr.

Atlas correspondant, grand in-8 . . . 3 fr. 50

Géographie générale et économique de la France, par le même auteur, 3e et 4e années. 1 vol . . . . 3 fr

Atlas correspondant, grand in-8 . . 2 fr. 50

Géographie économique des états de l'Europe (moins la France), par le même auteur, 5e année. 1 vol . . . . » »

Géographie économique de l'Asie, de l'Afrique, de l'Océanie et de l'Amérique, par le même auteur, 6e année. 1 vol . . . . . » »

LITTÉRATURES ANCIENNES

Études littéraires sur les grands classiques latins, suivies d'extraits empruntés aux meilleures traductions, par M. Merlet, professeur au lycée Louis-le-Grand, 3e et 4e années. 1 vol in-16 broché . . . . . . 4 fr

Études littéraires sur les grands classiques grecs, suivies d'extraits empruntés aux meilleures traductions, par le même auteur, 3e et 4e année. 1 vol in-16 broché 4 fr.

LÉGISLATION ET ÉCONOMIE POLITIQUE

Cours de législation civile, par M. Delacourtie, avocat à la cour d'appel de Paris, 4e année. 1 vol . . . . 2 fr.

Cours de législation commerciale et industrielle, par le même auteur, 6e année. 1 vol . . . . 3 fr.

Précis d'économie politique, par M. Levasseur, membre de l'Institut, professeur au Collège de France et au Conservatoire des Arts et Métiers, 5e année. 1 vol . . . . » »

MORALE

Cours de morale pratique, par M. Pontseyrez, 4e année. 1 vol . . . . 1 fr. 50

MATHÉMATIQUES

Arithmétique, par M. Lucien Lévy, professeur au lycée Louis-le-Grand, 1re et 2e années. 1 vol . . . . 2 fr. 50

Géométrie, par M. Dalsème, professeur à l'École normale primaire de la Seine, 1re, 2e, 3e et 4e années . . . . 3 fr.

Algèbre, par M. Launay, professeur au lycée Charlemagne, 3e année. 1 vol . . . 3 fr.
— 4e et 5e années. 1 vol . . . . . . 3 fr

Géométrie descriptive, par M. Kiæs. Nouvelle édition, refondue par M. Niewraglowski, professeur au lycée Louis-le-Grand, 4e, 5e et 6e années. 1 vol . . . . . . 4 fr.

Courbes usuelles et Trigonométrie, par M. Bezodis, professeur au lycée Henri IV, 5e année. 1 vol . . . . 2 fr.

Mécanique, par MM. Monpiet et Thabourin, anciens élèves de l'École normale de Cluny, agrégés :
   Statique, 5e année. 1 vol. in-8 . 2 fr. 50
   Cinématique, dynamique, mécanismes, 6e année. 1 vol. in-8 . . . . . 3 fr. 50

Éléments de cosmographie, par M. Guillemin, 6e année. 1 vol . . . . 3 fr. 50

PHYSIQUE ET CHIMIE

Physique, par M. Gossin, proviseur du lycée de Lille, 2e, 3e, 4e, 5e et 6e années. 5 vol. Chaque volume . . . . 5 fr.

Chimie et manipulations, par M. A. Joly, maître de conférences à la Faculté des sciences de Paris, 3e année. 1 vol . . 3 fr.
— 4e année. 1 vol . . . . 3 fr.
— 5e et 6e années . . . . » »

HISTOIRE NATURELLE

Notions de zoologie, par M. Perrier, professeur au muséum d'histoire naturelle de Paris, 1re année. 1 vol . . . . 2 fr. 50

Éléments d'anatomie et de physiologie animales, par le même auteur, 5e et 6e années. 1 vol . . . . 3 fr.

Botanique élémentaire, par M. Mangin, professeur au lycée Louis-le-Grand, 2e année. 1 vol . . . . 3 fr.

Géologie, par M. Seignette, professeur au lycée Condorcet, 4e année. 1 vol. 2 fr. 50

Imprimerie A. Lahure, rue de Fleurus, 9, à Paris — 8-86.

COURS D'ÉTUDES

A L'USAGE

DE L'ENSEIGNEMENT SECONDAIRE SPÉCIAL

EXTRAIT

DES PROGRAMMES OFFICIELS

DE

L'ENSEIGNEMENT SECONDAIRE SPÉCIAL

(10 août 1886)

Chimie organique

Éléments des substances organiques. Principes immédiats.
Méthodes analytiques et méthodes synthétiques,
Classification d'après les fonctions chimiques.

Carbures d'hydrogène : Carbures gazeux; acétylène; gaz oléfiant;
gaz des marais. — Chloroforme.

Carbures liquides et solides : pétroles; essence de térébenthine;
benzine; toluène; naphtaline; anthracène.

Alcools : Alcool ordinaire et ses principaux éthers.
Alcool méthylique.
Glycérine. — Corps gras neutres.
Les glucoses. — Sucre de canne, sucre de lait.
Dextrine. — Amidon et fécules. — Gommes. — Celluloses.
Phénol. — Alizarine.

Aldéhydes : Essence d'amandes amères. — Camphre.

Acides : Principaux acides volatils (formique, acétique). — Acides
gras. — Acides fixes (oxalique, tartrique, citrique, lactique).

Alcalis : Alcalis artificiels : Aniline. — Toluidines. — Rosanilines.
Matières colorantes naturelles et artificielles.
Alcalis végétaux (nicotine, morphine, quinine, strychnine).

Amides : Notions générales. — Urée. — Acide urique. — Indigo.
Albumine et ses congénères (caséine, fibrine, gluten). — Gélatine.

14703. — Imprimerie A. Lahure, rue de Fleurus, 9, à Paris.

COURS ÉLÉMENTAIRE

DE CHIMIE

ET

DE MANIPULATIONS CHIMIQUES

PAR A. JOLY

Ancien élève de l'École normale supérieure, agrégé de l'Université,
Maître de Conférences à la Faculté des sciences de Paris

CINQUIÈME ANNÉE

CONFORME AUX PROGRAMMES DE 1886

Pour l'enseignement secondaire spécial

OUVRAGE ILLUSTRÉ DE 88 FIGURES INTERCALÉES DANS LE TEXTE

—

PARIS

LIBRAIRIE HACHETTE ET Cie

79, BOULEVARD SAINT-GERMAIN, 79

1887

COURS ÉLÉMENTAIRE

DE CHIMIE

CHIMIE ORGANIQUE

CHAPITRE PREMIER

ÉLÉMENTS DES SUBSTANCES ORGANIQUES.— PRINCIPES IMMÉDIATS.— MÉTHODE ANALYTIQUE ET MÉTHODE SYNTHÉTIQUE. — FONCTIONS CHIMIQUES.

1. Éléments des substances organiques. — Un petit nombre d'éléments entrent dans la composition des tissus animaux ou végétaux, des liquides qui les baignent, ou des matières solides que ces liquides tiennent en dissolution ou en suspension. Ces éléments sont le carbone, l'hydrogène, l'oxygène, l'azote; on trouve aussi de petites quantités de soufre ou de phosphore.

Lorsqu'on brûle en effet un fragment d'une matière organique, les éléments constitutifs en s'unissant à l'oxygène se transforment en composés volatils ou se dégagent à l'état gazeux (vapeur d'eau, acide carbonique, azote); il ne reste qu'un faible résidu solide constituant les cendres et renfermant de la silice, de l'alumine, des oxydes ou des carbonates alcalins, substances qui préexistent dans les incrustations solides des cellules ou des vaisseaux, ou qui proviennent de la décomposition par la chaleur de certains sels dissous dans les liquides qui baignent ces organes.

De ces quatre éléments principaux, il en est un qui ne fait jamais défaut ; c'est le carbone. Nous trouverons toujours en effet de l'acide carbonique parmi les produits de la combustion de la substance. On peut faire l'expérience d'une façon très simple, en chauffant dans un tube de verre de l'oxyde de cuivre avec du sucre en poudre, de l'amidon, de la fécule, de la sciure de bois (fig. 1). L'oxyde de cuivre

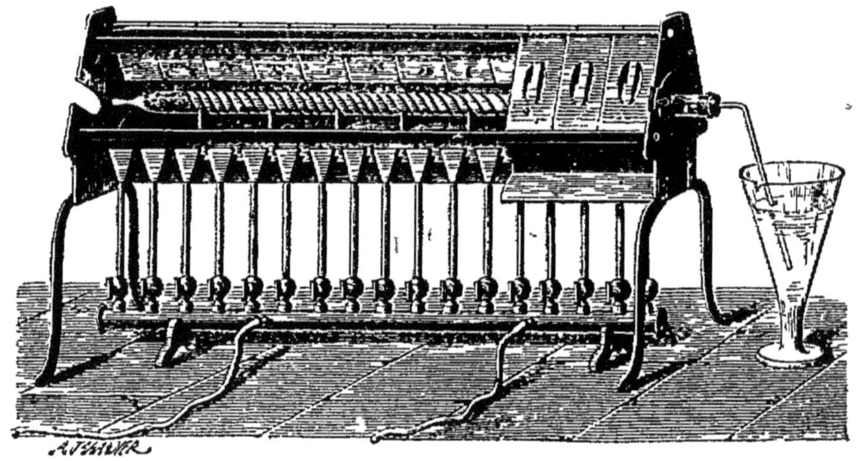

Fig. 1.

cède de l'oxygène à la matière organique, et l'acide carbonique formé se dégage par un petit tube recourbé qui plonge dans de l'eau de chaux ou de baryte.

Si, après avoir desséché la substance à 100°, dans une étuve à vapeur d'eau, dite étuve de Gay-Lussac (fig. 2), de façon à chasser l'eau hygrométrique ou l'eau interposée, on observe dans la combustion par l'oxyde de cuivre un dépôt de gouttelettes d'eau sur les parois froides du tube, c'est que la substance était hydrogénée.

Nous reconnaîtrons une matière azotée à ce caractère que, chauffée dans un tube de verre avec de la potasse ou mieux de la chaux sodée, elle donne lieu à un dégagement d'ammoniaque qu'il est facile de reconnaître à son odeur et à la réaction alcaline qu'elle exerce sur un papier rouge de tournesol.

Il est plus difficile de reconnaître si une matière est oxygénée; quelquefois la substance chauffée en vase clos, dans une petite cornue par exemple, laisse dégager un composé oxygéné, de l'oxyde de carbone, de l'acide carbo-

Fig. 2.

nique, de la vapeur d'eau. Nous n'accuserons cependant la présence de l'oxygène d'une façon certaine qu'en déterminant exactement les poids de carbone, d'hydrogène et d'azote contenus dans un poids connu de la substance et calculant l'oxygène par différence, après avoir vérifié soigneusement qu'il n'existe pas d'autres éléments, tels que du soufre ou du phosphore, ou des matières minérales.

2. **Analyse immédiate.** — Si l'on soumettait brutalement à l'analyse un organe d'un végétal ou d'un animal, on déterminerait les proportions de carbone, d'hydrogène,

d'oxygène et d'azote qui entrent dans sa composition; mais divers fragments du même végétal ou du même organe de ce végétal présenteraient des compositions très différentes, et l'on pourrait en tirer cette conclusion que les êtres organisés ne renferment pas de composés *définis* analogues à ceux que l'on étudie en chimie minérale.

Il n'en est rien cependant; diversement groupés, les éléments fondamentaux forment de nombreux composés caractérisés par la fixité de leur composition, dont quelques-uns même sont susceptibles de cristalliser, de fondre ou de se volatiliser sans subir d'altération. On donne à ces composés le nom de *principes immédiats*. Les plantes et les animaux sont formés par des agglomérations complexes de ces principes immédiats, qui constituent des *espèces chimiques* tout aussi nettement caractérisées que les espèces minérales.

La séparation des principes immédiats, ou *analyse immédiate*, présente parfois de grandes difficultés; il s'agit, en effet, de l'effectuer sans altérer les matières organiques. On fait usage, suivant les cas, d'actions mécaniques, de dissolvants divers (eau, alcool, éther, etc.), ou bien encore on soumet les substances, avec ménagement, à l'action de la chaleur, de façon à fondre ou volatiliser quelques-uns des éléments constitutifs.

Prenons quelques exemples.

1° Soumettons à l'examen microscopique une coupe mince d'une pomme de terre. Dans des cellules dont les parois sont formées d'une matière désignée sous le nom de *cellulose*, nagent, au sein d'un liquide renfermant des matières salines dissoutes et diverses matières organiques, de petits grains ovoïdes de *fécule*. Si l'on râpe une pomme de terre sous un filet d'eau, au-dessus d'un tamis, les débris des cellules sont retenus par les mailles du tissu, et l'eau entraîne, dans un récipient placé au-dessous, la fécule, qui se dépose peu à peu; séparée du liquide, séchée et analysée, cette substance présente une composition constante.

La farine de blé malaxée sous un filet d'eau abandonne un produit pulvérulent que l'eau entraîne et qui constitue l'*amidon*, dont la composition est la même que celle de la fécule. Il reste dans la main de l'opérateur une matière élastique, azotée, de composition complexe, le *gluten*.

L'amidon, la fécule ne sont pas cristallisés. Ils ne peuvent être chauffés au-dessus de 200° sans se décomposer; ils ne sont ni fusibles, ni volatils.

2° En broyant la canne à sucre entre des cylindres, on extrait un jus sucré qui, soumis à l'évaporation, laisse déposer des cristaux de *sucre*. Le jus de la betterave contient également du sucre, et c'est de la canne ou de la betterave que l'on retire industriellement cette substance. Le suc des fruits doux (raisin, prunes, figues), le miel, renferment une autre matière sucrée cristallisable, le *glucose* ou *sucre des fruits*, qui diffère de la précédente par l'ensemble de ses propriétés chimiques.

3° Un liquide visqueux, la térébenthine, qui s'échappe d'incisions pratiquées dans l'écorce des pins, laisse dégager, lorsqu'on le soumet à la distillation, un liquide incolore, doué d'une odeur spéciale, qui bout à 156° : c'est l'*essence de térébenthine*.

4° En exprimant le jus d'un citron, on obtient un liquide acide qui, saturé par de la craie finement pulvérisée, laisse déposer le sel de chaux, insoluble dans l'eau, d'un acide cristallisable, l'*acide citrique*.

En distillant avec de l'eau l'écorce du citron, on recueille un liquide volatil, l'*essence de citron*, dont la composition est la même que celle de l'essence de térébenthine, mais dont les propriétés physiques sont très différentes.

5° Si l'on fait macérer l'écorce de quinquina avec l'acide chlorhydrique étendu, on dissout une base, la *quinine*; en ajoutant de la chaux, on la déplace de sa combinaison chlorhydrique. La *quinine* est un composé azoté *basique*, qui est susceptible de se combiner avec les acides pour donner des sels cristallisés.

Ces exemples d'analyse immédiate suffisent pour montrer comment, par des traitements appropriés, nous pouvons extraire des végétaux des corps qui, caractérisés par l'ensemble de leurs propriétés comme *espèces* chimiques distinctes, ont en effet une composition élémentaire invariable, et sont par conséquent des composés définis.

3. Analyse élémentaire. — Pour déterminer la composition d'une matière organique, on fait une *analyse élémentaire.*

1° *Analyse d'une matière non azotée.* — Supposons que l'on se soit assuré que la substance n'est pas azotée. On la pèse et on la mélange intimement, dans un tube de verre peu fusible (fig. 3), avec de l'oxyde de cuivre soigneusement

Fig. 3.

desséché. Le tube de verre, entouré d'une mince feuille de clinquant destinée à le protéger contre l'action trop brusque de la chaleur, est disposé sur une grille à gaz (fig. 4). Une de ses extrémités est fermée, l'autre porte un bouchon auquel on adapte un petit tube en U renfermant de la ponce sulfurique h, puis un tube à boules de Liebig i, contenant une dissolution de potasse, enfin un tube à potasse solide j. L'ensemble de ces deux derniers tubes a été taré préalablement et est destiné à fixer l'acide carbonique.

En chauffant graduellement le tube jusqu'au rouge, on détermine la combustion du carbone et de l'hydrogène de la matière organique ; la vapeur d'eau est retenue par le tube à ponce sulfurique, l'acide carbonique est absorbé par la potasse. Lorsque les bulles de gaz cessent de se dégager à travers la solution alcaline contenue dans le tube de Liebig, on adapte à l'autre extrémité du tube à combustion des appa-

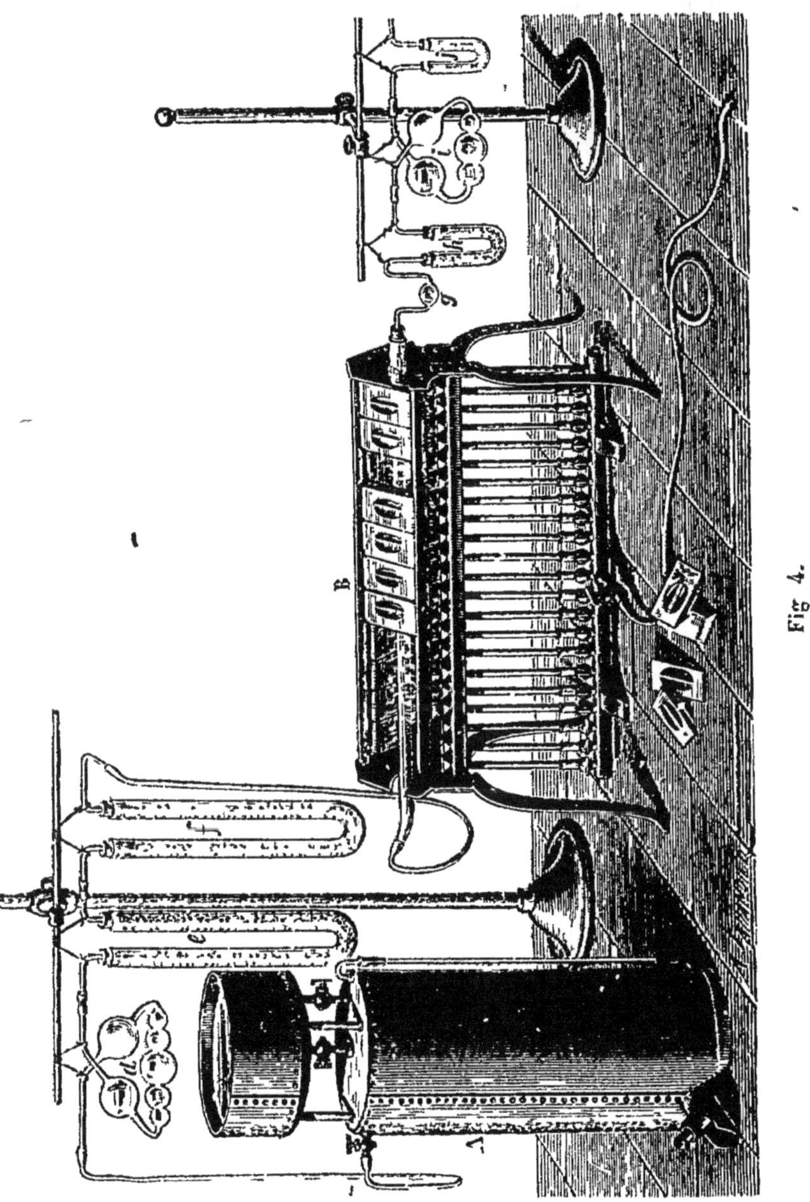

reils desséchants e et f et un gazomètre à oxygène A. Ce gaz
balaye les dernières traces d'acide carbonique et de vapeur

d'eau contenues dans le tube, en même temps qu'il achève la combustion de la substance.

Soient p et p' les augmentations de poids du tube à ponce et des tubes à potasse[1] :

$$\frac{1}{9}\, p \text{ sera le poids de l'hydrogène.}$$

$$\frac{3}{11}\, p' \quad - \quad \text{du carbone.}$$

Si la matière ne renferme que du carbone et de l'hydrogène, la somme de ces poids est égale au poids P de la substance. S'il y a une différence entre P et la somme des poids de l'hydrogène et du carbone, cette différence représente le poids de l'oxygène.

2° *Analyse d'une matière azotée.* — Si la matière est azotée, on effectue tout d'abord la combustion comme dans le cas précédent; mais comme il peut se former un peu de vapeurs nitreuses qui seraient absorbées par la potasse et fausseraient le dosage du carbone, on place dans la partie antérieure du tube une longue colonne de cuivre qui, portée au rouge dès le début de l'opération, décompose les composés de l'azote. Puis on recommence la même opération, en adaptant cette fois à l'extrémité du tube à combustion un tube à dégagement qui se rend sur la cuve à mercure. On balaye l'air contenu dans le tube, soit en faisant le vide à l'aide d'une pompe à main (fig. 5), soit par un courant d'acide carbonique, en adaptant à l'extrémité du tube un appareil continu à acide carbonique; dans ce cas, lorsque le gaz qui se dégage à l'extrémité du tube est complètement absorbable par la potasse, on arrête le dégagement du gaz carbonique et on chauffe le tube. L'azote se dégage mélangé d'acide carbonique; on le recueille dans une éprouvette renfermant, au-dessus du mercure, une dissolution de potasse qui absorde tout l'acide carbonique. On balaye une dernière

---

1. On doit se rappeler que 9 grammes d'eau renferment 1 gramme d'hydrogène et que 22 grammes d'acide carbonique contiennent 6 grammes de carbone.

fois le tube à combustion en faisant passer un courant d'acide carbonique pur; on mesure le volume de l'azote et on calcule son poids.

On peut analyser un grand nombre de matières azotées en les calcinant avec de la chaux sodée, qui transforme l'azote en ammoniaque. La matière est mélangée avec de la

Fig. 6.

chaux sodée dans un tube en verre que l'on dispose sur une grille à gaz (fig. 6); l'une des extrémités du tube est fermée, l'autre A est reliée à un tube à boules dans lequel on a placé une dissolution étendue d'acide chlorhydrique et qui absorbe l'ammoniaque à mesure qu'elle se dégage. Lorsque le liquide acide monte dans la boule qui est voisine

du tube, la réaction est terminée; on brise la pointe effilée
du tube et, en aspirant par l'extrémité opposée, on déter-

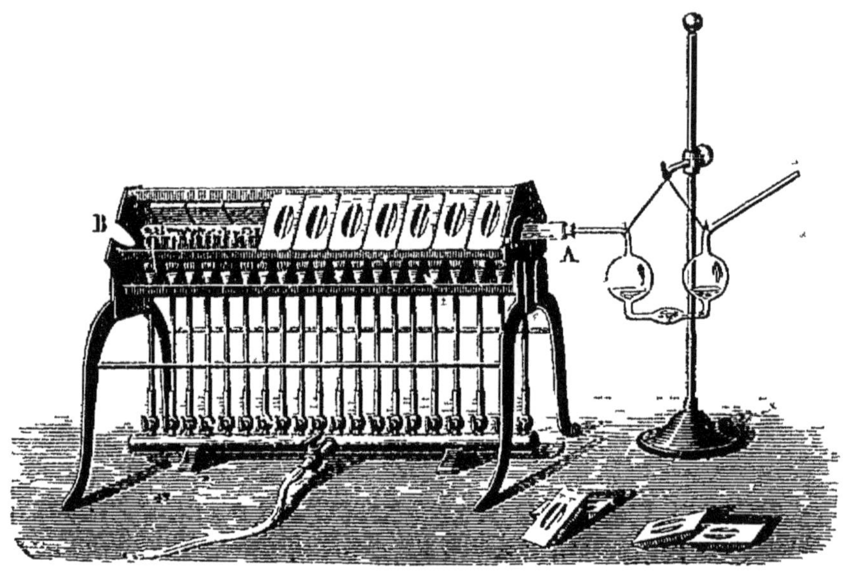

Fig. 6.

mine un appel d'air qui balaye l'ammoniaque. Il ne reste
plus qu'à doser l'ammoniaque dissoute par l'acide, ce qui se
fait par des méthodes que nous ne pouvons décrire ici.

4. Formules des matières organiques. — Des nombres fournis par l'analyse on déduit la composition centésimale de la substance, c'est-à-dire que l'on calcule les
poids des éléments que l'on aurait obtenus si l'on avait
effectué l'analyse sur un poids de matière égal à 100. Supposons que l'analyse de l'alcool ait donné :

Carbone.	52,17
Hydrogène.	13,04
Oxygène.	34,79
	100,00

En divisant chacun de ces nombres par l'équivalent du corps simple on trouve

$$\frac{52,17}{6} = 8,69, \qquad \frac{13,04}{1} = 13,04, \qquad \frac{54.79}{8} = 4,549,$$

qui sont entre eux comme

$$2 \qquad\qquad 5 \qquad\qquad 1$$

La formule la plus simple serait donc

$$C^2H^5O.$$

On est convenu de prendre comme équivalent des matières organiques volatiles un poids tel, que, réduit en vapeurs, il occupe le même volume que $H^2 = 4$ volumes[1]. Dans le cas actuel, 46 grammes d'alcool occupant le même volume que H^2, il convient de doubler la formule ci-dessus et d'écrire

$$C^4H^6O^2.$$

Si la substance n'est pas volatile, on s'appuie pour fixer sa formule sur ses propriétés chimiques, sur la neutralité par exemple, dans le cas où elle peut former des sels neutres avec des acides ou des bases dont l'équivalent a été fixé antérieurement.

5. Isomérie. — Polymérie. — Il peut se faire que plusieurs corps offrent à l'analyse la même composition centésimale ; si de plus ces corps ont même densité de vapeur,

---

1. Pour que les volumes représentés par toutes les formules soient les mêmes (4 vol.), nous avons doublé les formules des matières inorganiques volatiles ; c'est ainsi que nous écrirons les formules de l'eau, de l'acide carbonique, de l'acide sulfureux, de l'acide sulfurique anhydre et par suite de l'acide sulfurique hydraté :

$$H^2O^2, \qquad S^2O^6,$$
$$C^2O^4, \qquad S^2O^6.H^2O^2.$$
$$S^2O^4,$$

ils sont représentés nécessairement par des formules identiques ; on les dit *isomères*.

Lorsque la densité de vapeur d'une substance est un multiple simple de celle d'une autre substance, on dit que la première est un *polymère* de la seconde.

6. Méthode analytique.

— Par une suite de transformations convenablement réglées, nous pourrons, prenant comme point de départ un principe immédiat, très abondant dans les végétaux, l'amidon par exemple, obtenir des composés plus simples.

L'amidon, délayé dans l'eau acidulée par l'acide sulfurique et chauffé à 90° environ, semble tout d'abord se dissoudre et forme un empois que l'iode-libre colore en bleu. Puis, peu à peu, la dissolution devient complète, l'iode ne communique plus au liquide qu'une coloration violacée ; la liqueur renferme à ce moment de la *dextrine*, matière qui présente la même composition centésimale que l'amidon, mais s'en distingue en ce qu'elle est soluble dans l'eau. Par une action prolongée de la vapeur d'eau, la dextrine se transforme en *glucose*, que l'on fait cristalliser en évaporant le liquide, et qui est identique à celle que l'on peut retirer des sucs de certains végétaux.

Cette transformation de l'amidon en glucose s'effectue dans les végétaux ; l'amidon, la fécule, constituent des réserves alimentaires accumulées dans les graines (blé), dans la tige (pomme de terre) et qui, au moment de la germination, par l'intervention d'une matière appelée *diastase*, se transforment en glucose soluble que la plante peut assimiler.

Les jus sucrés du raisin ou de la pomme abandonnés à eux-mêmes, au contact de l'air, deviennent au bout de quelques jours le siège d'une réaction tumultueuse (*fermentation*) ; de l'acide carbonique se dégage et de l'*alcool* reste mélangé au liquide, qui précédemment tenait le sucre en dissolution. En distillant le liquide alcoolique (vin, cidre), on recueille l'alcool, plus volatil que l'eau.

L'alcool, versé goutte à goutte sur du noir de platine,

absorbe peu à peu l'oxygène de l'air et se transforme en un acide, l'acide acétique :

$$C^4H^6O^2 + 4O = H^2O^2 + C^4H^4O^4.$$

L'alcool et l'acide acétique peuvent être à leur tour transformés en des composés plus simples, des *carbures d'hydrogène*. En chauffant, en effet, un mélange d'alcool et d'acide sulfurique à 160°, on recueille de l'éthylène C^4H^4, et l'on prépare le formène C^2H^4 en décomposant l'acide acétique par la chaleur.

Enfin, si l'on dirige les vapeurs d'alcool, l'éthylène ou le formène dans un tube chauffé au rouge, on constate la formation de l'acétylène C^4H^2.

L'action exercée par la chaleur sur les matières organiques est un des procédés d'analyse les plus fréquemment employés.

7. Méthode synthétique. — Inversement on peut, en combinant le carbone, l'oxygène, l'hydrogène et l'azote, former des composés binaires, puis ternaires, et remonter ainsi, de proche en proche, jusqu'aux composés les plus complexes qui ont été retirés des végétaux ou des animaux.

Dans l'arc électrique, M. Berthelot a pu combiner le carbone et l'hydrogène et obtenir ainsi l'*acétylène* C^4H^2.

Si l'on chauffe l'acétylène, dans une cloche courbe, avec un volume égal d'hydrogène, on a l'*éthylène* :

$$C^4H^2 + H^2 = C^4H^4.$$

On peut passer de l'éthylène à un composé oxygéné important, l'alcool, et le liquide que l'on obtient par cette réaction synthétique est identique à celui que la fermentation développe dans les liquides sucrés d'origine végétale. L'acide sulfurique absorbe l'éthylène et le liquide acide contient alors, en même temps qu'un excès d'acide sulfurique libre, un acide nouveau, l'acide *éthylsulfurique*, qui résulte de la combinaison de l'éthylène et de l'acide sulfurique :

$$C^4H^4 + S^2O^6,H^2O^2 = C^4H^4(S^2O^6,H^2O^2).$$

Si l'on distille ce liquide avec de l'eau, on recueille de l'alcool :

$$C^4H^4(S^2O^6,H^2O^2) + H^2O^2 = C^4H^6O^2 + S^2O^6,H^2O^2.$$

Cet alcool peut être transformé en *acide acétique* $C^4H^4O^4$ par oxydation.

On peut aller plus loin encore : introduire de l'azote et préparer des composés basiques analogues ou identiques à ceux que l'on trouve dans les végétaux.

C'est ainsi qu'en chauffant l'alcool avec une dissolution concentrée d'acide iodhydrique, on obtient un composé nouveau, l'*éther iodhydrique*, avec élimination d'eau :

$$C^4H^4(H^2O^2) + HI = C^4H^4(HI) + H^2O^2.$$

L'éther iodhydrique chauffé, dans un vase scellé, avec une dissolution alcoolique d'ammoniaque, donne un iodhydrate d'une base, l'*éthylamine* :

$$C^4H^4(HI) + AzH^3 = C^4H^4(AzH^3),HI.$$

On sépare cette base en chauffant le sel avec de la chaux, exactement comme on a préparé le gaz ammoniac en chauffant son chlorhydrate avec de la chaux.

8. **Substitutions.** — Les principes immédiats retirés des organismes vivants ne renferment ni chlore, ni brome, ni iode. On peut cependant, en faisant réagir les composés hydrogénés de ces éléments, soit ces éléments eux-mêmes, sur les matières organiques, préparer des composés chlorés, bromés et iodés, dont l'importance est surtout due à la facilité avec laquelle ils se prêtent aux doubles décompositions.

Ainsi les hydracides HCl, HBr, HI peuvent s'unir directement à la plupart des composés hydrogénés du carbone.

L'éthylène, par exemple, s'unit à l'acide iodhydrique pour donner le composé C^4H^4,HI. Ce composé réagit sur les sels d'argent pour former par double décomposition de l'iodure d'argent et un composé plus complexe résultant de l'union de l'acide du sel et du carbure, *l'éther acétique* :

$$C^4H^4,HI + C^4H^3AgO^4 = C^4H^4(C^4H^3O^4) + AgI.$$

Acétate d'argent.

Le chlore, par l'énergie avec laquelle il s'unit à l'hydrogène, exerce sur les matières organiques des réactions variées, qu'il importe d'examiner de plus près.

Agissant au rouge sur une matière organique, il la détruit, en formant de l'acide chlorhydrique ; il peut aussi, en s'emparant d'une partie de l'hydrogène, produire des actions comparables à celles que donnerait une oxydation ménagée ; il peut s'unir purement et simplement à la substance, comme cela a lieu avec certains carbures d'hydrogène ; enfin, il peut exercer une action tout autre, sur laquelle il importe d'insister.

Lorsqu'on fait agir, par exemple, le chlore sur le gaz des marais C^2H^4, sous l'influence de la lumière solaire, on observe que le chlore peut éliminer successivement tous les équivalents d'hydrogène et se *substituer* à cet élément équivalent à équivalent ; on obtient ainsi :

$$C^2H^4 + 2Cl = C^2H^3Cl + HCl,$$
$$C^2H^3Cl + 2Cl = C^2H^2Cl^2 + HCl,$$
$$C^2H^2Cl^2 + 2Cl = C^2HCl^3 + HCl,$$
$$C^2HCl^3 + 2Cl = C^2Cl^4 + HCl.$$

L'acide acétique $C^4H^4O^4$, soumis à l'action du chlore, se transforme successivement en

$$C^4H^3ClO^4, \qquad C^4H^2Cl^2O^4, \qquad C^4HCl^3O^4 ;$$

ce dernier composé notamment (*acide trichloracétique*) forme des sels isomorphes des acétates.

C'est Dumas qui a appelé l'attention sur ces *phénomènes de substitution* et mis en évidence ce fait que l'hydrogène peut être remplacé par le chlore, *volume à volume*, et que la substitution graduelle du chlore, tout en altérant les propriétés physiques, n'altère pas sensiblement les propriétés chimiques du composé primitif, sa *fonction chimique*.

9. But de la chimie organique. — Les quelques réactions analytiques et synthétiques que nous venons de signaler nous montrent qu'on peut envisager la chimie organique sous deux points de vue différents.

On peut dire que la chimie organique a pour objet l'étude des principes immédiats extraits des végétaux et des transformations qu'on peut leur faire subir par l'emploi de divers agents physiques ou chimiques. La méthode analytique sert de base à cette étude; c'est elle qui a été employée tout d'abord.

L'emploi de la méthode synthétique a permis de généraliser et de définir la chimie organique : l'étude des combinaisons que le carbone peut contracter avec les divers corps simples; c'est la *chimie des composés du carbone*. A ce titre, elle devrait suivre immédiatement l'étude du carbone; mais son étendue est telle, qu'il est nécessaire de l'en disjoindre.

Sans insister davantage sur cette définition, remarquons que les deux méthodes, analytique et synthétique, sont aujourd'hui employées concurremment.

CLASSIFICATION DES MATIÈRES ORGANIQUES.

10. Fonctions chimiques. — Les matières organiques sont partagées d'après l'ensemble de leurs réactions, d'après leur *fonction chimique*, en sept groupes principaux.

1° *Carbures d'hydrogène* ou *hydrocarbures*. Ce sont des composés binaires neutres ne renfermant que du carbone et de l'hydrogène; tels sont :

L'acétylène. . . . . C^4H^2
Le gaz oléfiant ou éthylène. . . . . C^4H^4
Le gaz des marais ou formène. . . . . C^2H^4
La benzine. . . . . $C^{12}H^6$
L'essence de térébenthine. . . . . . . $C^{20}H^{16}$

2° *Alcools.* Composés ternaires neutres renfermant du carbone, de l'hydrogène et de l'oxygène; ils réagissent sur les acides pour former, avec élimination d'eau, des *éthers*, que l'on peut rapprocher des sels de la chimie minérale; ainsi l'alcool ordinaire et l'acide azotique donnent l'éther azotique :

$$C^4H^6O^2 + AzO^5,HO = C^4H^4(AzO^5,HO) + H^2O^2.$$

Des alcools on doit rapprocher les *phénols*, dont le type est le phénol ordinaire ou acide phénique. Il s'en distingue cependant en ce que l'action de l'acide azotique donne des produits de substitution au lieu de donner des éthers:

Phénol.	$C^{12}H^4(H^2O^2).$
Phénol trinitré ou acide picrique. .	$C^{12}H^3(AzO^4)^3O^2.$

3° *Aldéhydes.* Les aldéhydes dérivent des alcools par perte d'hydrogène et reproduisent les alcools lorsqu'on parvient à les hydrogéner. Nous citerons l'*aldéhyde vinique* ou *éthylique* $C^4H^4O^2$:

$$C^4H^4(O^2) = C^4H^4(H^2O^2) - H^2.$$

4° *Acides.* Une oxydation plus complète change les alcools en acides. Ainsi l'alcool ordinaire $C^4H^4(H^2O^2)$ donne l'*acide acétique* $C^4H^4(O^4)$:

$$C^4H^4(H^2O^2) + 4O = C^4H^4(O^4) + H^2O^2.$$

Les acides sont dits *monobasiques*, *bibasiques* ou *tribasiques*, suivant que, en se combinant avec une même base, ils peuvent former un sel, deux sels ou trois sels.

5° Les *éthers* résultent de la réaction des acides sur les alcools avec élimination d'eau; ils sont dits *simples* ou *composés*, suivant que l'acide qui a concouru à leur formation est un hydracide ou un oxacide.

Cette distinction est d'ailleurs de peu d'importance et, plus généralement, pour rappeler l'analogie qu'ils présentent avec les sels minéraux, on les désigne sous le nom d'*éthers-sels* :

$$\text{Éther chlorhydrique } (\textit{éther simple}), \ldots \quad C^4H^4(HCl).$$
$$\text{Éther acétique } \quad (\textit{éther composé}). \ldots \quad C^4H^4(C^4H^4O^4).$$

Le liquide connu vulgairement sous le nom d'*éther* a un mode de génération tout différent; il résulte (66) de la réaction de l'alcool sur un éther acide, l'*acide éthylsulfurique*, $C^4H^4(S^2O^6,H^2O^2)$:

$$C^4H^4(H^2O^2) + C^4H^4(S^2O^6,H^2O^2) = C^4H^4(C^4H^6O^2) + S^2O^6,H^2O^2.$$

Il appartient à la classe des *éthers mixtes*, ainsi nommés parce qu'ils peuvent être formés à partir de deux alcools différents.

6° *Bases.* Les bases organiques renferment toutes de l'azote; elles peuvent renfermer de l'oxygène. A l'alcool éthylique correspondent trois bases :

$$\text{La monoéthylamine} \ldots \ldots \ldots \quad C^4H^4(AzH^3),$$
$$\text{La diéthylamine} \ldots \ldots \ldots \quad C^4H^4(AzH^3)^2,$$
$$\text{La triéthylamine} \ldots \ldots \ldots \quad C^4H^4(AzH^3)^3.$$

Ces bases sont des *ammoniaques composées* ou *amines*; beaucoup de matières colorantes artificielles dérivées du goudron de houille sont des amines.

Un grand nombre de bases organiques que l'on retire des végétaux, telles que la *quinine*, la *morphine*, sont oxygénées.

7° *Amides.* Composés azotés qui dérivent des sels ammoniacaux par élimination d'eau; ainsi l'*acétamide* $C^4H^5AzO^2$ résulte de la déshydration, par la chaleur, de l'acétate d'ammoniaque :

$$C^4H^4O^4,AzH^3 - H^2O^2 = C^4H^2O^2(AzH^3).$$

L'*urée* $C^2H^4Az^2O^2$, que l'on trouve dans les excrétions animales, est l'amide de l'acide carbonique; l'*acide urique*, les *matières albuminoïdes*, l'*indigo*, se rattachent à ce groupe.

11. **Corps homologues.** — Parmi les corps formés des

mêmes éléments, et ayant même fonction chimique, il en est dont les formules ne diffèrent que par C^2H^2 ou un multiple de C^2H^2; on dit que ces corps sont *homologues*. Les corps homologues forment des *séries* dites *homologues*.

Ainsi, pour n'envisager en ce moment que les composés les plus simples, les carbures d'hydrogène, nous verrons qu'il existe un nombre immense de ces composés binaires, que l'on peut partager en séries homologues:

$$C^2H^4 \qquad C^4H^4 \qquad C^4H^2$$
$$C^4H^6 \qquad C^6H^6 \qquad C^6H^4$$
$$C^6H^8, \text{etc.} \qquad C^8H^8, \text{etc.} \qquad C^8H^6, \text{etc.}$$

Les formules des carbures de ces séries seront obtenues en faisant $n = 1, 2, 3...$ dans les formules générales

$$C^{2n}H^{2n+2}, \qquad C^{2n}H^{2n}, \qquad C^{2n}H^{2n-2}.$$

Les divers termes d'une série homologue possèdent en général des propriétés chimiques assez voisines pour qu'on puisse restreindre leur étude à celle de quelques termes types.

12. Formules. — Pour formuler la composition d'une matière organique, on peut se contenter de juxtaposer les symboles des éléments, en les affectant d'un coefficient disposé en forme d'exposant. C'est ainsi que nous avons écrit la formule de l'alcool $C^4H^6O^2$. Ces formules sont des *formules brutes;* ce sont les plus simples en apparence, mais elles présentent cet inconvénient qu'elles ne permettent pas de se rendre compte à première vue des conditions dans lesquelles la substance a pu être produite, ou des réactions de décomposition qu'elle peut présenter.

Les formules que nous emploierons sont celles qui ont été proposées par M. Berthelot; elles sont destinées à peindre aux yeux les réactions principales d'addition qui ont pu donner naissance aux composés. Prenons comme exemple les composés de l'éthylène obtenus par synthèse directe uo

indirecte et dont nous avons déjà indiqué sommairement la
filiation; il nous suffira de juxtaposer le symbole de l'éthylène et des corps simples et composés auxquels il s'unit:

Hydrure d'éthylène..	$C^4H^4(H^2)$
Bichlorure d'éthylène.	$C^4H^4(Cl^2)$
Alcool..	$C^4H^4(H^2O^2)$
Éther chlorhydrique.	$C^4H^4(HCl)$
Éther acétique..	$C^4H^4(C^4H^4O^4)$
Acide acétique..	$C^4H^4(O^4)$
Éthylamine.	$C^4H^4(AzH^5$

On peut encore envisager ces formules comme exprimant
des phénomènes de *substitutions* directes ou indirectes. Les
symboles compris entre parenthèses représentant le même
volume que H^2, c'est-à-dire 4 volumes, on peut dire en
effet que Cl^2, H^2O^2, HCl, $C^4H^4O^4$, AzH^5 ont pris la place de H^2
dans le composé $C^4H^4(H^2)$ ou hydrure d'éthylène.

15. *Remarque.* — D'autres systèmes de notation ont été ou sont encore
employés. Ainsi, on peut envisager les composés que nous venons de
formuler comme des combinaisons d'un groupement hydrocarburé hypothétique, auquel on a donné le nom de *radical,* l'*éthyle* C^4H^5 :

Hydrure d'éthyle	$C^4H^5.H$
Alcool ou hydrate d'oxyde d'éthyle.	$C^4H^5.O,HO$
Éther chlorhydrique ou chlorure d'éthyle. .	$C^4H^5.Cl$

Le radical C^4H^5 est assimilé à un métal et on obtient les formules des
dérivés de l'éthyle en substituant C^4H^5 à 1 équivalent d'hydrogène dans
les formules

$$H^2, \qquad H^2O^2, \qquad HCl.$$

De même, les formules des dérivés basiques s'obtiennent en substituant C^4H^5 à 1, 2 ou 3 équivalents d'hydrogène dans la formule de l'ammoniaque AzH^5 :

$$Az \begin{cases} C^4H^5 \\ H \\ H \end{cases} \qquad Az \begin{cases} C^4H^5 \\ C^4H^5 \\ H \end{cases} \qquad Az \begin{cases} C^4H^5 \\ C^4H^5 \\ C^4H^5 \end{cases}$$

Le formène C^2H^4 devient, dans ce système de notation, un *hydrure de
méthyle* $C^2H^5.H$ et l'alcool correspondant ou alcool méthylique, l'*hydrate
d'oxyde de méthyle* $C^2H^5.O,HO$.

Ces radicaux méthyle, éthyle, etc., autour desquels viennent se grouper le carbure saturé (30), l'alcool, les éthers, les bases renfermant le même nombre d'équivalents de carbone, sont dits des *radicaux alcooliques*.

L'acide acétique $C^4H^4O^4$ et ses dérivés sont groupés autour d'un radical ternaire oxygéné, l'*acétyle* $C^4H^3O^2$:

Aldéhyde ou hydrure d'acétyle.	$C^4H^3O^2.H$
Acide acétique ou hydrate d'oxyde d'acétyle . . .	$C^4H^3O^2.O,HO$
Chlorure d'acétyle	$C^4H^3O^2.Cl.$

L'acétyle et ses homologues sont des *radicaux acides*.

Les composés organiques sont quelquefois désignés sous des noms empruntés à ce système de notation, et c'est pour cette raison que nous croyons devoir le mentionner.

CHAPITRE II

CARBURES D'HYDROGÈNE. — ACÉTYLÈNE. — GAZ OLÉFIANT.
GAZ DES MARAIS.

14. Classification. — On connaît un grand nombre de composés hydrogénés du carbone (*carbures d'hydrogène* ou *hydrocarbures*). Pour faciliter leur étude, on les groupe en séries homologues; celles-ci forment d'ailleurs trois grands groupes :

1er GROUPE : *Carbures forméniques* . . . . $C^{2n}H^{2n+2}$
   Ex. : Formène. . . . . C^2H^4
  Carbures éthyléniques. . . . . $C^{2n}H^{2n}$
   Ex. : Éthylène. . . . . C^4H^4
  Carbures acétyléniques. . . . . $C^{2n}H^{2n-2}$
   Ex. : Acétylène. . . . . C^4H^2.
2e GROUPE : *Carbures camphéniques.* . . . . $C^{2n}H^{2n-4}$
   Ex. : Térébenthène. . . . . $C^{20}H^{16}$
3e GROUPE : *Carbures benzéniques* . . . . $C^{2n}H^{2n-6}$
   Ex. : Benzine. . . . . $C^{12}H^6$.

Les séries suivantes $C^{2n}H^{2n-8}$, etc., peuvent être comprises, en raison même du mode de formation des carbures constituants, sous la dénomination générale de *carbures pyrogénés*. L'ensemble des carbures du 3e groupe peut être désigné sous le nom de *carbures aromatiques*.

Les premiers termes des premières séries sont gazeux; les autres sont liquides ou solides.

15. Les quatre carbures d'hydrogène fondamen-

taux. — Les trois premiers termes des séries du 1er groupe, c'est-à-dire le *formène* ou gaz des marais C^2H^4, l'*éthylène* ou gaz oléfiant C^4H^4, l'*acétylène* C^4H^2, sont liés entre eux et à un quatrième carbure qui est l'homologue supérieur du formène, l'*hydrure d'éthylène* C^4H^6, par des relations simples.

L'*acétylène* est le seul carbure d'hydrogène dont on ait pu faire la synthèse par l'union du carbone et de l'hydrogène (16). Si on chauffe l'acétylène dans une cloche courbe avec un égal volume d'hydrogène, on reproduit l'éthylène :

$$C^4H^2 + H^2 = C^4H^4.$$
4 vol   4 vol   4 vol.

L'éthylène chauffé de même avec un égal volume d'hydrogène reproduit l'hydrure d'éthylène :

$$C^4H^4 + H^2 = C^4H^6.$$
4 vol.   4 vol   4 vol.

Enfin, la même réaction appliquée à l'hydrure d'éthylène donne le formène :

$$C^4H^6 + H^2 = 2(C^2H^4).$$
4 vol.   4 vol.   2×4 vol

Nous verrons, en poursuivant l'étude des carbures, que l'acétylène peut s'unir à lui-même, se *polymériser*, sous l'action de la chaleur, pour donner des carbures plus complexes (*carbures pyrogénés*, 41); en s'unissant à l'hydrogène ou au formène, l'acétylène et ses produits de condensation peuvent donner tous les autres carbures.

Aussi M. Berthelot a-t-il appelé *carbures fondamentaux* l'*acétylène*, l'*éthylène*, l'*hydrure d'éthylène* et le *formène*, qui dérivent ainsi par synthèse directe les uns des autres et à partir desquels on peut effectuer la synthèse des autres carbures.

ACÉTYLÈNE, C^4H^2.

16. Circonstances de formation. — M. Berthelot a réalisé la synthèse de l'acétylène en faisant éclater l'arc électrique fourni par une pile de 50 éléments Bunsen entre deux baguettes en charbon de cornue, au centre d'un ballon en verre traversé par un courant d'hydrogène pur (fig. 7).

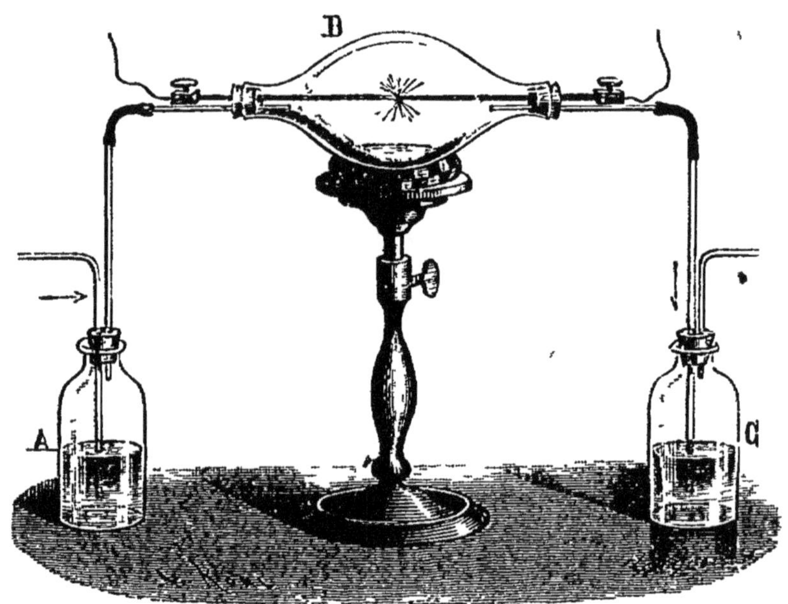

Fig. 7.

Au sortir du ballon, les gaz passent dans un flacon renfermant une dissolution de sous-chlorure de cuivre Cu^2Cl dans l'ammoniaque. L'acétylène forme, dans ces conditions, un précipité rouge-brun d'*acétylure de cuivre* $C^4H^2,2Cu^2O$, combinaison d'acétylène et de sous-oxyde de cuivre.

On obtient également de l'acétylène lorsqu'on décompose par la chaleur une matière organique volatile. C'est ainsi que le gaz de l'éclairage provenant de la décomposition de la houille par la chaleur renferme de petites quantités d'acétylène, que l'on met en évidence en versant dans un flacon de 3 à 4 litres rempli de gaz quelques gouttes de la dissolution de sous-chlorure de cuivre dans l'ammoniaque.

Il se forme de l'acétylène toutes les fois qu'un carbure d'hydrogène ou un composé carburé quelconque brûle en présence d'un volume d'oxygène insuffisant pour transformer tout le carbone en acide carbonique. Ainsi, lorsque dans une grande éprouvette très étroite (fig. 8) on introduit

Fig. 8.

quelques centimètres cubes d'éther et une petite quantité de sous-chlorure de cuivre ammoniacal, et qu'on enflamme l'éther à l'orifice, en tenant l'éprouvette couchée presque horizontalement et la faisant tourner entre les doigts autour de son axe, on voit se former sur les parois un dépôt rougeâtre d'acétylure de cuivre. On démontrerait de la même façon que la combustion incomplète de l'éthylène, du formène ou du gaz de la houille donne de l'acétylène.

La formation de l'acétylène dans la combustion incomplète du gaz est utilisée généralement pour préparer commodément de grandes quantités d'acétylure de cuivre. La disposition la plus simple à adopter est la suivante (fig. 9). On fixe à la partie supérieure d'un gros brûleur Bunsen A un tube métallique creux BB relié à deux flacons tubulés renfermant le réactif cuivreux. Le brûleur étant allumé, on adapte le tube métallique en même temps qu'on détermine une aspiration par le tube S; l'air pénètre par les ouvertures inférieures du brûleur, et entraîne les produits de la

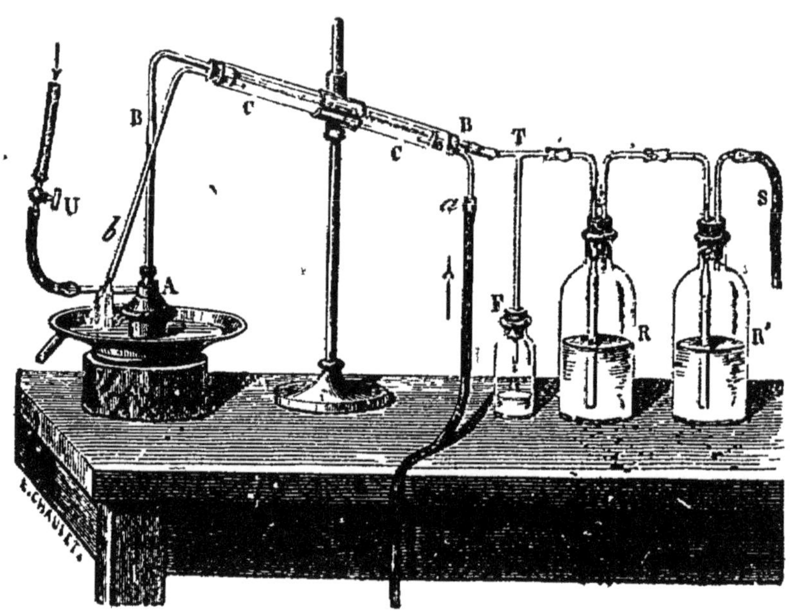

Fig. 9.

combustion dans les flacons. En réglant convenablement les dimensions de l'appareil et la rapidité du courant gazeux, on obtient ainsi rapidement et sans surveillance de notables quantités d'acétylure cuivreux.

17. Préparation. — Pour préparer l'acétylène pur, on introduit dans un petit ballon de l'acétylure de cuivre et de l'acide chlorhydrique concentré; on chauffe légèrement et on recueille le gaz sur la cuve à mercure :

$$C^4H^2,2Cu^2O + 2HCl = C^4H^2 + 2HO + 2Cu^2Cl.$$

18. Propriétés physiques. — L'acétylène est un gaz incolore, doué d'une odeur désagréable qui diffère peu de celle du gaz de l'éclairage. Sa densité est 0,92, égale à 13 fois celle de l'hydrogène. Il est peu soluble dans l'eau,

M. Cailletet l'a liquéfié à + 1°, sous la pression de 48 atmosphères.

19. Propriétés chimiques. — Sous l'action de la chaleur l'acétylène peut fixer un égal volume d'hydrogène,

$$C^4H^2 + H^2 = C^4H^4,$$

pour former l'éthylène ou se souder à lui-même, se *polymériser*, pour donner un grand nombre de carbures (*carbures benzéniques* et *carbures pyrogénés*, 41). L'acétylène brûle avec une flamme éclairante, un peu fuligineuse, en formant de l'eau et de l'acide carbonique :

$$C^4H^2 + 10O = 2C^2O^4 + H^2O^2.$$
$$\text{4 vol} \qquad \text{10 vol} \qquad \text{8 vol.}$$

Un mélange fait dans ces proportions détone violemment. Mais lorsqu'on enflamme le gaz à l'orifice d'une éprouvette étroite, l'oxygène n'étant pas en excès, la combustion est incomplète, et il se dépose du noir de fumée sur les bords du vase.

Une oxydation ménagée transforme l'acétylène en acide oxalique $C^4H^2O^8$; le gaz fixe dans ces conditions 8 volumes d'oxygène :

$$C^4H^2 + 8O = C^4H^2O^8.$$

On effectue cette réaction en versant peu à peu dans un flacon plein d'acétylène une dissolution de permanganate de potasse rendue fortement alcaline par l'addition d'un excès de potasse. Le permanganate de potasse KO,Mn^2O^7 cède une partie de son oxygène et se transforme en bioxyde de manganèse hydraté, décelé par les flocons bruns qui apparaissent dans le liquide, tandis que celui-ci a perdu la coloration violette caractéristique du permanganate. On reconnaît facilement, à l'aide des réactifs de cet acide, la présence de l'acide oxalique dans la liqueur.

Le chlore peut former avec l'acétylène deux combinaisons

$$C^4H^2Cl^2, \qquad C^4H^2Cl^4,$$

que l'on obtient difficilement en faisant réagir le chlore sur le carbure, à la lumière diffuse ; on les prépare régulièrement en chauffant l'acétylène avec du pentachlorure d'antimoine $SbCl^5$, composé très instable qui cède 2 équivalents de chlore pour se transformer en trichlorure.

Le plus souvent, sous l'action de la lumière diffuse, le mélange de chlore et de carbure s'enflamme et celui-ci est détruit avec dépôt de noir de fumée et formation d'acide chlorhydrique :

$$C^4H^2 + 2Cl = 2HCl + 4C.$$
$$\text{4 vol} \qquad \text{4 vol.}$$

C'est cette même réaction qui se produit lorsqu'on en-

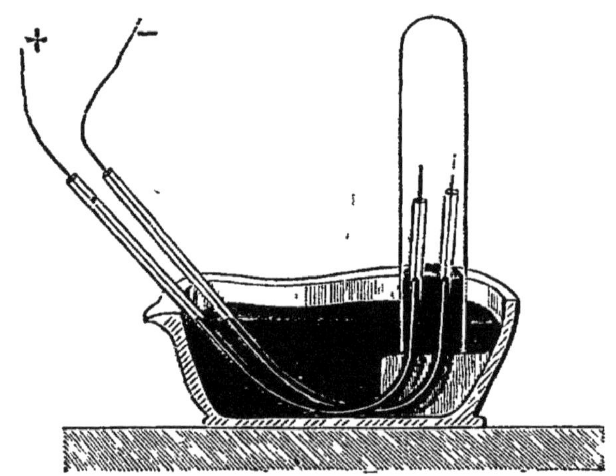

Fig. 10.

flamme un mélange fait à volumes égaux d'acétylène et de chlore.

En résumé, on voit que l'acétylène peut fixer 2 fois 4 volumes d'oxygène, 2 fois 4 volumes de chlore, d'une façon plus générale 2 fois 4 volumes de divers corps simples ou composés :

$$C^4H^2, O^4, O^4,$$
$$C^4H^2, Cl^2, Cl^2..$$

L'acétylène s'unit directement à l'azote et forme de l'acide cyanhydrique :

$$C^4H^2 + 2Az = 2(C^2AzH).$$

On effectue cette réaction en faisant éclater des étincelles électriques dans un mélange à volumes égaux d'azote et d'acétylène dilués dans 8 à 10 fois leur volume d'hydrogène (fig. 10).

20. Homologues supérieurs. — Les homologues supérieurs de l'acétylène forment la série *acétylénique :*

Acétylène, ...	C^4H^2
Allylène.	C^6H^4
Crotonylène.	C^8H^6
Valérylène.	$C^{10}H^8$

Ces carbures possèdent les mêmes propriétés chimiques générales que l'acétylène.

ÉTHYLÈNE ou GAZ OLÉFIANT, C^4H^4.
Synonyme : Hydrogène bicarboné.

21. Préparation. — L'alcool $C^4H^4(H^2O^2)$ se décompose lorsqu'on le chauffe avec de l'acide sulfurique concentré, à une température d'environ 160°, en éthylène C^4H^4, qui se dégage, et en eau, qui est retenue par l'acide sulfurique.

On chauffe dans un ballon de verre un mélange de 1 partie d'alcool et de 6 parties d'acide sulfurique; le gaz se dégage sur la cuve à eau (fig. 11)[1].

1. Le gaz qui se dégage peut contenir une petite quantité d'éther qui

On obtient synthétiquement l'éthylène en chauffant dans une cloche courbe l'acétylène avec un égal volume d'hydrogène (19).

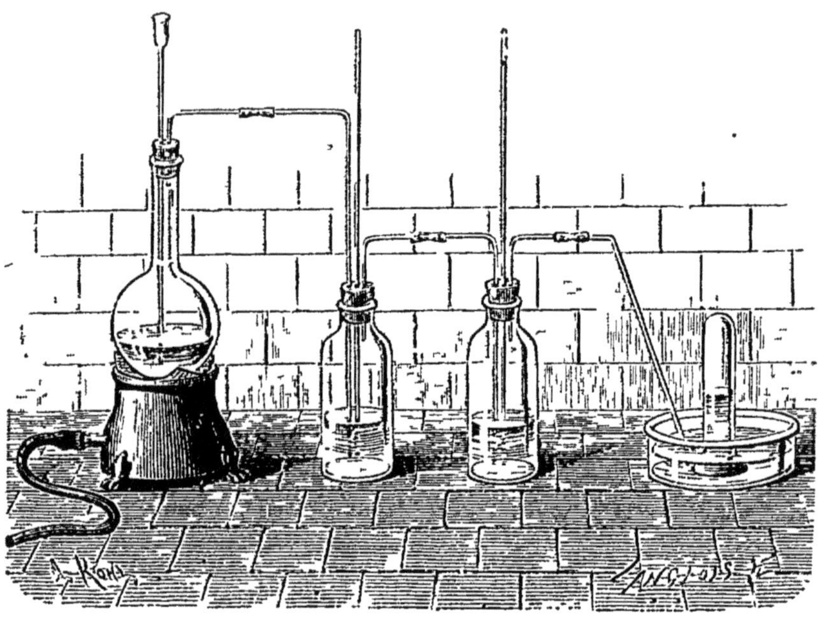

Fig. 11.

22. Propriétés physiques.

— L'éthylène est un gaz incolore, doué d'une légère odeur empyreumatique. Sa densité est 0,97 ; elle est 14 fois plus grande que celle de l'hydrogène. Il est peu soluble dans l'eau, qui n'en dissout que 1/6 de son volume à la température ordinaire.

En le comprimant à + 10°, sous la pression de 60 atmosphères, on le réduit en un liquide incolore qui bout à

prend naissance lorsque la température est inférieure à 160°, et si la température s'élève au-dessus de cette température, de l'acide carbonique et de l'acide sulfureux résultant de la réduction exercée sur l'acide sulfurique par le carbone et l'hydrogène de l'alcool. Aussi, avant de recueillir le gaz sur la cuve à eau, est-il bon de lui faire traverser deux flacons laveurs, le premier renfermant de la potasse destinée à retenir l'acide carbonique et l'acide sulfureux, et le second de l'acide sulfurique qui dissout l'éther entraîné

— 105° sous la pression de l'atmosphère. En l'évaporant rapidement dans le vide, on peut abaisser la température à — 136°.

23. Propriétés chimiques. — Lorsqu'on fait passer l'éthylène dans un tube de porcelaine chauffé au rouge, il se décompose partiellement en acétylène et hydrogène :

$$C^4H^4 = C^4H^2 + H^2;$$

c'est la réaction inverse de celle qui a été appliquée à la synthèse de ce gaz.

Chauffé avec de l'hydrogène dans une cloche courbe, il fixe un volume égal d'hydrogène et donne l'*hydrure d'éthylène*, homologue supérieur du formène (30) :

$$C^4H^4 + H^2 = C^4H^6.$$

L'éthylène est combustible : il brûle au contact de l'air, avec une flamme blanche très éclairante, en donnant de l'eau et de l'acide carbonique :

$$C^4H^4 + 12O = 2C^2O^4 + 2H^2O^2.$$
4 vol   12 vol.   8 vol.

Un mélange de 1 volume d'éthylène et de 3 volumes d'oxygène que l'on introduit dans un petit flacon fait explosion au contact d'une flamme.

Mais si le volume d'oxygène est moindre, la combustion est incomplète : il se forme de l'eau et de l'oxyde de carbone ou même un dépôt de charbon. C'est ce qui arrive lorsqu'on enflamme l'éthylène dans une éprouvette étroite ; les bords du vase se recouvrent de noir de fumée. Une oxydation ménagée transforme l'éthylène en acide acétique $C^4H^4O^4$:

$$C^4H^4 + 4O = C^4H^4O^4.$$

On obtient cette réaction en chauffant l'éthylène en vase

clos avec une dissolution d'acide chromique CrO^3, qui per
une partie de son oxygène en se transformant en sesquioxyd
de chrome Cr^2O^3.

L'action exercée par le chlore sur l'éthylène dépend des cir
constances dans lesquelle
se place l'opérateur. Dan
une éprouvette, que l'o
renverse sur une assiett
remplie d'eau, on introduit
volumes égaux d'éthylène
et de chlore. A la lumière
diffuse, les deux gaz réagissent immédiatement pour
donner un liquide huileux
qui ruisselle sur les parois
de l'éprouvette et tombe au
fond du vase, et le niveau
du liquide monte peu à
peu (fig. 12). Le corps qui

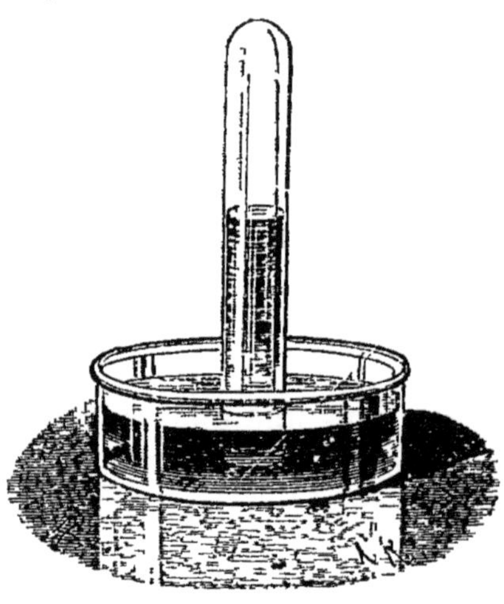

Fig. 12.

prend naissance ici est une combinaison des deux gaz, le
chlorure d'éthylène $C^4H^4Cl^2$, ou *huile des Hollandais*. C'est
cette réaction qui a valu à l'éthylène le nom de *gaz oléfiant*.

En présence d'un excès de chlore, on obtiendrait des produits de substitution du chlorure d'éthylène :

$$C^4H^4.Cl^2 + 2Cl = HCl + C^4H^3Cl.Cl^2,$$
$$C^4H^3Cl.Cl^2 + 2Cl = HCl + C^4H^2Cl^2.Cl^2,$$
$$C^4H^2Cl^2.Cl^2 + 2Cl = HCl + C^4HCl^3.Cl^2;$$

enfin, en épuisant l'action du chlore, on obtiendrait un chlorure de carbone solide C^4Cl^6 :

$$C^4HCl^3.Cl^2 + 2Cl = HCl + C^4Cl^6.$$

On n'observe jamais, dans cette action exercée par le chlore
sur l'éthylène, la formation de produits de substitution de
l'éthylène. On ne peut préparer ces dérivés par substitution
qu'en décomposant par un alcali les produits que nous venons

d'obtenir, ce qu'on réalise en les chauffant avec une solution alcoolique de potasse :

$$C^4H^4Cl^2 + KO,HO = KCl + H^2O^2 + C^4H^5Cl ;$$

C^4H^5Cl est l'éthylène monochloré. On obtiendrait de même

L'éthylène bichloré. . . . . $C^4H^2Cl^2$
L'éthylène trichloré. . . . . C^4HCl^3
L'éthylène tétrachloré ou protochlorure de carbone.. C^4Cl^4

Mais si l'on introduit dans une grande éprouvette 1 volume d'éthylène et 2 volumes de chlore, et si l'on approche une flamme de l'orifice, la réaction est tout autre. Une flamme rouge descend lentement jusqu'au fond de l'éprouvette, et un nuage de noir de fumée s'élève. Un papier de tournesol bleu humide, que l'on expose aux vapeurs qui se dégagent de l'éprouvette lorsque la combustion est terminée, rougit, accusant la formation de l'acide chlorhydrique. Le gaz a été décomposé par le chlore qui s'est uni à l'hydrogène, tandis que le carbone a été mis en liberté :

$$C^4H^4 + 4Cl = 4C + 4HCl.$$

L'éthylène peut s'unir directement avec les hydracides pour former des composés identiques aux éthers de l'alcool ordinaire. La réaction est surtout facile à réaliser avec l'acide iodhydrique ; une dissolution aqueuse de cet acide absorbe en effet lentement l'éthylène, pour donner l'*iodhydrate d'éthylène* ou *éther iodhydrique* de l'alcool ordinaire :

$$C^4H^4 + HI = C^4H^4(HI).$$

Indirectement, en prenant ce composé comme point de départ, on obtient des combinaisons de l'éthylène avec l'eau (55) et l'ammoniaque (174) :

$$C^4H^4(H^2O^2), \qquad C^4H^4(AzH^3).$$

Alcool ordinaire.   Éthylamine.

Sans insister pour le moment sur ces réactions, qui seront étudiées de plus près, remarquons que l'éthylène peut s'unir directement à 4 *volumes* de divers corps simples ou de divers corps composés :

$$C^4H^4 + 2H \quad (4 \text{ vol.}) = C^4H^6 \text{ (hydrure d'éthylène)},$$
$$C^4H^4 + 4O \quad (4 \text{ vol.}) = C^4H^4O^4 \text{ (acide acétique)},$$
$$C^4H^4 + 2Cl \quad (4 \text{ vol.}) = C^4H^4Cl^2 \text{ (chlorure d'éthylène)},$$
$$C^4H^4 + HI \quad (4 \text{ vol.}) = C^4H^4(HI) \text{ (éther iodhydrique)},$$
$$C^4H^4 + 2HO \quad (4 \text{ vol.}) = C^4H^4(H^2O^2) \text{ (alcool)},$$
$$C^4H^4 + AzH^3 \quad (4 \text{ vol.}) = C^4H^4(AzH^3) \text{ (éthylamine)}.$$

Les divers composés ainsi obtenus peuvent être envisagés comme des produits de substitution indirecte de 4 volumes de ces divers agents à 4 volumes d'hydrogène dans le carbure C^4H^6.

24. Homologues de l'éthylène. — L'éthylène et ses homologues supérieurs forment la série des *carbures éthyléniques* $C^{2n}H^{2n}$:

Éthylène.	C^4H^4	
Propylène.	C^6H^6	gazeux
Butylènes.	C^8H^8	liquides
Amylènes.	$C^{10}H^{10}$, etc.	»

Ils présentent les mêmes réactions générales que l'éthylène : tous peuvent fixer 4 volumes d'un corps simple ou composé pour donner des homologues supérieurs des divers produits que nous venons de signaler en étudiant l'éthylène. A partir du troisième terme on connaît plusieurs carbures isomériques.

FORMÈNE ou GAZ DES MARAIS, C^2H^4.

Syn. : Hydrogène protocarboné, hydrure de méthyle, méthane.

25. Circonstances de formation. — Lorsqu'on agite la vase des marais, on voit se dégager de nombreuses bulles gazeuses, qu'il est possible de recueillir de la façon suivante : dans le goulot d'un flacon rempli d'eau et renversé, on engage la douille d'un large entonnoir (fig. 13). Les bulles de gaz en s'élevant s'engagent dans l'entonnoir et sont recueillies dans le flacon. Ce gaz est un mélange de formène, d'azote, d'oxygène et d'acide carbonique. On peut absorber l'acide carbonique en l'agitant avec de la potasse, l'oxygène en abandonnant le gaz pendant quelque temps au contact d'un bâton de phosphore, mais le carbure d'hydrogène reste mélangé d'azote dont on ne peut le débarrasser.

Fig. 13.

Le gaz des marais a pris naissance dans la décomposition lente au contact de l'eau, dans la putréfaction, des matières végétales.

Dans certaines contrées, en Perse, en Italie, en France dans le Dauphiné, ce gaz se dégage des fissures du sol; mais c'est principalement dans les mines de houille que l'on a à redouter le dégagement subit de ce gaz. Emprisonné et comprimé dans les fissures de la houille, à de grandes profondeurs, il se dégage subitement sous le coup de pic du mineur, lorsque l'on fait éclater une mine destinée à l'abatage de gros blocs de minerai, ou quelquefois même sans cause apparente, lorsque la pression atmosphérique subit une dépression brusque. Mélangé à l'air des galeries, il prend feu au contact d'une flamme et de terribles explosions se produisent (*grisou*).

26. Préparation. — Lorsqu'on dirige les vapeurs d'acide acétique dans un tube de porcelaine chauffé au rouge vif, on recueille un mélange d'acide carbonique et de proto-carbure d'hydrogène :

$$C^4H^4O^4 = C^2H^4 + C^2O^4.$$

Cette décomposition est plus facile à réaliser en présence des alcalis, qui retiennent l'acide carbonique.

On chauffe dans une petite cornue de verre (fig. 14) un mélange de 1 partie d'acétate de soude et de 4 parties de chaux sodée[1]; un tube de dégagement permet de recueillir

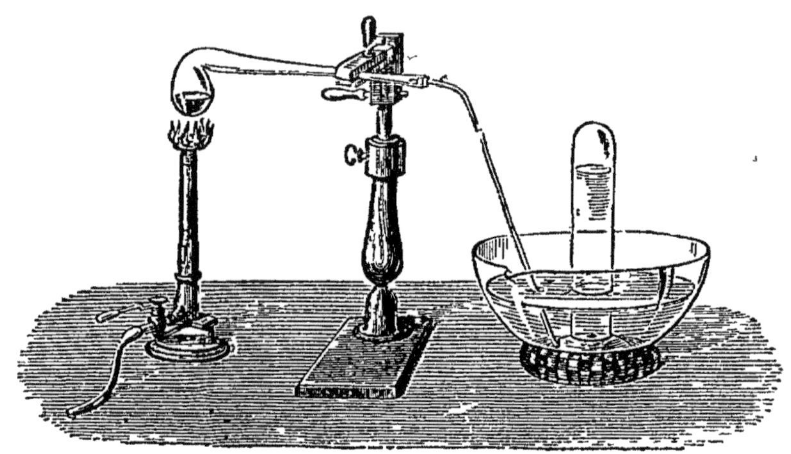

Fig. 14.

le gaz sur la cuve à eau. Il reste dans la cornue du carbonate de soude indécomposable par la chaleur. On a la réaction suivante :

$$C^4H^3NaO^4 + NaO,HO = 2NaO,C^2O^3 + C^2H^4.$$

La synthèse du formène a été faite par M. Berthelot, en chauffant dans une cloche courbe l'acétylène avec de l'hydrogène :

$$C^4H^2 + 6H = 2(C^2H^4).$$
$$\text{4 vol.} \qquad \text{12 vol.} \qquad \text{2} \times \text{4 vol}$$

27. Propriétés physiques. — Le formène est un gaz

1. La chaux sodée est un mélange intime de chaux et de soude que l'on obtient en calcinant de la chaux avec la moitié de son poids de soude caustique; c'est une matière poreuse, qui jouit des propriétés alcalines de la soude et présente l'avantage d'être infusible. Si l'on employait de la soude, celle-ci fondrait et attaquerait le verre.

incolore, inodore, insipide. Sa densité est 0,559, c'est-à-dire égale à 8 fois celle de l'hydrogène. Un litre de ce gaz, dans les conditions normales de température et de pression, pèse $1^{gr},293 \times 0,559 = 0^{gr},752$; 16 grammes de ce gaz occupent un volume de $22^{l},2$.

Le formène n'a été liquéfié que dans ces dernières années, par M. Cailletet.

28. **Propriétés chimiques.** — A une température élevée, le formène se décompose en hydrogène et acétylène :

$$2C^2H^4 = C^4H^2 + 6H.$$

Il brûle au contact de l'air avec une flamme peu éclairante, en donnant de l'eau et de l'acide carbonique :

$$C^2H^4 + 8O = C^2O^4 + 2H^2O^2.$$
$$\text{4 vol} \quad \text{8 vol} \quad \text{4 vol.}$$

Il suffit, en effet, de verser dans l'éprouvette quelques gouttes d'eau de chaux, la combustion terminée, pour constater qu'elle se trouble par suite de la formation du carbonate de chaux insoluble dans l'eau.

Un mélange de 1 volume de ce gaz et de 2 volumes d'oxygène détone au contact d'une flamme avec une grande violence; mais lorsque la quantité d'oxygène est moindre, lorsqu'on brûle, par exemple, le protocarbure d'hydrogène dans une éprouvette étroite, l'hydrogène brûle tout d'abord et un léger dépôt de noir de fumée se produit sur les bords de l'éprouvette.

L'acide sulfurique fumant, le brome, les hydracides, qui fixent si facilement l'éthylène, sont sans action sur le formène; on ne peut, par l'emploi des réactifs oxydants, lui fixer de l'oxygène.

29. **Action du chlore.** — **Chloroforme.** — L'action exercée par le chlore sur ce carbure nous montrera nettement combien ses propriétés sont différentes de celles des carbures que nous venons d'étudier.

Un mélange de 1 volume de formène et de 2 volumes de chlore brûle avec une flamme fuligineuse à l'approche d'un corps incandescent ou à la lumière solaire directe :

$$C^2H^4 + 4Cl = 2C + 4HCl.$$

Mais à la lumière solaire diffuse le chlore est sans action; il ne se forme pas, comme avec l'éthylène, de produits d'addition. A la lumière solaire, diffusée par un corps blanc, on peut obtenir, en réglant convenablement les volumes des gaz réagissant, une série régulière de produits de substitution :

$$C^2H^4 \quad + 2Cl = C^2H^3Cl \quad + HCl,$$
$$C^2H^3Cl + 2Cl = C^2H^2Cl^2 + HCl,$$
$$C^2H^2Cl^2 + 2Cl = C^2HCl^3 \quad + HCl,$$
$$C^2HCl^3 + 2Cl = C^2Cl^4 \quad + HCl.$$

Le *formène monochloré* C^2H^3Cl est identique à l'éther

Fig. 15.

chlorhydrique de l'alcool méthylique; le *formène trichloré* est le chloroforme C^2HCl^3.

Mais ce n'est pas par la réaction du chlore sur le formène que l'on prépare le chloroforme. On l'obtient en délayant

dans une cornue spacieuse (fig. 15) 10 parties de chaux,
20 parties de chlorure de chaux et 80 parties d'eau, puis
mélangeant 3 parties d'alcool et chauffant légèrement. On
recueille dans un récipient refroidi un mélange de chloroforme, d'alcool et d'eau. On sépare le chloroforme, plus
dense que les autres liquides, on le lave avec de l'eau, on
le dessèche sur du chlorure de calcium, puis on le distille.

Le chloroforme est un liquide incolore, doué d'une odeur
pénétrante et caractéristique; il bout à $+60°$; sa densité
est 1,491. Il est insoluble dans l'eau.

Mélangé avec une dissolution alcoolique de potasse, il se
transforme rapidement en chlorure de potassium et formiate
de potasse :

$$C^2HCl^3 + 4(KO,HO) = 3KCl + C^2HKO^4 + 4HO.$$
Formiate
de potasse

C'est cette transformation en acide formique qui lui a fait
donner son nom.

30. Carbures forméniques. — Le formène et ses homo-
logues supérieurs forment la série forménique :

Le formène ou méthane.	C^2H^4
L'hydrure d'éthylène ou éthane.	C^4H^6
Le propane.	C^6H^8
Les butanes.	C^8H^{10}
Les pentanes.	$C^{10}H^{12}$, etc.

On exprime ce fait que le formène et ses homologues
supérieurs ne peuvent se combiner, par addition, avec
aucun corps simple ou composé, en disant que ces carbures
sont *saturés*[1]. Tous les dérivés de ces carbures sont des

1. Les homologues supérieurs du formène peuvent être préparés à
l'aide de ce carbure, par une suite régulière de réactions. Ainsi, le sodium agissant sur le formène monoiodé ou éther méthyliodhydrique
donne l'hydrure d'éthylène ou éthane :

$$2(C^2H^3I) + 2Na = 2NaI + C^4H^6$$

et la formule de l'éthane, en raison même de son mode de fonction dérivés substitués, identiques à ceux que l'on obtient par voie d'addition en partant de l'acétylène et de l'éthylène (19-23).

peut être écrite $C^2H^2(C^2H^4)$, C^2H^4 remplaçant H^2 dans la formule du formène. De même, en chauffant l'éther éthyliodhydrique ou éthane monoiodé avec du sodium, on obtient le propane :

$$C^4H^5I + C^2H^5I + 2Na = 2NaI + C^4H^4(C^2H^4)$$

et la formule du propane peut être écrite $C^2H^2(C^2H^2)(C^2H^4)$.

On peut continuer ainsi de proche en proche ; mais, tandis que le formène, l'éthane et le propane n'ont pas d'isomères, on connaît, pour les termes suivants, des isomères dont le nombre croît à mesure qu'on s'élève dans la série et le mode de génération que nous indiquons ici permet de s'en rendre compte et de les symboliser.

Il existe deux propanes monoiodés ou éthers propyliodhydriques, et on peut admettre que la substitution de I à H dans le carbure donne des produits différents suivant qu'elle s'effectue dans un des groupements extrêmes ou dans le groupement central :

$$C^2H^2(C^2H^2)(C^2H^3I),$$
$$C^2H^2(C^2HI)(C^2H^4).$$

En chauffant chacun de ces composés avec du sodium et du formène monoiodé, on obtient en effet *deux* butanes différents, isomères ; en prenant ceux-ci comme point de départ, on préparerait *trois* pentanes isomères, etc.

Les isoméries dans les carbures éthyléniques et acétyléniques, qui diffèrent des précédents par perte d'hydrogène, aussi bien que dans les alcools et leurs dérivés, se symboliseraient de la même façon.

CHAPITRE III.

PÉTROLES. — ESSENCE DE TÉRÉBENTHINE. — BENZINE. — TOLUÈNE.
NAPHTALINE. — ANTHRACÈNE.

PÉTROLES

31. Extraction. — Les hydrocarbures gazeux des séries acétylénique, éthylénique et forménique entrent dans la composition du gaz de l'éclairage; les termes les plus élevés de la série forménique qui sont liquides ou solides forment la partie principale des *pétroles* ou *huiles de naphte* et sont également utilisés pour l'éclairage et le chauffage.

Des sources de pétroles d'une très grande richesse sont exploitées aux États-Unis (Pensylvanie, Virginie occidentale, haut Canada) et en Russie, sur les bords de la mer Caspienne[1]. De ces sources s'échappent des gaz carburés qui sont utilisés sur place comme combustibles. Les pétroles liquides, renfermant des carbures de volatilités très différentes, sont soumis à des distillations et fractionnés; on distingue les produits commerciaux en

Éthers de pétrole, formés de carbures bouillant de 45° à 70°;

[1]. Depuis 1859, le principal centre d'exploitation des pétroles américains est la vallée d'Oil-Creek, en Pensylvanie. En creusant des puits, on a rencontré, à des profondeurs très diverses, d'immenses poches renfermant de l'eau, du pétrole et des gaz combustibles; lorsque le forage atteint la couche d'hydrocarbures, la pression du gaz fait jaillir le liquide jusqu'à la surface; mais, peu à peu, la pression du gaz diminuant, on est obligé d'extraire celui-ci avec des pompes. Les pétroles russes sont surtout abondants aux environs de Bakou, dans la région du Caucase.

Essence de pétrole, *essence minérale*, employées à l'éclairage dans des lampes spéciales dites lampes à éponges (produits dont les points d'ébullition sont compris entre 70° et 120°) ;

Huile de pétrole, renfermant des carbures bouillant de 150° à 280°, destinée à l'éclairage ;

Huiles lourdes de pétrole, employées au graissage des machines, formées des carbures les moins volatils (de 280° à 400°). Ces huiles peuvent remplacer la houille pour le chauffage des machines à vapeur.

Les résidus de la distillation sont des *goudrons* ; ceux-ci, soumis à l'action de la chaleur rouge, se décomposent en carbures volatils utilisés comme les produits de la distillation directe des pétroles bruts et en composés solides, charbonneux, destinés au chauffage.

Les produits de première distillation sont soumis d'ailleurs à de nouvelles rectifications, destinées à éliminer des huiles de pétrole les produits volatils entraînés. *L'huile lampante* ou *huile de pétrole raffinée* ne doit pas émettre, à la température 55°, de vapeurs inflammables ; elle ne brûle, comme les huiles végétales, qu'à l'extrémité d'une mèche et son maniement est sans danger.

52. Paraffine. — Vaseline. — Lorsqu'on laisse refroidir les huiles lourdes de pétrole immédiatement après leur distillation, il s'en sépare une matière solide, blanche, cristalline, qui porte le nom de *paraffine*. La paraffine est purifiée par expression, fondue et filtrée sur du noir animal ; on obtient ainsi des masses blanches, translucides, avec lesquelles on fait des bougies. La paraffine est formée de divers carbures fondant entre 45° et 65°, mais qui ne peuvent être volatilisés sans subir une décomposition partielle.

L'*ozokérite* est une paraffine naturelle imprégnée de matières bitumineuses, que l'on rencontre sur les bords de la mer Caspienne ; après purification, elle sert aux mêmes usages que la paraffine.

La *vaseline* est une matière blanche, onctueuse et inodore, utilisée aujourd'hui dans la pharmacie et d'une façon plus générale dans beaucoup d'industries, où elle tient avantageusement la place de matières grasses d'origine végétale et animale ; car elle ne rancit pas comme celles-ci. On obtient la vaseline en arrêtant la distillation des pétroles bruts avant d'avoir éliminé tous les produits volatils ; on évapore ensuite lentement à l'air libre et enfin on décolore par le noir animal.

ESSENCE DE TÉRÉBENTHINE.

53. Origine. — Les *térébenthines* sont des liquides visqueux qui s'écoulent d'incisions pratiquées au tronc de diverses espèces de conifères, tels que les pins, sapins, mélèzes. Soumises à la distillation avec de l'eau, les térébenthines se scindent en un carbure liquide, l'*essence de térébenthine*, et en une résine solide, la *colophane*.

On distingue dans le commerce, suivant leur provenance, diverses essences de térébenthine dont les propriétés physiques ne sont pas identiques. Les principales sont : l'essence de térébenthine française ou *térébenthène* et l'essence de térébenthine anglaise ou *australène*.

54. Térébenthène. — Australène. — La térébenthène et l'australène ont même composition centésimale et même densité de vapeur 4,698 ; ils ont comme formule commune $C^{20}H^{16}$.

Le *térébenthène* est un liquide incolore, mobile, doué d'une odeur caractéristique dont la densité à 16° est 0,864. Il bout à 156° ; il *dévie à gauche* le plan de polarisation de la lumière (*lévogyre*)[1].

L'*australène*, au contraire, est *dextrogyre*, c'est-à-dire dévie à droite le plan de polarisation. Ses propriétés chimiques sont d'ailleurs identiques à celles du térébenthène.

55. Propriétés chimiques. — Abandonnée au contact de l'air, l'essence de térébenthine absorbe peu à peu

1. Voir, à la fin du volume, la note sur la *Polarisation rotatoire*.

l'oxygène, jaunit, se résinifie (*essence grasse* des peintres sur porcelaine). Dans cette oxydation, il se forme des carbures liquides ou solides par perte d'hydrogène et des acides.

Lorsqu'on approche un corps incandescent d'une mèche imbibée d'essence de térébenthine, celle-ci s'enflamme et brûle avec une flamme rougeâtre, très fuligineuse. On utilise cette réaction pour préparer le noir de fumée.

L'acide azotique fumant versé sur l'essence détermine son inflammation; mais l'acide azotique étendu et bouillant l'oxyde lentement et la transforme en divers composés acides.

Lorsqu'on abandonne à lui-même, en l'agitant fréquemment, un mélange de 8 parties d'essence, de 2 parties d'acide azotique de densité 1,5 et de 1 partie d'alcool à 80 degrés centésimaux, on voit se déposer peu à peu des cristaux bruns. Purifiés par plusieurs cristallisations dans l'alcool, ces cristaux constituent un *hydrate de térébenthène* ou *hydrate de terpine* $C^{20}H^{16}(H^2O^2)^2 + H^2O^2$. Ces cristaux perdent 2 équivalents d'eau de cristallisation à 100°.

Mélangé avec $\frac{1}{20}$ de son poids d'acide sulfurique, l'essence de térébenthine se convertit en un carbure isomérique, le *térébène*, qui diffère du térébenthène en ce qu'il n'a pas de pouvoir rotatoire, et en un *carbure polymère*, le *colophène* ou *ditérébène* $C^{40}H^{32}$, dépourvu également de pouvoir rotatoire.

L'acide chlorhydrique peut former avec le *térébenthène* trois combinaisons :

Un monochlorhydrate *solide*.	$C^{20}H^{16},HCl$
Un monochlorhydrate *liquide*.	$C^{20}H^{16},HCl$
Un dichlorhydrate *solide*.	$C^{20}H^{16},2HCl$

On obtient les deux premiers en faisant passer un courant de gaz chlorhydrique dans l'essence refroidie. Il se forme des cristaux de chlorhydrate solide, qu'on purifie par plusieurs cristallisations dans l'alcool, et le liquide renferme le monochlorhydrate liquide.

Le monochlorhydrate solide possède une odeur analogue à celle du camphre (*camphre artificiel*); sa solution alcooliqu est lévogyre ; le composé liquide est au contraire dextrogyre.

Chauffé avec un sel alcalin d'un acide organique faible, tel qu'un stéarate alcalin, le monochlorhydrate solide se décompose en acide chlorhydrique qui reste uni à la base et en un isomère solide du térébène, le *camphène*, lévogyre comme le chlorhydrate qui lui a donné naissance.

Le dichlorhydrate s'obtient facilement en faisant passer un courant de gaz chlorhydrique dans l'hydrate de terpine ; ses propriétés sont les mêmes que celles du dichlorhydrate obtenu avec l'essence de citron (*camphre de citron*) ; traité par le potassium, il donne un carbure liquide, le *citrène*, analogue à celui que l'on obtient en distillant le camphre de citron avec de la chaux.

56. Isomères du térébenthène. — Huiles essentielles.

— Ces quelques réactions suffisent pour montrer avec quelle facilité le térébenthène se transforme en composés *isomères* ou *polymères*. On connaît, en outre, un nombre considérable d'*essences végétales* ayant même composition centésimale que le térébenthène et même densité de vapeur, ayant toutes, par conséquent, pour formule $C^{20}H^{16}$, mais différant par quelques-unes de leurs propriétés organoleptiques ou physiques ; telles sont :

L'essence de citron.
— d'orange,
— de lavande,
— de genièvre,
— de poivre, etc.

D'autres essences, tout en ayant même composition centésimale, ont une densité de vapeur égale à une fois et demie ou deux fois celle du térébenthène.

On extrait généralement ces huiles essentielles en soumettant les parties de végétaux qui les contiennent à la distillation avec de l'eau dans des alambics disposés de telle sorte que le chauffage du liquide est obtenu par la condensation d'un courant de vapeur d'eau qui arrive au fond de l'alambic. L'essence est entraînée avec la vapeur d'eau, se condense dans le serpentin et est recueillie dans un récipient de forme spéciale, dit *récipient florentin* (fig. 16).

Fig. 16.

L'essence plus légère surnage; mais, le niveau du liquide tendant à s'élever, dès que celui-ci a dépassé le plan tangent

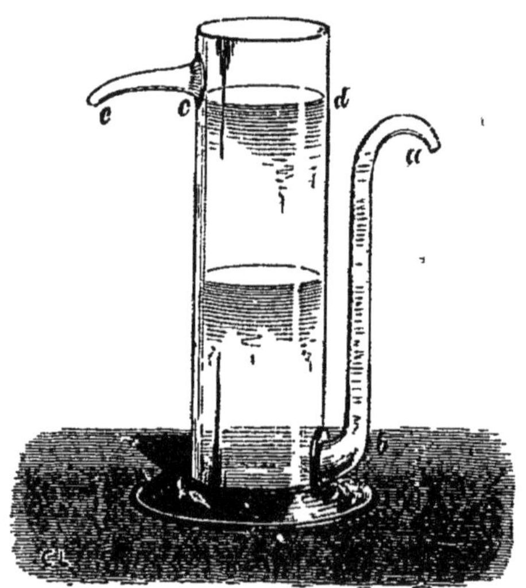

Fig. 17.

au sommet du col de cygne, l'eau s'écoule tandis que l'essence s'accumule dans le vase. On dispose aujourd'hui ces récipients d'une façon un peu différente (fig. 17), de façon à pouvoir recueillir l'essence pendant la durée de la distillation [1].

37. Applications. — Les isomères de l'essence de térébenthine sont employés en parfumerie. Mais l'essence de térébenthine a de plus importantes applications : peinture sur porcelaine, fabrication des vernis, etc.

38. Résines. — Les *résines* sont des produits solides qui résultent de l'oxydation des huiles essentielles, oxydation qui s'effectue dans la plante elle-même. Mélangées aux hydrocarbures liquides, elles constituent les *térébenthines* ou les *baumes* (*benjoin*, *baume de Tolu*) lorsque la résine contient des acides *benzoïque* ou *cinnamique;* les *gommes-résines* (*galbanum, opoponax, encens, gomme-gutte*) sont des mélanges de résines et de gommes ou de mucilages.

Les *résines* sèches ne contiennent que peu de matières liquides; tels sont : la *colophane*, la *sandaraque*, le *copal*, la *laque;* ces résines proviennent de la distillation artificielle des térébenthines, ou de l'évaporation spontanée, accompagnée d'oxydation, des sucs laiteux de divers végétaux. L'*ambre succin* est une résine fossile qu'on trouve dans les lignites.

Les résines dissoutes dans l'essence de térébenthine, ou dans des mélanges d'essence de térébenthine et d'alcool, ou encore des mélanges de térébenthine et d'huile de lin, forment les vernis.

39. Caoutchouc. — Gutta-percha. — Le *caoutchouc* provient de la dessiccation, au contact de l'air, d'un suc blanc, laiteux, qui s'écoule d'incisions pratiquées aux troncs de certains arbres des genres *Hevea*, *Siphonia* ou *Ficus*, crois-

---

1. On groupait autrefois sous le nom d'*huiles essentielles* des corps doués d'une odeur aromatique, volatils, insolubles ou peu solubles dans l'eau, solubles dans l'alcool et l'éther, graissant le papier, mais se distinguant des corps gras proprement dits en ce que la tache, en raison de la volatilité de la substance, n'est que temporaire. Les huiles essentielles sont des mélanges de divers carbures liquides et de composés solides généralement oxygénés (*résines, camphres*).

sant au Brésil, aux Indes, à Java, au Gabon. Le caoutchouc naturel, coloré en brun par l'action de la lumière, est élastique aux températures comprises entre 10° et 35°; il durcit aux basses températures et fond à 180°. Soumis à l'action de la chaleur, il laisse dégager des carbures d'hydrogène; l'un d'eux, la *caoutchine* $C^{20}H^{16}$, est susceptible de former un hydrate identique à la terpine (55).

Le caoutchouc, divisé en fils très fins, sert à faire des tissus élastiques. Dissous dans un mélange de sulfure de carbone et d'alcool absolu et étendu à la surface des étoffes, il rend celles-ci imperméables. On en fait des tubes, des courroies de transmission, etc. Afin d'éviter que deux lames de caoutchouc, ramollies par la chaleur, ne se soudent à elles-mêmes, on le combine au soufre (*caoutchouc vulcanisé*). Pour vulcaniser le caoutchouc, on plonge les objets dans du sulfure de carbone additionné de 2 pour 100 de chlorure de soufre.

La *gutta-percha* est le suc épaissi de l'*Isonandra* (Chine, Malaisie); elle est noire, soluble dans le sulfure de carbone, dure à la température ordinaire et se ramollit vers 60°. Ramollie dans l'eau chaude, elle peut se souder à elle-même et sert à faire des vases imperméables, à prendre des empreintes pour la galvanoplastie, à isoler les fils télégraphiques, etc.

CARBURES BENZÉNIQUES ET CARBURES PYROGÉNÉS.

40. Extraction. — La plupart des matières organiques soumises à l'influence d'une température rouge donnent de l'acétylène, du formène et de l'éthylène, mais elles donnent aussi de la benzine et de nombreux carbures d'hydrogène liquides ou solides, tels que la naphtaline et l'anthracène.

Ces mêmes carbures prennent naissance pendant la distillation de la houille; les carbures d'hydrogène gazeux forment le gaz de l'éclairage; les carbures liquides ou solides constituent les *goudrons* de houille, soigneusement condensés dans les usines à gaz et exploités pour la préparation des carbures benzéniques et des carbures pyrogénés.

Ces goudrons sont soumis à la distillation dans de grandes

cornues cylindriques en tôle, analogues à celles qui sont repré-

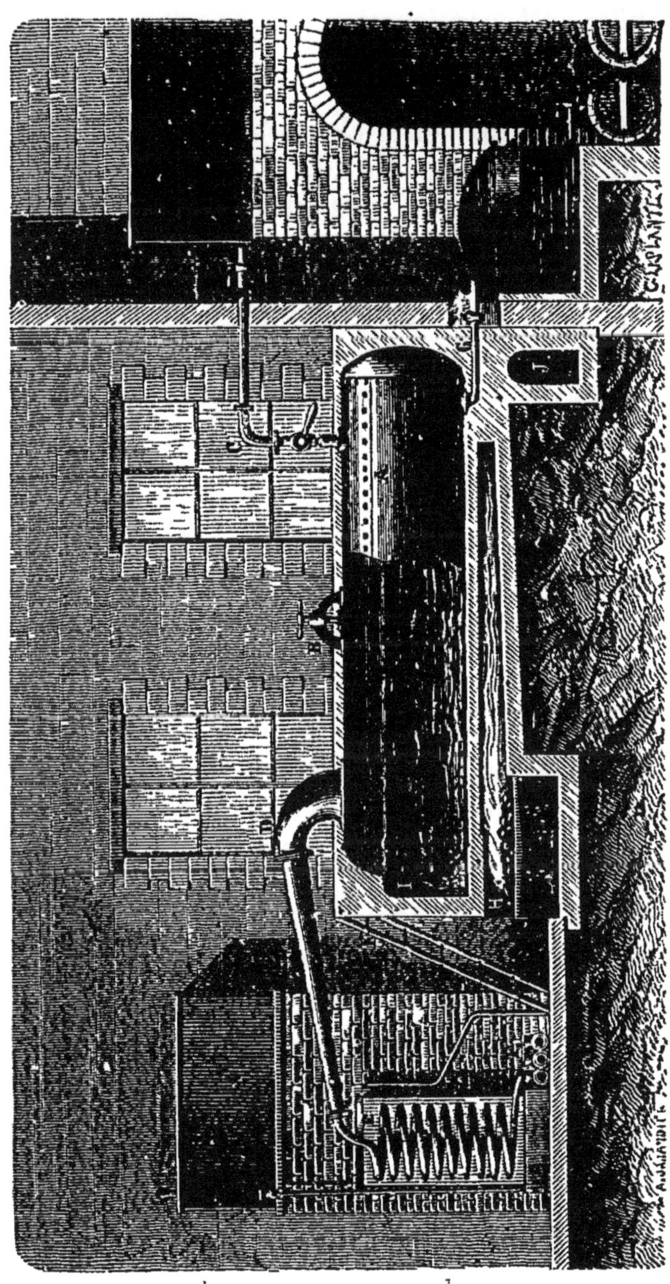

Fig. 18.

sentées par la figure 18, et les produits sont fractionnés en :

1° *Huiles légères ;*
2° *Huiles lourdes ;*
3° *Huiles anthracéniques ;*
4° *Brais,*

1° *Huiles légères.* Celles-ci renferment tous les produits qui distillent au-dessous de 200° : benzine, toluène et leurs homologues supérieurs, quelques carbures éthyléniques, des bases et des phénols. On élimine les carbures éthyléniques et les bases en agitant les huiles légères avec de l'acide sulfurique concentré, et les phénols en les lavant avec des lessives alcalines. Les carbures sont alors soumis à une nouvelle distillation en ne recueillant que les produits bouillant entre 80° et 120°, ce qui fournit les benzines commerciales ou *benzols ;* ceux-ci renferment en proportions variables

la benzine, qui bout à   80°,
le toluène,   —   110°,

mélangés de xylènes et d'autres carbures bouillant au-dessus de 110°. Suivant les usages auxquels on les destine, on utilise directement ces benzols ou on les soumet à une nouvelle rectification (42).

2° *Huiles lourdes.* Elles passent à la distillation entre 200° et 300° et se prennent en masse cristalline par le refroidissement. Ces huiles lourdes sont en effet riches en naphtaline, carbure solide, que l'on sépare en exprimant la masse.

Les huiles lourdes débarrassées de naphtaline peuvent être employées au chauffage dans des foyers spéciaux, au même titre que les huiles lourdes de pétrole (31), ou mieux encore utilisées pour l'extraction des phénols (126).

3° *Huiles anthracéniques.* Les résidus de la distillation précédente forment le *brai,* mélange de carbures solides parmi lesquels se trouve l'anthracène. En soumettant ces résidus à une nouvelle distillation au rouge sombre, on obtient les *huiles anthracéniques* qui servent à la préparation de l'anthracène (52).

4° *Brais.* Le brai, résidu de la distillation des huiles lourdes, est, en raison de sa consistance, appelé *brai gras,*

Mélangé à du poussier de charbon, il sert à faire les *agglomérés*, qui, sous forme de briquettes, sont employés au chauffage des machines à vapeur.

Les *brais secs*, moins fusibles, résidus de la distillation des huiles anthracéniques ne peuvent servir à cet usage qu'après avoir été mélangés aux carbures liquides que l'on obtient en éliminant l'anthracène des huiles anthracéniques. Ils servent aussi à faire l'*asphalte artificiel*.

41. Synthèse des carbures benzéniques et des carbures pyrogénés. — L'acétylène peut être envisagé comme le générateur des carbures benzéniques et aromatiques.

Fig 19.

Soumis à l'action de la chaleur dans une cloche courbe en verre peu fusible, dont la partie supérieure a été enveloppée d'une toile métallique (fig. 19), l'acétylène se transforme peu à peu en produits liquides et solides ; le produit dominant est la benzine $C^{12}H^6$, qui résulte de la soudure de 3 équivalents d'acétylène :

$$3(C^4H^2) = C^{12}H^6.$$

L'acétylène peut éprouver sous l'action de la chaleur des condensations plus avancées ; on peut obtenir ainsi :

$$\text{Le styrolène.} \ldots \ldots \qquad C^{16}H^8 = 4(C^4H^2),$$
$$\text{L'hydrure de naphtaline.} \ldots \qquad C^{20}H^{10} = 5(C^4H^2).$$

L'acétylène ou ses produits de condensation peuvent, au rouge vif, perdre de l'hydrogène ; ainsi l'hydrure de naphtaline se transforme en *naphtaline* $C^{20}H^8$:

$$C^{20}H^{10} = C^{20}H^8 + H^2.$$

L'hydrogène libre s'unit à l'acétylène et l'on obtient ainsi du *formène* :

$$C^4H^2 + 6H = 2(C^2H^4).$$

Le formène à son tour est susceptible de se combiner avec la benzine pour donner le *toluène* $C^{14}H^8$:

$$C^{12}H^6 + C^2H^4 = C^{14}H^8 + H^2.$$

De même, des carbures pyrogénés peuvent s'unir directement pour former un autre carbure pyrogéné ; témoin la benzine et le styrolène, qui se soudent pour former l'*anthracène* $C^{28}H^{10}$:

$$C^{12}H^6 + C^{16}H^8 = C^{26}H^{10} + H^2.$$

L'acétylène, le formène, l'hydrogène, la benzine, la naphtaline, l'anthracène, et bien d'autres carbures d'hydrogène apparaissent parmi les produits de la décomposition par la chaleur des matières organiques. Les réactions que nous venons de signaler et qui ont été mises en relief par M. Berthelot, permettent de comprendre la présence de tous ces corps dans les produits de la distillation de la houille, soit que quelques-uns de ces produits prennent naissance simultanément, soit qu'ils réagissent les uns sur les autres dans les diverses parties des appareils portés à des températures différentes.

BENZINE, C¹²H⁶.

42. Préparation. — La benzine s'extrait des benzols par distillation fractionnée.

L'appareil simple représenté par la figure 20 fera comprendre le principe sur lequel on s'est appuyé pour réaliser

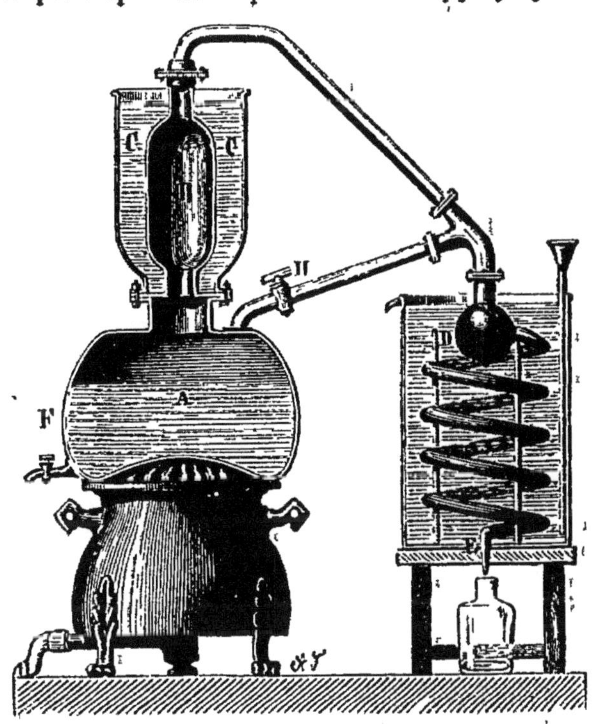

Fig. 20.

ces distillations industriellement. La chaudière A contient le benzol, que l'on porte lentement à l'ébullition. Les vapeurs se condensent tout d'abord sur les parois de la chambre B, élevant peu à peu leur température en même temps que celle du liquide qui l'enveloppe G. Lorsque la température de ce liquide atteint 80°, les vapeurs de benzine ne se condensent plus en B, mais se rendent dans le serpentin D, où elles se liquéfient. La température d'ébullition du liquide contenu dans la chaudière s'élève peu à peu, à mesure qu'il s'appauvrit en benzine; la température de l'eau contenue en C croît également, et lorsque celle-ci atteint 110°; le toluène passe à son tour dans le serpentin.

L'appareil Coupier (fig. 21) est basé sur ce principe. Au-

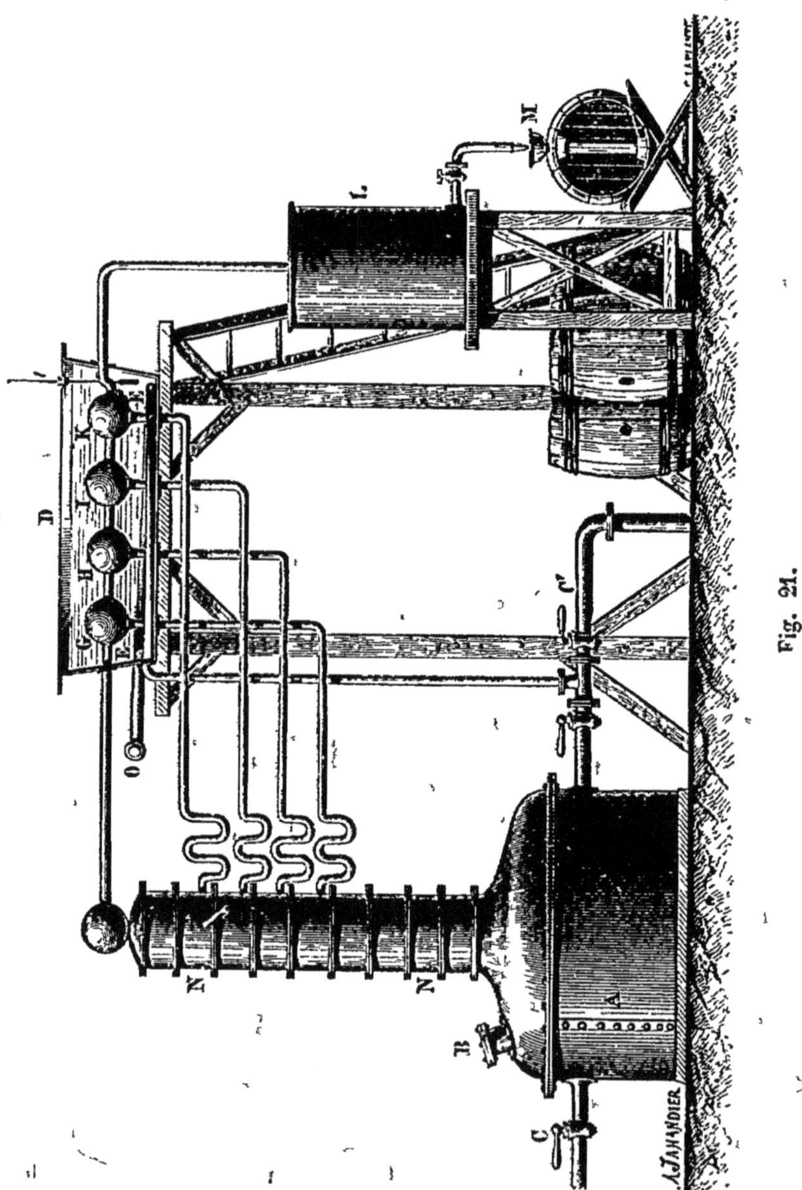

dessus de la chaudière A, chauffée par un courant de vapeur CC', s'élève une colonne analogue à celle dont on se sert dans la distillation des alcools (107) et qui opère un premier fractionnement; les vapeurs passent ensuite dans des boules G, H, I, K, plongées dans un même bac renfermant une dissolution de chlorure de calcium. Si la température de ce liquide est maintenue un peu au-dessous de 80°, les vapeurs de benzine arrivent sans se condenser dans le réfrigérant L; si on élève ensuite la température du bac à 108°, on recueille du toluène.

La benzine rectifiée n'est pas encore absolument pure; on ne l'obtient à cet état qu'en la solidifiant un peu au-dessous de 0°, séparant par compression les cristaux du liquide non congelé et répétant ces traitements jusqu'à ce qu'on obtienne un solide ne fondant qu'à + 5° (*benzine cristallisable*).

On obtient de la benzine parfaitement exempte de toluène en chauffant dans une cornue de l'acide benzoïque avec 2 ou 3 fois son poids de chaux :

$$C^{14}H^6O^4 + 2CaO = 2CaO,C^2O^4 + C^{12}H^6.$$

43. Propriétés physiques. — La benzine est un liquide incolore, très mobile, doué d'une odeur forte, mais assez agréable lorsqu'elle est d'une pureté parfaite; sa densité à 15° est 0,85.

Elle se solidifie vers 0° en une masse cristalline qui ne fond plus qu'à + 5°; elle bout à + 80°.

Insoluble dans l'eau, elle est soluble dans l'alcool, l'esprit de bois, l'éther; elle dissout l'iode, le soufre, le phosphore, les huiles grasses, les essences, les résines, le caoutchouc et la gutta-percha.

44. Propriétés chimiques. — La benzine brûle avec une flamme blanche un peu fuligineuse, en donnant de l'eau et de l'acide carbonique :

$$C^{12}H^6 + 30 O = 6C^2O^4 + 3H^2O^2.$$

L'oxygène, en présence du chlorure d'aluminium, transforme la benzine portée à sa température d'ébullition en un composé oxygéné, le *phénol* (127) :

$$C^{12}H^6 + 2O = C^{12}H^6O^2.$$

Le chlore forme avec la benzine soit un produit d'addition, soit des produits de substitution.

Ainsi, quelques gouttes de benzine versées dans un flacon rempli de chlore et exposé à la lumière solaire donnent un produit solide, l'*hexachlorure* de benzine $C^{12}H^6Cl^6$. Mais si l'on fait passer un courant de chlore dans la benzine bouillante additionnée d'une petite quantité d'iode, on obtient une série régulière de produits substitués, dont le premier terme est la *benzine monochlorée* $C^{12}H^5Cl$ et le dernier un chlorure de carbone $C^{12}Cl^6$.

L'acide sulfurique fumant dissout la benzine en donnant, suivant les proportions de matière réagissante, deux composés acides principaux, l'acide *phénylsulfureux* $C^{12}H^4(S^2O^5,H^2O^2)$ et l'acide *phényldisulfureux* $C^{12}H^4(S^2O^5,H^2O^2)^2$, formé d'après les réactions :

$$C^{12}H^6 + S^2O^6,H^2O^2 = C^{12}H^4(S^2O^5,H^2O^2) + H^2O^2,$$
$$C^{12}H^6 + 2(S^2O^6,H^2O^2) = C^{12}H^4(S^2O^5,H^2O^2)^2 + 2H^2O^2.$$

Ces deux dérivés sont importants, car ils ont été appliqués à la synthèse des phénols (127).

45. Nitrobenzines. — L'acide azotique fumant réagit énergiquement sur la benzine pour former deux dérivés de substitution, dont le premier présente un intérêt capital.

La benzine, versée goutte à goutte dans l'acide azotique monohydraté, se dissout avec élévation de température. Si l'on a soin de refroidir l'acide et de ne verser la benzine que par petites portions successives, la réaction s'accomplit sans dégagement de vapeurs nitreuses. En versant la dissolution dans un grand excès d'eau, on sépare des gouttelettes huileuses de *nitrobenzine* $C^{12}H^5(AzO^4)$, formée d'après la réaction

$$C^{12}H^6 + AzO^5,HO = C^{12}H^5(AzO^4) + H^2O^2.$$

Lavée abondamment à l'eau, puis à l'eau alcaline, et enfin à l'eau distillée, la nitrobenzine constitue un liquide légèrement jaunâtre, dont l'odeur rappelle celle des amandes amères. Sa densité est 1,186 à + 15°; elle bout à 220° et sa vapeur détone lorsqu'on la porte au rouge. Insoluble dans l'eau, elle est soluble dans l'alcool, l'éther, l'acide acétique. La nitrobenzine est toxique.

Son odeur la fait employer, sous le nom d'*essence de mirbane*, dans la parfumerie grossière. Mais sa principale application est la fabrication de l'*aniline* (176); aussi prépare-t-on de grandes quantités de nitrobenzine dans l'industrie.

En chauffant la nitrobenzine avec de l'acide nitrique fumant, on la transforme en *binitrobenzine* cristallisée $C^{12}H^4(AzO^4)^2$.

46. Applications. — La benzine, dissolvant les corps gras, est employée dans l'économie domestique pour dégraisser. Mais la plus grande partie de la benzine commerciale est transformée en nitrobenzine, puis en aniline; c'est le point de départ de la préparation des couleurs dites *d'aniline*.

47. Homologues supérieurs de la benzine. — La série benzénique comprend un grand nombre de carbures, dont les principaux sont :

La benzine.	$C^{12}H^6$
Le toluène.	$C^{14}H^8$
Les xylènes.	$C^{16}H^{10}$, etc.

Le premier terme de la série, la benzine, se comporte jusqu'à un certain point comme un carbure saturé, puisqu'il est susceptible de former avec le chlore, l'acide azotique, l'acide sulfurique, des produits de substitution. Ses homologues supérieurs se comportent de même, et doivent être rapprochés des carbures forméniques.

A la benzine et au formène, en effet, se rattachent de nombreux composés qui peuvent être considérés comme dérivant par substitution de 4 volumes de divers corps simples ou composés à 4 volumes d'hydrogène (H^2), soit dans le formène, soit dans la benzine; les dérivés du formène forment un groupe auquel on donne souvent le nom de *série grasse*, les dérivés de la benzine constituant la *série aromatique* :

Dérivés du formène.		Dérivés de la benzine.	
Formène.	C^2H^4	Benzine.	$C^{12}H^6$
Alcool.	$C^2H^2(H^2O^2)$	Phénol.	$C^{12}H^4(H^2O^2)$
Méthylamine.	$C^2H^2(AzH^3)$	Aniline.	$C^{12}H^4(AzH^3)$

Les homologues supérieurs du formène peuvent être dérivés de ce carbure par des substitutions successives de C^2H^4 à la place de H^2; les homologues supérieurs de la benzine peuvent être également dérivés de celle-ci en substituant C^2H^4, $2C^2H^4$, etc..., à un volume égal d'hydrogène. Ainsi on passe de la benzine au toluène ou méthylbenzine en substituant C^2H^4 à H^2 :

$$C^{12}H^6 + C^2H^4 - H^2 = C^{12}H^4(C^2H^4) = C^{14}H^8$$

et aux xylènes[1] ou diméthylbenzines en substituant $2C^2H^4$ à $2H^2$:

$$C^{12}H^6 + 2C^2H^4 - 2H^2 = C^{12}H^2(C^2H^4)^2 = C^{16}H^{10}.$$

1. Il est à remarquer que les dérivés *bisubstitués* de la benzine sont toujours au nombre de *trois*. Entre autres hypothèses faites pour expliquer ce fait, une des plus simples, due à M. Berthelot, consiste à envisager la benzine comme un triacétylène (41) :

$$C^4H^2(C^4H^2)(C^4H^2)$$

dérivant du carbure *saturé* $C^4H^2.H^2.H^2 = C^4H^6$ par la substitution de $2C^4H^2$ à $2H^2$ et se comportant par conséquent, jusqu'à un certain point, comme un carbure saturé.

Une substitution portant sur un quelconque des trois groupes donnera évidemment, par raison de symétrie, un produit identique. Il n'en sera plus de même si la substitution est double, la substitution portant

TOLUÈNE, $C^{14}H^8$.

48. Synthèse. — Le toluène, homologue supérieur de la benzine, peut être envisagé, avons-nous dit, comme une *méthylbenzine*. On l'a obtenu en effet par synthèse, en faisant agir le sodium sur un mélange de formène iodé et de benzine bromée :

$$C^{12}H^5Br + C^2H^3I + 2Na = NaBr + NaI + C^{14}H^4(C^2H^4),$$

Ce carbure avait été obtenu tout d'abord par H. Sainte-Claire Deville en distillant le baume de Tolu : ce qui lui a fait donner son nom.

Mais on prépare toujours le toluène par la distillation fractionnée du goudron de houille (42).

49. Propriétés. — Le toluène est un liquide incolore, doué d'une odeur analogue à la benzine, de densité 0,856 à + 15°. Il bout à 110°.

Le chlore et l'acide azotique donnent avec le toluène comme avec la benzine des dérivés par substitution, mais leur étude est plus complexe, en raison des nombreux cas d'isomérie qu'ils présentent. Ainsi l'acide azotique fumant transforme le toluène en *trois nitrotoluènes* ayant même composition, mais doués de propriétés physiques différentes : deux sont solides, le troisième est liquide.

Le chlore agissant à froid et en présence d'un peu d'iode sur le toluène donne *trois toluènes monochlorés* $C^{14}H^7Cl$. A

sur un même groupe, sur deux groupes contigus ou sur les deux groupes extrêmes. Ainsi il existe trois benzines dichlorées, que l'on peut formuler :

$$C^4H^2(C^4H^2)(C^4Cl^2),$$
$$C^4H^2(C^4HCl)(C^4HCl),$$
$$C^4HCl(C^4H^2)(C^4HCl).$$

La première est dite un dérivé *ortho*, la seconde un dérivé *méta*, la troisième un dérivé *para*.

Il n'existe qu'*un* seul dérivé méthylé de la benzine, le toluène; mais on connaît *trois nitrotoluènes* de même composition; il y a *trois diméthylbenzines* ou xylènes.

l'ébullition, le chlore réagit sur le toluène pour donner un quatrième isomère, le *chlorure de benzyle*[1], dont les propriétés physiques et surtout les réactions chimiques sont très différentes de celles des toluènes chlorés.

NAPHTALINE, $C^{20}H^8$.

50. Extraction. — On retire, comme nous l'avons vu, la naphtaline du goudron de houille (40). Elle se forme en effet toutes les fois qu'on porte une matière hydrocarburée au rouge vif.

Industriellement on sublime la naphtaline brute dans de grands tonneaux (fig. 22).

On la purifie par cristallisation dans l'alcool ou par une nouvelle sublimation, dans un têt en terre, surmonté d'un cône en carton (fig. 25).

51. Propriétés. — La naphtaline sublimée est en cristaux lamellaires transparents, incolores, d'un éclat micacé, gras au toucher. Elle fond à 79° et bout à 218°.

Insoluble dans l'eau, elle est peu soluble dans l'alcool froid, mais beaucoup plus soluble dans l'alcool bouillant.

La naphtaline brûle avec une flamme fuligineuse. Ses réactions générales sont celles de la benzine. Ainsi, l'acide azotique donne avec la naphtaline des dérivés par substitu-

1. Le chlorure de benzyle se comporte comme un éther; chauffé avec une dissolution de potasse, il se transforme en effet en un alcool, *l'alcool benzylique* (140) :

$$C^{12}H^7Cl + KO,HO = KCl + C^{12}H^8O^2.$$

Comme conséquence de l'hypothèse faite sur la constitution de la benzine, remarquons que le toluène ou méthylbenzine résulte de l'union de deux carbures, la benzine et le formène. On conçoit que si la substitution du chlore s'effectue dans la benzine, les toluènes chlorés qui seront au nombre de trois, puisqu'il s'agit d'une substitution double, auront des propriétés analogues aux benzines chlorées; si, au contraire, la substitution s'effectue dans le formène, on aura un corps dont les réactions seront celles du formène monochloré; le dérivé chloré

$$C^{12}H^4(C^2H^3Cl)$$

sera un éther, comme le formène monochloré C^2H^3Cl est l'éther de l'alcool méthylique $C^4H^4O^2$.

Fig. 9.

tion, parmi lesquels il convient de citer la *nitronaphtaline*, $C^{20}H^{7}(AzO^{4})$; cette nitronaphtaline donne avec les réducteurs hydrogénés une base, la *naphtylamine* $C^{20}H^{6}(AzH^{3})$.

Fig. 25.

Le chlore forme des produits d'addition et des produits de substitution très nombreux ; l'acide sulfurique donne un *acide naphtylsulfureux* qui, chauffé avec de la potasse caustique, donne un phénol, le *naphtol* $C^{20}H^{6}(H^{2}O^{2})$.

ANTHRACÈNE, $C^{28}H^{10}$.

52. Préparation. — L'anthracène s'extrait des produits les moins volatils du goudron de houille (*huiles anthracéniques*). En soumettant ces produits semi-liquides, chauffés entre 40° et 50°, à l'action d'un filtre-presse, on sépare les produits solides, qu'on lave à l'huile légère de goudron de houille; on sublime enfin l'anthracène.

53. Propriétés. — L'anthracène ainsi préparé est en feuillets très légers, incolores, fondant à 210° et bouillant à 360° environ.

Les réactions les plus intéressantes de l'anthracène sont celles qu'exercent sur ce carbure les réactifs oxydants. Ainsi l'acide chromique le convertit en *anthraquinone* $C^{28}H^8O^4$, corps important, car il sert à préparer artificiellement l'alizarine (132).

CHAPITRE IV

ALCOOL ORDINAIRE. — ÉTHERS — ALCOOL MÉTHYLIQU.

ALCOOL ÉTHYLIQUE, $C^4H^4(H^2O^2)$.

Toutes les boissons fermentées contiennent de l'alcool et l'on sait depuis longtemps l'isoler par distillation. Obtenu tout d'abord par la distillation du vin, on l'a désigné et on le désigne encore quelquefois sous le d'*esprit-de-vin*.

54. Préparation. — On extrait l'alcool par distillation des liquides fermentés, le vin notamment; mais depuis que le prix du vin s'est élevé et que les usages industriels de l'alcool se sont multipliés, on prépare industriellement des quantités considérables d'alcool en faisant fermenter les mélasses, résidus de la préparation du sucre de betterave et les jus sucrés obtenus en saccharifiant les fécules (107).

L'industrie livre au commerce des *alcools rectifiés* marquant 90° et 95° à l'alcoomètre centésimal de Gay-Lussac, des *esprits* marquant de 60° à 70°, et des *eaux-de-vie* dont le titre est inférieur à 50°[1].

---

1. On s'est servi pendant longtemps, pour apprécier la richesse alcoolique d'un mélange d'eau et d'alcool, d'un aréomètre à graduation empirique, l'aréomètre ou *œnomètre* de Cartier. Il marquait 0° dans l'eau pure et 44° dans l'alcool absolu. Les indications de cet instrument sont encore données quelquefois et employées concurremment avec celles de l'alcoomètre, et quelques expressions commerciales se sont conservées

L'*alcool absolu* est l'alcool anhydre. Pour le préparer, on fait digérer l'alcool le plus concentré du commerce (alcool à 95°) avec de la chaux vive dans un ballon muni d'un réfrigérant ascendant (fig. 24); puis, au bout de vingt-quatre

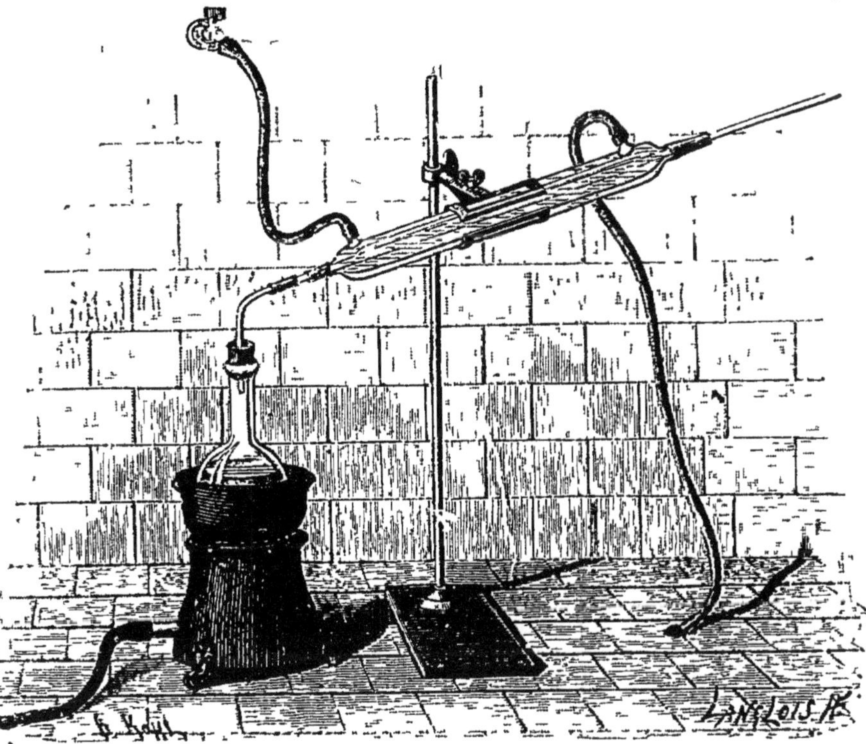

Fig. 24.

heures, on distille au bain-marie, en déplaçant le réfrigérant, de façon à faire couler le liquide condensé dans un ballon refroidi.

qu'il est bon d'expliquer. Voici, pour quelques mélanges alcooliques, la comparaison des deux indications :

	Degrés Cartier.	Degrés centésimaux.
Alcool absolu.	44°	100°
Alcool dit à 10°.	10°	93°,0
Esprit, *trois-six*.	55°	85°,9
Eau-de-vie (preuve de Hollande).	19°	60°,1.

L'expression de *trois-six* vient de ce que le mélange de 3 volumes d'esprit à 55° avec 5 volumes d'eau donne immédiatement 6 volumes d'eau-de-vie à 18° Cartier.

Mais on n'enlève jamais ainsi les dernières traces d'eau. Pour déshydrater entièrement l'alcool, on fait digérer celui que l'on a obtenu dans l'opération précédente avec de la baryte, puis on distille au bain-marie. La baryte forme avec l'alcool un alcoolate $C^4H^5BaO^2$, soluble dans l'alcool, mais que la moindre trace d'eau décompose en donnant un hydrate de baryte insoluble dans l'alcool et qui reste dans le vase distillatoire.

55. Synthèse de l'alcool. — La synthèse de l'alcool a été effectuée par deux méthodes qui réalisent d'une façon indirecte la substitution de 4 volumes de vapeur d'eau à 4 volumes d'hydrogène dans l'*hydrure d'éthylène* :

$$C^4H^4.H^2 + H^2O^2 - H^2 = C^4H^4(H^2O^2).$$
Hydrure d'éthylène.

1° L'hydrure d'éthylène C^4H^6 peut être transformé en un dérivé de substitution iodé C^4H^5I, que l'on peut écrire $C^4H^4(HI)$, car il est identique au produit que l'on obtient en faisant absorber l'éthylène par une solution concentrée d'acide iodhydrique et que nous étudierons sous le nom d'éther iodhydrique (64). L'éther iodhydrique ainsi préparé synthétiquement est chauffé légèrement avec de l'acétate d'argent sec; il se forme par double décomposition de l'iodure d'argent et de l'éther acétique :

$$C^4H^4(HI) + C^4H^3AgO^4 = C^4H^4(C^4H^4O^4) + AgI.$$

Il suffit de faire bouillir cet éther acétique avec de la potasse aqueuse, pour obtenir de l'alcool et de l'acétate de potasse :

$$C^4H^4(C^4H^4O^4) + KO,HO = C^4H^4(H^2O^2) + C^4H^3KO^4.$$

2° L'éthylène traité par l'acide sulfurique concentré est transformé en acide éthylsulfurique :

$$C^4H^4 + S^2O^6,H^2O^2 = C^4H^4(S^2O^6,H^2O^2);$$

l'acide éthylsulfurique distillé avec de l'eau donne de l'alcool :

$$C^4H^4(S^2O^6,H^2O^2) + H^2O^2 = C^4H^4(H^2O^2) + S^2O^6,H^2O^2.$$

56. Propriétés physiques. — L'alcool est un liquide incolore, d'une odeur caractéristique, d'une saveur brûlante ; sa densité est 0,809. Il bout à 78° sous la pression normale. Il n'a été solidifié que dans ces dernières années, à la température de —140° produite par l'évaporation rapide de l'éthylène liquide (Wroblewski et Olszewski) ; aussi l'alcool peut-il servir à la construction des thermomètres destinés à l'étude des basses températures.

L'alcool est, après l'eau, le dissolvant le plus généralement employé. Les gaz sont en général plus solubles dans l'alcool que dans l'eau : en particulier le protoxyde d'azote, l'acide carbonique. Il dissout la potasse, la soude, la plupart des acides minéraux, un grand nombre de chlorures : les chlorures de calcium, de strontium, de zinc, par exemple. Il dissout l'azotate de chaux, l'azotate de magnésie, mais l'azotate de potasse est insoluble. Tous les carbonates et les sulfates sont insolubles dans l'alcool.

Il dissout les acides et les bases organiques, les essences, les corps gras. Parmi les corps simples solubles dans l'alcool, nous citerons l'iode ; la solution alcoolique d'iode est employée en pharmacie sous le nom de *teinture d'iode*.

L'alcool est miscible à l'eau en toutes proportions. Le mélange se fait avec dégagement de chaleur et le volume du mélange refroidi est plus petit que la somme des volumes de l'eau et de l'alcool employés : il y a *contraction*. Le maximum de contraction a lieu lorsqu'on mélange 52,3 volumes d'alcool et 47,7 volumes d'eau, ce qui correspond sensiblement à la composition

$$C^4H^6O^2 + 6HO ;$$

la contraction est de 0,036.

L'alcool absolu attire l'humidité atmosphérique ; auss doit-on le conserver en tube scellé

57. Propriétés chimiques. — Les vapeurs d'alcool, traversant un tube chauffé au rouge, se décomposent en eau, oxyde de carbone, hydrogène, formène, éthylène, acétylène; il se produit en outre de la benzine, de la naphtaline, et un grand nombre de carbures pyrogénés. La nature des produits recueillis dépend d'ailleurs de la température à laquelle se fait la réaction.

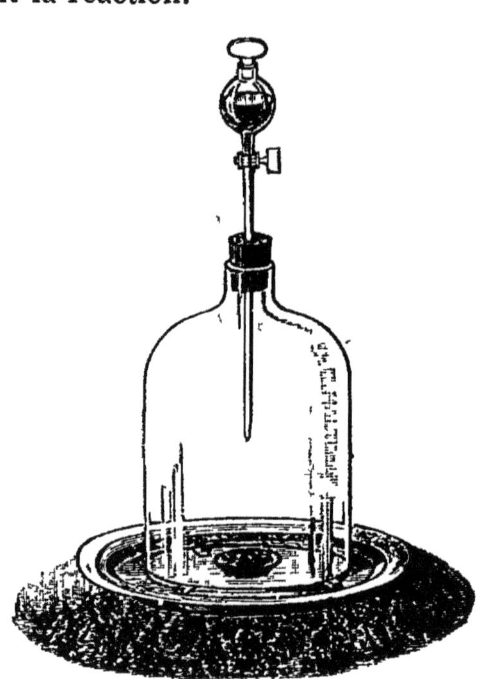

Fig. 25.

L'alcool brûle avec une flamme pâle en donnant de l'eau et de l'acide carbonique :

$$C^4H^6O^2 + 12O = 2CO^4 + 3H^2O^2.$$

Si l'on fait tomber goutte à goutte de l'alcool (fig. 25) sur du noir de platine, ce liquide subit une combustion lente; il se forme de l'*aldéhyde* $C^4H^4O^2$, dont l'odeur est facile à reconnaître, et des vapeurs d'*acide acétique* $C^4H^4O^4$; un papier bleu de tournesol que l'on a collé sur les parois de la cloche ou suspendu à quelque distance au-dessus de la coupelle, ne tarde pas en effet à rougir :

$$C^4H^6O^2 + 2O = C^4H^4O^2 + H^2O^2,$$
$$C^4H^6O^2 + 4O = C^4H^4O^4 + H^2O^2.$$

Des corps très riches en oxygène, tels que l'acide chromique, peuvent déterminer l'inflammation de l'alcool ; il suffit, par exemple, de verser quelques góuttes d'alcool absolu sur de l'acide chromique bien sec pour observer l'inflammation du liquide. Dans cette réaction, l'acide chromique CrO^5 perd la moitié de son oxygène et se change en sesquioxyde de chrome Cr^2O^5.

Un mélange d'acide sulfurique et de bichromate de potasse ou de bioxyde de manganèse donne de l'*aldéhyde* (135).

Le chlore exerce sur l'alcool absolu, à la lumière solaire, une action très énergique, accompagnée de l'inflammation du liquide. Mais, si l'on modère la réaction, il se forme divers produits, dont le plus important est l'*aldéhyde*, et un produit de substitution du chlore à l'hydrogène de l'aldéhyde, *le chloral* $C^4HCl^5O^2$:

$$C^4H^6O^2 + 2Cl = C^4H^4O^2 + 2HCl,$$
$$C^4H^4O^2 + 6Cl = C^4HCl^5O^2 + 3HCl.$$

Le sodium et le potassium, mis au contact de l'alcool, déterminent un dégagement d'hydrogène et le transforment en *alcool sodé* ou *potassé* :

$$C^4H^6O^2 + Na = C^4H^5NaO^2 + H.$$

La masse s'échauffe et, si le poids du métal dissous est suffisant, elle cristallise par le refroidissement. Ces alcoolates ou éthylates alcalins se décomposent par l'eau en régénérant l'alcool :

$$C^4H^5NaO^2 + H^2O^2 = C^4H^6O^2 + NaO,HO.$$

L'alcool peut s'unir avec certains oxydes ou sels, vis-à-vis

desquels il semble jouer le même rôle que l'eau de cristallisation; on connait, par exemple les combinaisons :

$$CaO + C^4H^6O^2,$$
$$CaCl + 2C^4H^6O^2,$$
$$MgO,AzO^5 + 3C^4H^6O^2.$$

Les acides, en réagissant sur l'alcool, donnent des éthers.

58. Usages. — L'alcool est employé comme dissolvant
dans un grand nombre d'industries, mais à cause de son prix
élevé, on tend à le remplacer par des substances moins coû-
teuses, telles que l'alcool méthylique par exemple, pour la fabrication des vernis, ou comme combustible. L'alcool incomplètement rectifié est employé en grande quantité pour la
fabrication des matières colorantes artificielles.

L'alcool rectifié ou alcool bon goût, sert presque exclusivement à la fabrication des liqueurs, au vinage des vins,
à la préparation des alcoolats et extraits pharmaceutiques ;
la parfumerie en consomme de grandes quantités.

ÉTHERS.

59. Définition. — Les acides réagissent sur l'alcool
pour former des composés qu'on appelle des *éthers* et dans
la composition desquels entrent les éléments constitutifs de
l'acide et de l'alcool, moins une certaine quantité d'eau.

Ainsi avec l'acide chlorhydrique on obtient l'*éther chlorhydrique* :

$$C^4H^4(H^2O^2) + HCl = C^4H^4(HCl) + H^2O^2 ;$$

avec l'acide azotique, on a l'*éther azotique* :

$$C^4H^4(H^2O^2) + AzO^5,HO = C^4H^4(AzO^5,HO) + H^2O^2.$$

L'acide azotique, l'acide chlorhydrique ne peuvent former
avec l'alcool ordinaire qu'un seul éther, qui est *neutre* aux
réactifs colorés : ce sont des acides *monobasiques*.

L'acide sulfurique peut former, suivant les conditions dans lesquelles la réaction a lieu, deux éthers :

$$C^4H^4(H^2O^2) + S^2O^6,H^2O^2 = C^4H^4(S^2O^6,H^2O^2) + H^2O^2,$$
$$2C^4H^4(H^2O^2) + S^2O^6,H^2O^2 = (C^4H^4)^2(S^2O^6,H^2O^2) + 2H^2O^2.$$

Le premier composé est un *éther acide (acide éthylsulfurique)* ; le second est l'*éther sulfurique neutre*. L'acide sulfurique est un acide *bibasique*, et l'on voit qu'il se comporte vis-à-vis de l'alcool comme il le ferait avec une base alcaline, la potasse ou la soude.

Un acide *tribasique* comme l'acide phosphorique fournit de même trois éthers avec élimination de H^2O^2, $2H^2O^2$, $3H^2O^2$; les deux premiers sont *acides* et le troisième est l'éther phosphorique *neutre*.

Le mode de formation de ces éthers est analogue à celui des sels ; les formules suivantes mettent ce fait en évidence :

$$KO,HO + HCl = KCl + H^2O^2,$$
$$KO,HO + AzO^5,HO = KO,AzO^5 + H^2O^2,$$
$$2(KO,HO) + S^2O^6,H^2O^2 = 2KO,S^2O^6 + 2H^2O^2,$$
$$3(KO,HO) + PhO^5,3HO = 3KO,PhO^5 + 3H^2O^2.$$

Aussi désigne-t-on ces éthers sous le nom d'*éthers-sels*.

60. Procédés généraux de préparation. — 1° Le procédé de préparation le plus simple consiste à chauffer directement l'acide avec l'alcool. Mais ce procédé est applicable surtout aux acides minéraux et à quelques acides organiques.

2° Dans le cas de la plupart des acides organiques, il est préférable de chauffer l'alcool avec un mélange d'acide sulfurique et d'acide, ou bien encore d'un sel alcalin de cet acide. Les éthers des acides organiques sont en effet facilement décomposables par l'eau (61), et comme l'éthérification est nécessairement accompagnée d'une mise en liberté d'eau, on s'explique aisément que l'éthérification soit plus facile en présence d'un corps avide d'eau comme l'acide sulfurique.

Le rôle de l'acide sulfurique n'est pas seulement de déshydrater l'alcool et l'acide, mais de former surtout un *acide éthylsulfurique* (66), sur lequel l'acide réagit ensuite par double décomposition :

$$C^4H^4(H^2O^2) + S^2O^6.H^2O^2 = C^4H^4(S^2O^6,H^2O^2) + H^2O^2,$$
$$C^4H^4(S^2O^6,H^2O^2) + C^4H^4O^4 = C^4H^4(C^4H^4O^4) + S^2O^6,H^2O^2.$$
Éther acétique

5° Si l'acide à éthérifier est un acide organique solide, on le dissout dans l'alcool et l'on fait passer un courant de gaz chlorhydrique. Il suffit de traiter par l'eau la liqueur pour isoler l'éther, que l'on déshydrate et que l'on distille.

4° On prépare quelques éthers par double décomposition entre un sel de l'acide que l'on veut éthérifier et l'éthylsulfate de potasse :

$$C^4H^4(S^2O^6,KHO^2) + C^4H^3NaO^4 = C^4H^4(C^4H^4O^4) + S^2O^6,2KO,$$
Éther acétique.   Sulfate de potasse.

ou bien encore l'éther iodhydrique avec un sel d'argent :

$$C^4H^4(HI) + C^4H^3AgO^4 = AgI + C^4H^4(C^4H^4O^4).$$
Éther acétique.

Les synthèses de l'éther iodhydrique et de l'acide éthylsulfurique pouvant être obtenues à partir du carbure d'hydrogène, on voit que la synthèse des éthers peut être effectuée en même temps que celle de l'alcool, à partir des éléments (55).

61. Action de l'eau sur les éthers. — L'eau tend à décomposer les éthers et à régénérer l'acide et l'alcool. Cette action, lente à la température ordinaire, devient plus rapide quand on chauffe l'éther et l'eau, en vase clos, à 200°. Aussi, quand on veut conserver des éthers pendant un certain temps, il est indispensable de les déshydrater soigneusement.

Cette réaction de l'eau sur les éthers est inverse de celle qui se produit quand on mélange l'acide et l'alcool. Aussi l'éthérification directe de l'alcool sera-t-elle toujours limitée;

elle sera d'autant plus considérable que l'alcool et l'acide seront plus déshydratés. Inversement, la décomposition de l'éther par l'eau sera toujours limitée, mais elle sera d'autant plus complète que la masse d'eau employée est plus grande.

62. Action des alcalis et de l'ammoniaque. — Les alcalis exercent sur les éthers une action comparable à celle de l'eau; mais comme ici l'acide est saturé par la base au fur et à mesure de sa mise en liberté, on conçoit que la réaction devienne bientôt complète. Elle n'est pas immédiate; ainsi, pour décomposer l'éther acétique, il faut faire bouillir pendant quelques heures cet éther avec l'alcali :

$$C^4H^5(C^4H^4O^4) + KO,HO = C^4H^4(H^2O^2) + C^4H^5KO^4.$$

On donne à cette décomposition des éthers par les alcalis le nom de *saponification*, par analogie avec l'opération qui consiste à décomposer les corps gras (*éthers de la glycérine*) par les alcalis pour former des sels alcalins employés sous le nom de *savons* (156).

L'ammoniaque n'agit pas comme les alcalis sur les éthers.

Avec les éthers d'hydracides appelés quelquefois aussi *éthers simples*, il se produit une base ammoniacale, une *amine* (174) ou plutôt un sel de cette amine. Exemple :

$$C^4H^4(HI) + AzH^3 = C^4H^4(AzH^3),HI.$$

Éther
iodhydrique.   Iodhydrate d'éthylamine.

Avec les éthers d'oxacides, dits aussi *éthers composés*, l'alcool est régénéré et une *amide* (210) prend naissance. Exemple :

$$C^4H^4(C^4H^4O^4) + AzH^3 = C^4H^4(H^2O^2) + C^4H^3O^2(AzH^3).$$

Éther acétique.   Alcool.   Acétamide.

63. Éther chlorhydrique. — Pour préparer l'éther chlorhydrique ou chlorure d'éthyle, on sature l'alcool à 95° centésimaux de gaz chlorhydrique, puis on distille au bain-marie dans un ballon qui communique avec un flacon laveur dont l'eau doit être maintenue à une température supérieure à + 15°. Cette eau retient l'acide chlorhydrique ; les vapeurs d'éther se dessèchent en traversant un tube rempli de chlorure de calcium, puis se condensent dans un matras refroidi par un mélange de glace et de sel.

Au lieu de saturer l'alcool par l'acide chlorhydrique, on peut encore distiller avec du sel marin (2 parties) un mélange de parties égales d'alcool et d'acide sulfurique.

L'éther chlorhydrique est un liquide neutre, très mobile, incolore, doué d'une odeur éthérée, bouillant à + 11°. Il est soluble dans l'eau et dans l'alcool. Mélangé avec une dissolution de nitrate d'argent, il ne donne, s'il est bien pur, aucune trace de précipité de chlorure d'argent; mais la précipitation du chlorure d'argent a lieu si on chauffe l'éther en vase clos avec une dissolution alcoolique de nitrate d'argent.

Il brûle avec une flamme verdâtre :

$$C^4H^4(HCl) + 12\,O = 2C^2O^4 + 2H^2O^2 + HCl;$$

et si on effectue cette combustion à l'orifice d'une petite éprouvette renfermant l'éther et quelques gouttes d'une dissolution de nitrate d'argent, on voit apparaître bientôt le précipité blanc, caillebotté, de chlorure d'argent.

Le chlore et le chlorure d'éthyle, sous l'influence de la lumière solaire réfléchie, réagissent pour former des produits de substitution :

$$C^4H^3Cl(HCl), \quad C^4H^2Cl^2(HCl), \quad C^4HCl^3(HCl), \quad C^4Cl^4(HCl).$$

Le chlorure d'éthyle monochloré a la même composition que la liqueur des Hollandais $C^4H^4Cl^2$ (23); il est isomère et non identique avec ce dernier.

Enfin, en épuisant l'action du chlore, on obtient le *chlorure d'éthyle perchloré* ou *sesquichlorure de carbone* C^4Cl^6, qui est aussi le dernier terme de l'action du chlore sur l'*éthylène bichloré* (23).

64. Éther iodhydrique. — On pourrait obtenir l'éther iodhydrique comme l'éther chlorhydrique en saturant l'alcool par l'acide iodhydrique et distillant. Mais il est plus simple de faire réagir sur l'alcool un mélange d'iode et de phosphore, corps qui, par leur réaction mutuelle, donnent de l'acide iodhydrique et de l'acide phosphoreux :

$$3C^4H^4(H^2O^2) + Ph + 3I = 3C^4H^4(HI) + PhO^5,3HO.$$

On introduit dans un ballon 1 partie d'alcool et 1 partie d'iode, puis par petites portions successives 0,2 parties de phosphore rouge. On laisse digérer pendant quelques heures dans le ballon relié à un réfrigérant ascendant (fig. 24), puis on distille.

On verse le liquide distillé dans un excès d'eau ; l'éther se sépare et tombe au fond du vase ; on décante le liquide surnageant, qu'on remplace par une solution alcaline étendue, on fait digérer l'éther avec du chlorure de calcium et on distille.

C'est un liquide neutre, incolore lorsqu'il a été récemment préparé, mais qui se colore en rose, par suite d'une mise en liberté d'iode, à la lumière diffuse. Il possède une odeur légèrement alliacée ; sa densité est 1,975 ; il bout à 72°,2.

Il est insoluble dans l'eau. Il décompose instantanément et à froid une dissolution d'azotate d'argent, en donnant un précipité jaune d'iodure d'argent.

On emploie fréquemment l'éther iodhydrique pour effectuer des réactions importantes. Ainsi, si on le chauffe avec du zinc, on obtient de l'iodure de zinc et un liquide, le *zinc-éthyle* :

$$2C^4H^4(HI) + 4Zn = 2ZnI + C^4H^4(C^4H^6Zn^2),$$
Zinc-éthyle.

Chauffé avec de l'ammoniaque, il fournit l'*iodhydrate d'éthylamine* (174) :

$$C^4H^4(HI) + AzH^3 = C^4H^4(AzH^3),HI.$$

La synthèse de l'éther iodhydrique a été donnée en même temps que celle de l'alcool (55).

65. Éther acétique, $C^4H^4(C^4H^4O^4)$. — On prépare l'éther acétique en distillant (fig. 26) un mélange de 3 parties d'acétate de potasse, 3 parties d'alcool concentré et 2 parties d'acide sulfurique.

C'est un liquide incolore, doué d'une odeur éthérée très

Fig. 26.

agréable. Il est plus léger que l'eau $(D = 0,911)$; mais il est soluble dans 7 parties d'eau et se mêle en toutes proportions à l'alcool et à l'éther. Il bout à 74°.

La potasse le dédouble facilement en alcool et acétate alcalin :

$$C^4H^4(C^4H^4O^4) + KO,HO = C^4H^4(H^2O^2) + C^4H^5KO^4.$$

L'ammoniaque le transforme en *acétamide* (210) :

$$C^4H^4(C^4H^4O^4) + AzH^3 = C^4H^4(H^2O^2) + C^4H^3O^2,AzH^3.$$

L'éther acétique existe dans certains vins et dans le vinaigre de vin.

66. Éthers de l'acide sulfurique. — L'acide sulfurique forme avec l'alcool deux éthers :

1° L'alcool et l'acide sulfurique réagissent lentement à 75° pour donner, avec élimination de H^2O^2, l'*acide éthylsulfurique* :

$$(C^4H^4)(S^2O^6,H^2O^2).$$

Cet éther se comporte comme un acide monobasique. En saturant en effet le liquide par le carbonate de baryte, on obtient un sel cristallisé, l'éthylsulfate de baryte

$$(C^4H^4)(S^2O^6,BaOHO),$$

à l'aide duquel il est facile de préparer l'acide éthylsulfurique

2° L'*éther neutre*

$$(C^4H^4)^2(S^2O^6,H^2O^2)$$

s'obtient en distillant dans le vide un mélange à volumes égaux d'acide sulfurique concentré et d'alcool absolu.

Mais l'acide sulfurique peut agir différemment sur l'alcool. Nous savons qu'au-dessus de 140° il forme de l'éthylène (21); au-dessous de 140° la réaction de ces deux corps fournit un composé important, l'éther ordinaire.

ÉTHER ORDINAIRE, $C^8H^{10}O^2$.

67 Préparation. — On chauffe dans un ballon (fig. 27) un mélange de 9 parties d'acide sulfurique et de 5 parties d'alcool à 90°, et on fait arriver dans le liquide un filet continu d'alcool que l'on règle de façon que l'ébullition ne soit pas interrompue et que la température ne dépasse pas notablement 140°. Le ballon est chauffé au bain de sable et un thermomètre qui plonge dans le liquide sert à régler la marche de l'expérience. Les vapeurs d'éther se condensent dans un réfrigérant et sont recueillies dans un ballon refroidi.

On condense ainsi un mélange d'éther, d'eau et d'alcool.

Pratiquement, l'acide sulfurique introduit peut éthérifier 30 fois environ son poids d'alcool. Mais à la longue le

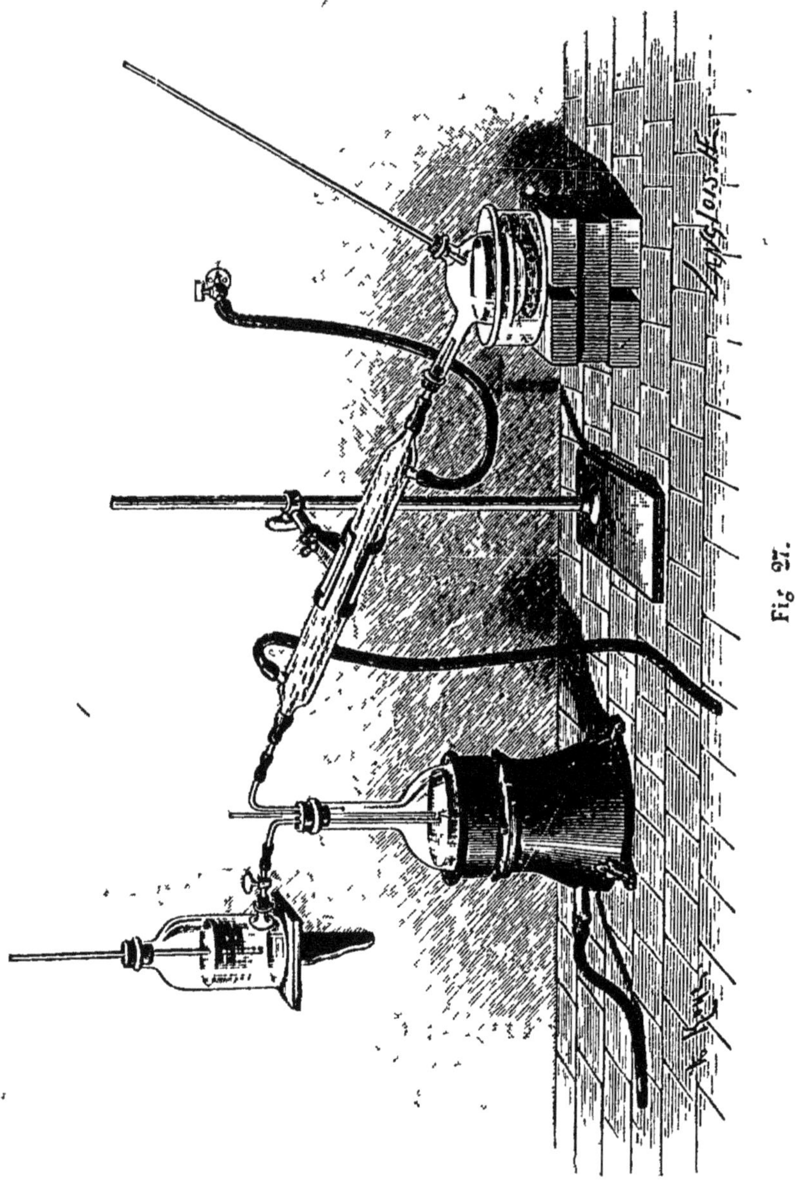

Fig. 27.

mélange noircit et il se dégage vers la fin de l'opération un peu d'acide sulfureux.

On agite le produit de la réaction avec son volume d'eau;

on décante l'éther qui surnage ; on le mélange avec un lait de chaux et on distille au bain-marie. On peut le rectifier, si on tient à l'avoir anhydre, sur du chlorure de calcium, ou, s'il ne renferme que des traces d'eau, y projeter du sodium et distiller.

68. Théorie de l'éthérification. — Éthers mixtes.

— La théorie de l'éthérification a été donnée par Williamson. La réaction se divise en deux phases : dans la première il se forme de l'acide éthylsulfurique :

$$C^4H^6O^2 + S^2O^6,H^2O^2 = C^4H^4(S^2O^6,H^2O^2) + H^2O^2;$$

dans la seconde, l'acide éthylsulfurique réagit sur l'alcool pour former l'éther :

$$C^4H^4(S^2O^6,H^2O^2) + C^4H^6O^2 = C^4H^4(C^4H^6O^2) + S^2O^6,H^2O^2.$$

et l'acide éthylsulfurique régénéré peut agir de nouveau sur l'alcool. Théoriquement, la réaction serait indéfinie ; nous avons vu que pratiquement elle ne l'est pas, parce qu'il y a toujours carbonisation des matières organiques contenues dans l'alcool et de l'alcool lui-même par l'acide sulfurique.

On peut établir directement que l'éther résulte bien de l'action de l'alcool sur l'acide éthylsulfurique ; en chauffant en effet un mélange de ces deux substances, on recueille de l'éther. Il y a plus : en substituant à l'acide éthylsulfurique un *acide amylsulfurique* $C^{10}H^{10}(S^2O^6,H^2O^2)$ obtenu par la réaction de l'acide sulfurique sur *l'alcool amylique* (74) dans des conditions analogues à celles où on se place pour obtenir l'*acide éthylsulfurique*, et chauffant cet *acide amylsulfurique* avec l'alcool ordinaire, M. Williamson a obtenu un *éther mixte amyléthylique* :

$$C^{10}H^{10}(S^2O^6,H^2O^2) + C^4H^6O^2 = C^{10}H^{10}(C^4H^6O^2) + S^2O^6,H^2O^2.$$

Acide amylsulfurique.   Éther mixte
amyléthylique.

On peut préparer d'ailleurs l'éther ordinaire ou des éthers mixtes, par une méthode différente, mais qui montre tout aussi nettement que l'éther et les éthers mixtes résultent de la réaction de deux équivalents d'un même alcool ou d'alcools différents.

M. Williamson a obtenu en effet l'éther et les éthers mixtes en distillant un éther iodhydrique avec un alcoolate alcalin :

$$C^4H^4(HI) + C^4H^5NaO^2 = C^4H^4(C^4H^6O^2) + NaI;$$

Éther éthyliodhydrique — Éthylate de soude. — Éther éthylique.

$$C^{10}H^{10}(HI) + C^4H^5NaO^2 = C^{10}H^{10}(C^4H^6O^2) + NaI.$$

Éther amyliodhydrique. — Éthylate de soude. — Éther mixte amyléthylique.

De même que les acides réagissent sur l'alcool et, d'une façon plus générale, sur les alcools, pour former des éthers avec élimination d'eau, de même deux alcools peuvent réagir avec élimination d'eau, pour donner des composés auxquels on a donné le nom d'*éthers mixtes*. Bien que les réactions ne s'effectuent qu'indirectement, on peut les formuler symboliquement :

$$C^4H^4(H^2O^2) + C^4H^4(H^2O^2) = C^4H^4(C^4H^6O^2) + H^2O^2;$$
$$C^{10}H^{10}(H^2O^2) + C^4H^4(H^2O^2) = C^{10}H^{10}(C^4H^6O^2) + H^2O^2.$$

L'éther ordinaire ou éther éthylique rentre donc dans la classe des éthers mixtes.

La formule $C^8H^{10}O^2 = 74$, que l'on est conduit ainsi à adopter pour l'éther, ne peut être remplacée par la formule plus simple C^4H^5O. La densité de vapeur de l'éther est en effet 2,575, égale à 37 fois celle de l'hydrogène ($37 \times 0,069 = 2,553$) et la vapeur, sous le poids 74, occupe bien le même volume que H^2, c'est-à-dire, par définition, 4 volumes.

69. Propriétés physiques. — L'éther est un liquide incolore, très mobile, d'une saveur brûlante, d'une odeur agréable; sa densité est 0,736 à 0°. Il bout à 34°,5 et se solidifie à — 31°.

Mélangé à l'eau, l'éther surnage en raison de sa faible densité; il se dissout cependant en petite quantité : 9 parties d'eau dissolvent 1 partie d'éther. Il est soluble en toutes proportions dans l'alcool.

L'éther dissout l'iode, un certain nombre de chlorures métalliques, les graisses, les huiles, les alcalis organiques.

70. Propriétés chimiques. — L'éther brûle avec une flamme très éclairante, en donnant de l'eau et de l'acide carbonique :

$$C^8H^{10}O^2 + 24O = 4C^2O^4 + 5H^2O^2.$$

Il est dangereux de manier un flacon d'éther près d'une flamme, car ses vapeurs forment avec l'air un mélange détonant.

Comme l'alcool, il se transforme par oxydation lente en aldéhyde et en acide acétique. C'est ainsi qu'un fil de platine rougi au feu et qu'on suspend à quelque distance au-dessus d'une couche d'éther demeure incandescent par suite de la combustion de la vapeur qui s'effectue dans les pores du métal (*lampe sans flamme*).

Le chlore peut déterminer la décomposition et l'inflammation de l'éther s'il réagit sur ce liquide bien déshydraté et non refroidi. Si l'on modère la réaction en refroidissant, on obtient des produits de substitution :

Éther bichloré. . . . . $C^8H^8Cl^2O^2$
Éther tétrachloré . . . . $C^8H^6Cl^4O^2$
Éther perchloré . . . . $C^8Cl^{10}O^2$.

Ce dernier corps est solide, fusible à + 69°.

L'éther réagit sur les acides pour donner des éthers. Ainsi il est absorbé, par l'acide sulfurique hydraté et forme l'acide éthylsulfurique (66). L'acide sulfurique anhydre se combine directement à l'éther pour former l'éther sulfurique neutre :

$$C^8H^{10}O^2 + S^2O^6 = (C^4H^4)^2(S^2O^6,H^2O^2).$$

ALCOOL MÉTHYLIQUE, $C^2H^2(H^2O^2)$.

71. Préparation. — Les produits les plus volatils de la distillation du bois renferment un liquide neutre que l'on désigne sous le nom *d'esprit de bois*. MM. Dumas et Péligot ont établi, en 1835, que les réactions de cette substance étaient comparables à celles de l'alcool ordinaire.

Pour isoler l'esprit de bois, on distille les produits liquides séparés des goudrons et on fait arriver les vapeurs, mélange d'eau, d'acide acétique et d'esprit de bois, dans une chaudière renfermant un lait de chaux; l'acide acétique est retenu à l'état d'acétate, et les vapeurs d'alcool méthylique traversent un récipient refroidi où elles se condensent. On rectifie l'alcool par une nouvelle distillation sur de la chaux vive.

On obtient ainsi l'esprit de bois du commerce. Pour préparer l'esprit de bois pur, on mélange le produit brut avec du chlorure de calcium, qui forme un composé solide $CaCl + 2C^2H^2(H^2O^2)$; en chauffant cette combinaison avec de la chaux vive vers 65°, on sépare l'alcool méthylique.

On prépare l'alcool méthylique chimiquement pur en saponifiant un de ses éthers, l'éther oxalique par exemple, qui est solide et que l'on peut purifier lui-même par cristallisation.

M. Berthelot a fait la synthèse de l'alcool méthylique à partir du formène C^2H^4. Le formène monochloré C^2H^3Cl est identique en effet à l'éther méthylchlorhydrique $C^2H^2(HCl)$. Il suffit de chauffer ce dernier avec de la potasse aqueuse pour le transformer en alcool, avec formation de chlorure de potassium :

$$C^2H^2(HCl) + KO,HO = KCl + C^2H^2(H^2O^2).$$

72. Propriétés. — L'alcool méthylique est un liquide incolore, doué d'une odeur spiritueuse lorsqu'il est pur. Sa densité est 0,814 à 0°; il bout à 66°. Il est miscible à l'eau en toutes proportions.

Il brûle avec une flamme pâle avec production d'eau et d'acide carbonique :

$$C^2H^4O^2 + 6O = C^2O^4 + 2H^2O^2.$$

En présence du noir de platine il s'oxyde et donne de l'acide formique :

$$C^2H^4O^2 + 4O = C^2H^2O^4 + H^2O^2.$$

73. Éthers de l'alcool méthylique. — Les éthers-sels de l'alcool méthylique se préparent comme ceux de l'alcool éthylique. Nous ne citerons que ceux qui ont reçu quelque application.

L'*éther méthylchlorhydrique* $C^2H^2(HCl)$ peut s'obtenir en chauffant dans un ballon 1 partie d'esprit de bois, 3 parties d'acide sulfurique et 3 parties de sel marin. L'éther se dégage à l'état gazeux : on le recueille sur le mercure ou on le condense dans un mélange réfrigérant.

C'est un gaz incolore, qu'il est facile de liquéfier par compression ou par refroidissement. Le liquide ainsi obtenu bout à — 23°; évaporé rapidement dans un courant d'air, sa température s'abaisse à — 55°. Ce liquide est un réfrigérant aujourd'hui fort employé. On le prépare industriellement d'après les indications de M. Vincent, en décomposant par la chaleur le chlorhydrate de triméthylamine (175), que l'on obtient en distillant les vinasses de betteraves. Le gaz est liquéfié par compression et conservé dans des vases en cuivre fermés par des bouchons à vis.

L'*éther méthyloxalique* $(C^2H^2)^2(C^4H^2O^8)$ est solide. On le prépare en chauffant dans une cornue parties égales d'esprit de bois, d'acide oxalique et d'acide sulfurique. Il passe tout d'abord à la distillation de l'eau et de l'alcool, puis, lorsqu'on voit se déposer sur les parties froides de la cornue des lamelles cristallines, on change le récipient. Les cristaux sont débarrassés par compression, avec du papier à filtre, des liquides qui les baignent. L'éther méthyloxalique sert à préparer l'alcool méthylique pur (71).

L'*éther méthylique* proprement dit, ou *oxyde de méthyle* $C^2H^2(C^2H^4O^2)$, est isomère de l'alcool ordinaire. On le recueille à l'état gazeux lorsqu'on chauffe à 125° un mélange de 1 partie d'esprit de bois et de 2 parties d'acide sulfurique. Par compression ou refroidissement on le réduit en un liquide qui bout à — 24°. On a utilisé le froid produit par l'évaporation rapide de l'éther méthylique liquéfié pour la conservation des matières alimentaires (procédé Tellier).

74. Alcools homologues de l'alcool méthylique. — On connaît aujourd'hui un grand nombre d'alcools monoatomiques homologues de l'alcool méthylique et, par conséquent, de l'alcool éthylique (*série grasse* [1]) :

Alcool méthylique.	$C^2H^4O^2$
— éthylique..	$C^4H^6O^2$
propylique	$C^6H^8O^2$
— butylique..	$C^8H^{10}O^2$
— amylique..	$C^{10}H^{12}O^2$
— caproïque.	$C^{12}H^{14}O^2$
— œnanthylique..	$C^{14}H^{16}O^2$
— cétylique.	$C^{32}H^{34}O^2$
— cérylique..	$C^{54}H^{36}O^2$
— myricique.	$C^{60}H^{62}O^2$

A partir du troisième terme, on connaît plusieurs corps ayant même composition, mais dont les propriétés physiques et quelquefois les propriétés chimiques diffèrent. Tous sont susceptibles d'éthérification, et sont par conséquent des alcools. Mais, parmi les composés de même formule, quelques-uns jouissent seuls de la propriété de fournir par oxydation un *aldéhyde* et un *acide* renfermant le même nombre d'équivalents de carbone, comme l'alcool éthylique; on les désigne sous le nom d'*alcools primaires*.

Quelques-uns de ces alcools prennent naissance en même temps que l'alcool ordinaire dans la fermentation des jus sucrés. Les alcools d'industrie sont toujours souillés de ma-

1. Les acides monobasiques dérivés par oxydation de ces alcools sont dits *acides gras*, parce que quelques-uns d'entre eux entrent dans la constitution des corps gras

tières moins volatiles, doués d'une odeur et d'un goût désagréables qu'on cherche soigneusement à éliminer (107). L'huile essentielle qu'on élimine de l'eau-de-vie de marc de raisin par distillation contient des alcools *propylique, amylique, caproïque* et *œnanthylique*. *L'huile de pommes de terre*, qu'on sépare des alcools de grains et de pommes de terre, renferme des alcools *amyliques*; l'huile essentielle qui souille l'alcool de betteraves contient des *alcools butyliques* et *amyliques*.

Les *cires* sont des éthers solides formés par les alcools *cérylique* et *myricique* avec l'acide palmitique (152).

Le *blanc de baleine*, ou *spermaceti*, est également un éther palmitique de l'*alcool cétylique*.

75. Alcools monoatomiques de diverses séries. —

Indépendamment des alcools de la série grasse, on connaît un grand nombre de composés ternaires neutres susceptibles d'éthérification et doués par conséquent de la fonction alcoolique.

Quelques-uns de ces alcools, ou leurs dérivés entrent dans la composition d'huiles aromatiques. Ainsi l'essence d'ail est l'éther sulfuré de l'*alcool allylique* $C^6H^4(H^2O^2)$; l'*alcool mentholique* $C^{20}H^{18}(H^2O^2)$ se sépare à l'état solide quand on fait cristalliser l'essence de menthe. Le *bornéol* ou *alcool campholique* $C^{20}H^{16}(H^2O^2)$ est un corps solide, doué de l'odeur du camphre que l'on extrait à Bornéo et à Sumatra du *Dryobalanops aromatica*; son aldéhyde est le camphre ordinaire (142).

CHAPITRE V

GLYCÉRINE. — CORPS GRAS.

ALCOOLS POLYATOMIQUES.

76. Définition. — Les alcools polyatomiques sont des composés ternaires oxygénés susceptibles de former des éthers avec les acides, mais qui se distinguent de l'alcool ordinaire en ce qu'ils peuvent donner avec un même acide monobasique, tel que l'acide chlorhydrique ou l'acide azotique, deux, trois… éthers différents, avec élimination de $2H^2O^2$, $3H^2O^2$… On peut dire qu'ils se comportent dans leurs réactions comme s'ils résultaient de l'union de 2, 3… alcools analogues à l'alcool ordinaire.

On connaît des *alcools diatomiques* ou *glycols*[1] dont le type, le glycol éthylénique $C^4H^6O^4$ ou $C^4H^2(H^2O^2)^2$, a été obtenu synthétiquement par Wurtz en 1856.

La *glycérine*, extraite des corps gras par Scheele, se comporte, comme l'a montré M. Berthelot en 1854, comme un alcool triatomique $C^6H^2(H^2O^2)^3$.

On connaît en outre des alcools tétratomiques, pentatomiques et hexatomiques.

L'étude de la glycérine, qui, en raison de ses relations

---

1. La découverte du glycol est postérieure, comme on le voit, aux études de M. Berthelot sur la *glycérine*; le mot *glycol*, formé de la première syllabe du mot glycérine et de la dernière du mot alcool, était destiné à rappeler que les propriétés du nouvel alcool étaient intermédiaires entre celles de l'alcool et celles de la glycérine.

avec les corps gras, est le plus important des alcools poly-atomiques, nous permettra de préciser les réactions caracté-ristiques des alcools polyatomiques.

GLYCÉRINE, $C^6H^8O^6$ ou $C^6H^2(H^2O^2)^3$.

77. Préparation. — Les corps gras (*graisses, huiles, beurres*), chauffés avec un alcali ou un oxyde métallique en présence de l'eau, se dédoublent en glycérine qui reste en dissolution dans le liquide et en une matière saline (*savon*) formée par la combinaison de la base avec un *acide gras*.

Scheele préparait la glycérine en chauffant de l'axonge ou de l'huile avec de l'eau et de l'oxyde de plomb[1]. Le savon de plomb ainsi obtenu étant à peu près insoluble dans l'eau, il suffisait de décanter le liquide, d'évaporer et de concentrer doucement par la chaleur pour avoir la gly-cérine, que l'on dénommait alors, en raison de son origine, *principe doux des huiles*.

Actuellement la *glycérine* est fournie en grande quantité par l'industrie; sa préparation est corrélative de la fabrica-tion des *savons* (156) et des *bougies stéariques* (155).

La glycérine brute telle qu'on la trouve dans le commerce est simplement décolorée par du noir animal. On la purifie par distillation dans le vide, ou mieux dans un courant de vapeur d'eau surchauffée.

78. Propriétés. — La glycérine est un liquide sirupeux, incolore, déliquescent. Sa densité à +15° est 1,264. Elle distille entre 275° et 280°, mais vers la fin de l'opération une certaine quantité de la matière se décompose; elle dis-tille plus facilement dans le vide.

Fortement refroidie, elle reste en surfusion. On a obtenu cependant de la glycérine solide, et il suffit du contact d'un cristal pour déterminer la solidification de la glycérine re-

1. Le savon de plomb porte, dans les pharmacies, le nom d'*emplâtre simple*.

froidie au-dessous de 0°; les cristaux ne fondent plus qu'à 7°-8° au-dessus de 0°.

Elle est soluble dans l'eau et l'alcool; mais l'éther n'en dissout que de très faibles quantités.

La glycérine est neutre. Sa vapeur brûle avec une flamme pâle, en donnant de l'eau et de l'acide carbonique.

Par oxydation lente, elle se transforme en *acide glycérique* $C^6H^6O^8$:

$$C^6H^8O^6 + 4O = C^6H^6O^8 + H^2O^2.$$

Cette réaction s'effectue lorsqu'on abandonne pendant quelques jours des couches superposées de glycérine et d'un acide azotique de densité 1,5. L'acide ainsi obtenu est un acide monobasique, mais il présente aussi les réactions d'un alcool diatomique, et l'on met ce fait en évidence en écrivant sa formule :

$$C^6H^6O^8 = C^6H^2(H^2O^2)^2O^4.$$

79. Éthers de la glycérine. — Chauffée avec les acides, en tubes scellés (fig. 28), la glycérine forme des éthers avec élimination d'eau. Soit, par exemple, l'acide acétique, acide monobasique; suivant les proportions de matières réagissantes et la durée de l'opération, on peut obtenir *trois* éthers, trois *acétines* :

$$(1) \quad C^6H^8O^6 + C^4H^4O^4 = C^6H^6O^4(C^4H^4O^4)^2 + H^2O^2,$$
$$(2) \quad C^6H^8O^6 + 2C^4H^4O^4 = C^6H^4O^2(C^4H^4O^4)^2 + 2H^2O^2,$$
$$(3) \quad C^6H^8O^6 + 3C^4H^4O^4 = C^6H^2 \ (C^4H^4O^4)^3 + 3H^2O^2.$$

La *monoacétine* produite par la réaction (1) se comporte encore comme un alcool diatomique; la *diacétine* (2) est encore alcool monoatomique : la *triacétine* (3) est un éther neutre. On symbolise ces faits en écrivant

Glycérine.	$C^6H^2(H^2O^2)^3$
Monoacétine	$C^6H^2(H^2O^2)^2(C^4H^4O^4)$
Diacétine.	$C^6H^2(H^2O^2)(C^4H^4O^4)^2$
Triacétine.	$C^6H^2(C^4H^4O^4)^3.$

L'acide chlorhydrique forme de même trois éthers ou *chlorhydrines;* l'acide azotique donne trois éthers, dont un, l'éther triazotique, mérite une mention spéciale : c'est la *nitroglycérine* $C^6H^2(AzO^5,HO)^5$.

Pour préparer la nitroglycérine, on additionne la glycérine de trois fois son poids d'acide sulfurique concentré et on mélange, après refroidissement, avec de l'acide nitrique fumant additionné de son poids d'acide sulfurique. Après quelques heures, la nitroglycérine est tombée au fond du vase; on la lave à l'eau, puis avec une lessive alcaline étendue, et on la sèche. On obtient ainsi un liquide huileux qui se solidifie au voisinage de 0°. Sous l'influence d'un choc ou d'une élévation brusque de température, la nitroglycérine détone, en donnant de l'acide carbonique, de l'eau, de l'azote et de l'oxygène :

$$C^6H^2(AzO^5,HO)^5 = 6CO^2 + 5HO + 3Az + O.$$

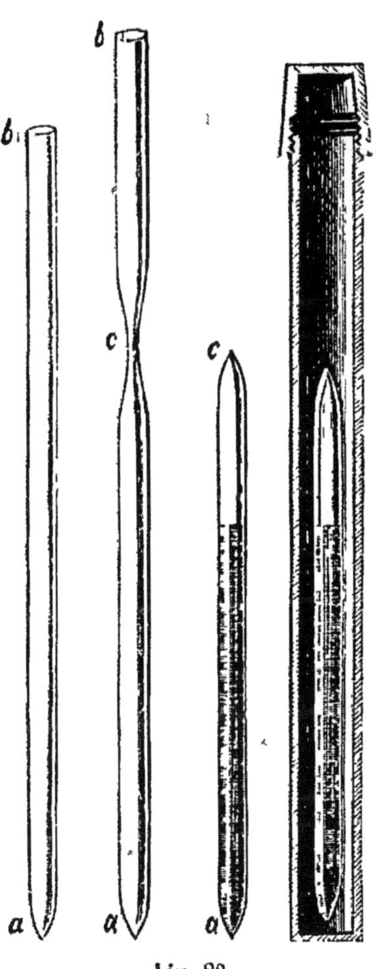

Fig. 28.

On atténue la sensibilité de la nitroglycérine et on rend son maniement plus facile en la mélangeant avec de la silice pulvérulente, qui l'absorbe sans cesser d'être solide: on obtient ainsi la *dynamite,* qui produit, lorsqu'on détermine son explosion à l'aide d'une capsule fulminante, des effets de dislocation qui l'ont fait adopter, à la place de la poudre, dans les travaux des mines.

CORPS GRAS,

Les corps gras neutres que l'on extrait des cellules végétales ou animales par des traitements mécaniques sont des mélanges de principes immédiats, éthers neutres de la glycérine. C'est ce qu'ont mis en évidence les célèbres travaux de M. Chevreul sur l'analyse immédiate des corps gras, et les recherches synthétiques de M. Berthelot.

80. Analyse immédiate des corps gras. — En soumettant les huiles, les beurres ou les graisses à un traitement méthodique par divers dissolvants, on peut en distraire quelques principes immédiats, dont les principaux sont la *stéarine*, la *palmitine* ou *margarine*, l'*oléine*, la *butyrine*.

La *stéarine* est contenue dans la plupart des corps gras solides, le suif et la graisse de mouton notamment. On l'obtient en dissolvant le suif dans l'éther, laissant refroidir, comprimant la partie solide, dissolvant de nouveau dans l'éther. En répètant ces traitements un certain nombre de fois, on obtient de petites lamelles d'un éclat micacé fondant vers 70°,

L'huile de palme, qui offre la consistance du suif, est formée principalement de *palmitine;* on l'extrait de l'huile de palme, en comprimant celle-ci, épuisant le résidu solide par l'alcool bouillant, puis faisant cristalliser dans l'éther. La palmitine est en petits cristaux fusibles à 60°.

La *butyrine* a été extraite par M. Chevreul du beurre de vache, où elle se trouve mélangée avec la stéarine, la margarine et l'oléine; c'est un liquide huileux, soluble dans l'alcool et dans l'éther, mais insoluble dans l'eau.

L'*oléine* est liquide à + 10° et même un peu au-dessous; elle est insoluble dans l'eau, peu soluble dans l'alcool, soluble dans l'éther. Elle est mélangée dans les huiles d'olives à la stéarine et à la palmitine et forme la partie principale de la masse qui reste liquide quand on refroidit l'huile.

Tous ces principes immédiats chauffés avec de l'eau et un

alcali, se *saponifient*, c'est-à-dire se dédoublent en un liquide, la glycérine, et en un acide qui reste uni à la base. Les acides mis en liberté sont des homologues supérieurs de l'acide acétique, que nous étudierons sous le nom d'*acides gras* (152), acides *stéarique*, *margarique* ou *palmitique*, *butyrique*, et un acide appartenant à une série différente, l'acide *oléique* (153). M. Chevreul a montré nettement que ce dédoublement s'opérait avec fixation d'eau, et que par conséquent la réaction était analogue à celle qui se produit quand on traite un éther-sel de l'alcool ordinaire, l'éther acétique par exemple, par les alcalis : ainsi on a :

$$C^8H^8O^4 + H^2O^2 = C^4H^6O^2 + C^4H^4O^4;$$

Éther acétique   Alcool   Acide acétique

$$C^{114}H^{110}O^{12} + 3H^2O^2 = C^6H^8O^6 + 3(C^{36}H^{36}O^4).$$

Stéarine.   Glycérine.   Acide stéarique.

81. Synthèse des principes immédiats des corps gras. — Bien que les recherches analytiques précédentes conduisissent, par analogie, à envisager la glycérine comme un alcool et les corps gras neutres comme des éthers, la démonstration précise de la fonction alcoolique de la glycérine et la caractéristique des alcools polyatomiques sont dues à M. Berthelot.

En chauffant en effet, en tubes scellés, la glycérine avec des proportions croissantes d'acide stéarique, M. Berthelot a obtenu trois stéarines qui renferment les éléments de la glycérine et de l'acide moins H^2O^2, $2H^2O^2$, $3H^2O^2$; la *tristéarine* est identique à la stéarine naturelle.

L'expérience a montré de même que la margarine était l'éther neutre de l'acide margarique ou palmitique, une *trimargarine*, l'oléine une *trioléine*, éther neutre de l'acide oléique et la *butyrine* une *tributyrine*, résultant de l'éthérification de la glycérine par trois équivalents d'acide butyrique.

82. Corps gras naturels. — Les corps gras naturels sont des *huiles*, des *beurres*, des *graisses*, suivant leur consistance.

1° *Corps gras d'origine végétale.* — Les matières grasses d'origine végétale sont extraites des graines ou des fruits par compression, à froid tout d'abord, puis entre des plaques chauffées, à l'aide de presses hydrauliques.

Les huiles d'olives et d'œillette sont employées comme aliment.

L'huile d'olives, jaune verdâtre, de densité 0,919 à $+12°$, se fige à quelques degrés au-dessous de 0°.

L'huile d'œillette s'extrait des graines du pavot; elle se solidifie à $-18°$.

Les *huiles de colza* et *de navette,* extraites des semences des *Brassica campestris* et *Brassica napellus,* s'emploient plus particulièrement pour l'éclairage. On les épure en les battant avec 2 ou 3 pour 100 de leur poids d'acide sulfurique qui charbonne les matières mucilagineuses et les débris de parenchymes, entraînés par le pressage à chaud, puis on lave à l'eau.

L'huile de palme, de consistance butyreuse, s'extrait des fruits du *Cocos butyracea;* *l'huile d'arachide* est fournie par les semences de l'*Arachis hypogæa;* elles servent à la fabrication des savons et des bougies.

Un certain nombre d'huiles sont employées en thérapeutique, telles que *l'huile d'amandes douces,* très fluide, inodore, insipide; *l'huile de ricin,* extraite des semences du *Ricinus communis,* employée comme purgatif; *l'huile de croton tiglium,* extraite d'une Euphorbiacée des Moluques et douée de propriétés vésicantes.

Au point de vue de la façon dont les huiles se comportent vis-à-vis de l'oxygène et par conséquent de l'air, on peut les partager en deux groupes : les *huiles siccatives* et les *huiles non siccatives* ou *grasses.*

Les premières s'épaississent en absorbant l'oxygène de l'air et se transforment en une sorte de vernis un peu élastique résultant de l'oxydation d'une oléine qu'elles renferment. Le type des huiles siccatives est *l'huile de lin,* employée pour la préparation des couleurs à l'huile. Les huiles d'œillette et de ricin sont également siccatives. Les huiles siccatives sèchent plus rapidement encore lorsqu'on les cuit avec de la litharge ou du bioxyde de manganèse. L'huile de lin lithargirée sert à la fabrication des toiles cirées.

Les huiles d'olives, d'amandes douces, de navette ne se comportent pas de même au contact de l'air : elles absorbent peu à peu l'oxygène et dégagent de l'acide carbonique, tout en conservant l'état liquide ; elles acquièrent une réaction acide et un goût désagréable : elles *rancissent*. Une partie de l'oléine est alors décomposée, de la glycérine est mise en liberté et s'oxyde, en même temps que l'acide oléique se transforme, par oxydation, en acides volatils doués d'une odeur désagréable, tels que les acides *butyrique* et *valérique* (152).

2° *Corps gras d'origine animale.* — La *graisse de bœuf*, le *suif de mouton*, fusibles entre 40° et 52° environ, sont séparés par fusion des enveloppes cellulaires qui les contiennent. Les suifs liquides sont décantés, tamisés et clarifiés par quelques millièmes d'alun.

Le suif est formé principalement de stéarine. Fondu et coulé en cylindres, au centre desquels on a placé une mèche de coton, il forme les *chandelles.*

Le *beurre*, obtenu par le battage du lait de vache non écrémé, fond entre 26° et 27° ; il renferme de l'oléine, de la margarine et de la butyrine.

83. Action de la chaleur sur les corps gras. — Les corps gras ne sont pas volatils sans décomposition. Au-dessus de 100° ils sont le siège d'un dégagement gazeux qui simule une ébullition. De l'eau, de l'acide carbonique, des carbures d'hydrogène, des acides gras se séparent, en même temps que l'on perçoit une odeur désagréable due à la formation de l'*acroléine*, substance formée aux dépens de la glycérine par déshydratation :

$$C^6H^8O^6 - 2H^2O^2 = C^6H^4O^2.$$

Glycérine.   Acroléine

CHAPITRE VI

84. Classification. — On trouve dans l'organisme des végétaux un certain nombre de matières sucrées qui jouent un rôle important dans le développement de ces plantes. Ces matières sucrées ne sont pas moins indispensables à l'alimentation de l'homme, et quelques-unes d'entre elles sont l'objet d'un traitement industriel.

Toutes les matières sucrées ont une même composition centésimale, qui peut être représentée par la formule

$$C^n(H^2O^2)^n;$$

aussi les a-t-on dénommées *hydrates de carbone*.

Elles peuvent se partager en deux groupes :

Les *glucoses*, auxquels on attribue la formule $C^{12}H^{12}O^{12}$, parce que, d'après l'ensemble de leurs réactions chimiques, ils se rattachent à un *alcool hexatomique* $C^{12}H^2(H^2O^2)^6$, d'où ils dérivent par déshydrogénation; ils jouent le rôle d'alcools pentatomiques et leur formule rationnelle est

$$C^{12}H^2(H^2O^2)^5O^2.$$

Les *sucres* ou *saccharoses*, dont la formule générale est $C^{24}H^{22}O^{22}$ et que l'on doit assimiler à des éthers mixtes (68), puisqu'ils résultent de l'union de deux glucoses avec perte de H^2O^2 :

$$C^{24}H^{22}O^{22} = C^{12}H^{12}O^{12} + C^{12}H^{12}O^{12} - H^2O^2.$$

GLUCOSES.

85. Définition. — Les glucoses desséchés à 100° ont pour formule générale $C^{12}H^{12}O^{12}$; ils fermentent directement au contact de la levure de bière; ils réduisent à l'ébullition la liqueur cupro-potassique; enfin, chauffés avec des dissolutions alcalines, ils sont détruits plus ou moins rapidement.

Les principaux glucoses sont :

> Le glucose proprement dit, ou sucre de raisin ;
> Le lévulose ;
> Le galactose ou glucose lactique.

GLUCOSE.

86. État naturel.— Préparation. —Le glucose ou sucre de raisin est le type du groupe des glucoses. On le trouve à l'état solide dans les raisins secs, le miel; il forme des efflorescences blanches à la surface des figues, des prunes desséchées; c'est la matière sucrée contenue dans l'urine des diabétiques.

Pour le préparer industriellement on s'appuie sur la transformation de la fécule et de l'amidon en glucose en présence de l'acide sulfurique étendu et sous l'action de la chaleur.

On introduit dans de grands cuviers en bois de 160 hectolitres environ de capacité (fig. 29), 15 hectolitres d'eau, 140 kilogrammes d'acide sulfurique, puis, par un tuyau en cuivre qui plonge au fond de la cuve et se contourne en demi-cercle vers le fond, on fait arriver de la vapeur. On verse peu à peu dans le liquide de la fécule délayée dans une petite quantité d'eau; on peut saccharifier ainsi, dans une seule opération, 10 000 kilogrammes de fécule.

Lorsque l'iode libre ne colore plus le liquide froid en violet, la réaction est terminée. On sature alors l'acide sulfurique avec de la craie pulvérisée et on laisse reposer; du sulfate de chaux se dépose, on décante le liquide et on le décolore par filtration sur du noir animal dans des appareils analogues à ceux dont on se sert dans les sucreries (92).

On concentre le liquide jusqu'à 30° B (27° B lorsqu'il est bouillant), et le sirop de fécule ainsi obtenu est livré aux

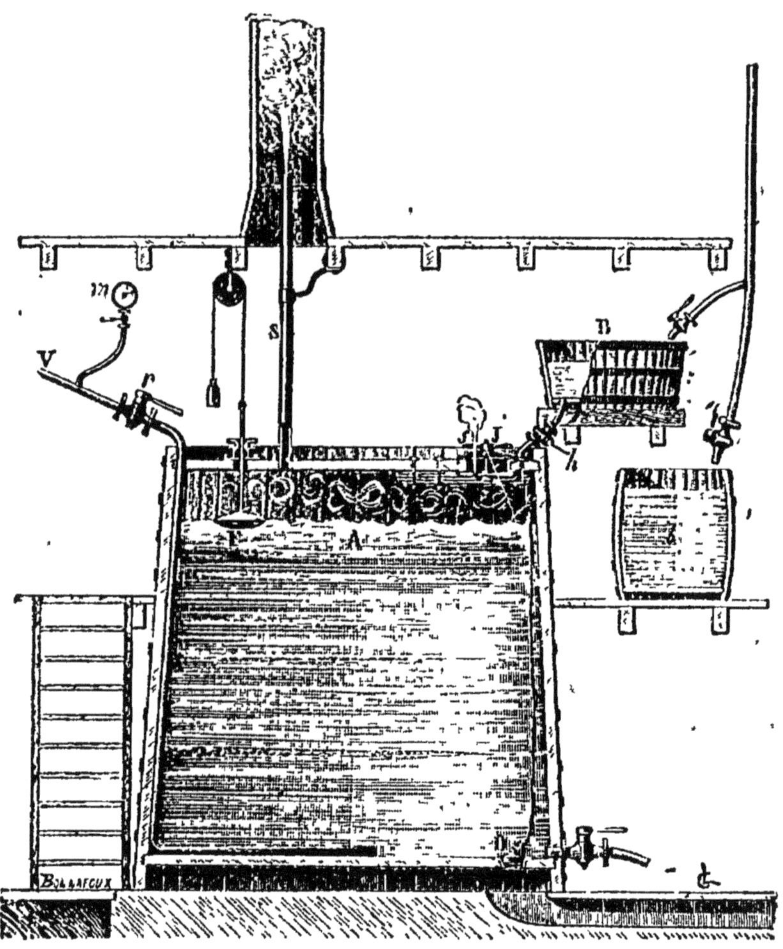

Fig. 29.

brasseurs et aux fabricants de pain d'épice. Un sirop plus blanc, plus concentré que celui-ci, dit *impondérable*, ainsi nommé parce que sa viscosité est telle qu'on ne peut y plonger l'aréomètre, est livré aux confiseurs pour la préparation des fruits confits, des sirops, des confitures, etc.

Le sirop concentré jusqu'à 30° B. et abandonné au repos dans des tonneaux pendant 8 à 10 jours laisse déposer de petits cristaux de glucose; on décante l'eau mère, on dessèche et on a le *glucose granulé*.

Enfin, lorsqu'on concentre le sirop jusqu'à 41°, il se prend peu à peu par le refroidissement en une masse dure, blanche, dite *glucose en masse* ou *sucre de fécule massé*.

87. Propriétés. — Les petits cristaux mamelonnés de glucose ont comme composition $C^{12}H^{12}O^{12} + H^2O^2$; ils se ramollissent à 60°, fondent, puis perdent 2 équivalents d'eau de cristallisation à 100°. Par dissolution dans l'alcool absolu bouillant et refroidissement, on obtient des cristaux anhydres qui ne fondent plus qu'à 196°.

Une partie de glucose se dissout dans une partie et demie d'eau à + 17°, mais il est beaucoup moins soluble dans l'alcool. La dissolution aqueuse de glucose dévie à droite le plan de polarisation.

Chauffé à 170°, le glucose se transforme en *glucosane*, en perdant H^2O^2 :

$$C^{12}H^{12}O^{12} = H^2O^2 + C^{12}H^{10}O^{10}.$$

A une température plus élevée, on obtient des produits bruns analogues au caramel.

L'acide sulfurique concentré et froid s'unit au glucose pour former un acide glucoso-sulfurique; mais si la température s'élève, le glucose se carbonise et de l'acide sulfureux se dégage.

L'acide azotique étendu et bouillant le transforme en acide oxalique.

Les bases alcalines détruisent le glucose, lentement à froid, rapidement à l'ébullition. Ainsi, si l'on ajoute de la potasse concentrée à une solution de glucose, le liquide jaunit dès que l'on chauffe, puis prend une teinte brune très foncée. Cette réaction est assez sensible pour permettre de reconnaître le glucose mélangé à du sucre de canne dans les produits commerciaux falsifiés.

Mais le glucose peut s'unir aux bases alcalino-terreuses et à l'oxyde de plomb pour former des produits cristallisés.

Le glucosate de baryte $C^{12}H^{11}BaO^{12}$ s'obtient sous la forme d'une poudre cristalline blanche lorsqu'on mélange une dissolution alcoolique de glucose à une dissolution d'hydrate de baryte dans l'alcool faible. Un glucosate basique de plomb $C^{12}H^{10}Pb^2O^{12} + 2PbO$ se précipite quand on ajoute de l'ammoniaque à un mélange de deux dissolutions de glucose et d'acétate de plomb.

Il s'unit également avec certains sels. Ainsi une solution de glucose additionnée de sel marin et abandonnée à l'évaporation spontanée laisse déposer, suivant les proportions réagissantes, diverses combinaisons cristallisées $C^{12}H^{12}O^{12}$, NaCl ou $C^{12}H^{12}O^{12}$,2NaCl.

Les propriétés réductrices du glucose le différencient nettement du sucre : les dissolutions des sels de cuivre, d'argent, de mercure, de chlorure d'or en particulier sont réduites par le glucose à l'ébullition.

Une dissolution d'acétate de cuivre à laquelle on ajoute du glucose et qu'on porte à l'ébullition laisse déposer une poussière cristalline rouge de sous-oxyde de cuivre Cu^2O.

Une dissolution de sulfate de cuivre, additionnée de glucose, ne précipite plus par la potasse, mais prend une couleur bleue intense, analogue à celle que l'on obtient en ajoutant un excès d'ammoniaque au sel de cuivre ; mais si on chauffe, la liqueur jaunit, laisse déposer un précipité rouge de sous-oxyde de cuivre et se décolore. La dissolution de sulfate de cuivre, acide au tournesol, ne précipiterait après l'addition du glucose que par une longue ébullition, et encore la réaction serait-elle incomplète. La réduction n'est donc facile qu'en liqueur alcaline.

On emploie pour la recherche du glucose et son dosage une liqueur alcaline de cuivre (*liqueur de Fehling*) obtenue de la façon suivante : On dissout dans 500 grammes d'eau 75 grammes de carbonate de soude cristallisé et 100 grammes de tartrate acide de potasse ou crème de tartre ; on mélange cette liqueur avec une dissolution de 40 grammes de sulfate de cuivre cristallisé dans 160 grammes d'eau ; on ajoute enfin 600 centimètres cubes d'une dissolution de soude caustique de densité 1,12[1]. Il suffit de porter à l'ébullition cette liqueur et d'y ajouter une petite quantité d'un liquide sucré dans lequel on soupçonne la présence du glucose, pour obtenir immédiatement un précipité rouge s'il y a réellement du glucose.

Ces propriétés réductrices du glucose le rapprochent des aldéhydes. Par hydrogénation on peut, en effet, le transformer en un alcool hexatomique, la mannite $C^{12}H^2(H^2O^2)^6$. Cette réaction s'effectue en ajoutant de l'amalgame de sodium à une dissolution de glucose.

88. Glucosides.

88. Glucosides. — Le glucose fonctionne comme un alcool vis-à-vis des acides. Il forme avec élimination de H^2O^2, $2H^2O^2$, $3H^2O^2$, $4H^2O^2$ et même $5H^2O^2$ de véritables éthers, auxquels M. Berthelot a donné le nom de *glucosides*. Ces combinaisons s'obtiennent en chauffant le glucose en tube scellé avec l'acide; mais, les acides minéraux exerçant une action destructive sur le glucose aux températures de 100° à 120° auxquelles s'effectuent les réactions, on n'obtient facilement que les glucosides dérivés des acides organiques (acides tartrique, acétique, stéarique, etc.). En dissolvant cependant le glucose dans l'acide nitrique fumant, on prépare un composé cristallisable, le *glucoside pentanitrique* $C^{12}H^2(AzO^5,HO)^5O^2$, qui suffit à établir la fonction alcoolique pentatomique du glucose.

Tous ces glucosides se dédoublent, en présence des acides étendus, en glucose et acides; quelques-uns des glucosides des acides organiques existent dans les fruits acides.

Un grand nombre de principes cristallisables neutres se rencontrent dans les végétaux et se dédoublent comme les glucosides précédents en un glucose fermentescible; mais un des produits de la réaction est un alcool ou un alcool-phénol.

Telles sont la *salicine*, principe amer contenu dans diverses

1. L'addition d'acide tartrique ou d'un tartrate à une dissolution d'un sel cuivrique empêche la précipitation du protoxyde de cuivre par un alcali.

espèces de saules, de peupliers; l'*esculine*, contenue dans l'écorce du marronnier d'Inde; la *coniférine*[1], extraite des conifères. Ces glucosides neutres peuvent être considérés comme résultant de l'union du glucose avec un alcool et élimination d'eau. Ainsi :

$$C^{26}H^{18}O^{14} + H^2O^2 = C^{12}H^{12}O^{12} + C^{14}H^4(H^2O^2)^2.$$

Saliciне. Glucose Saligénine.

La saligénine est un alcool-phénol. Ces glucosides sont donc assimilables à des *éthers mixtes* (68).

Les saccharoses eux-mêmes, bien qu'on n'ait pu faire leur synthèse à partir de deux glucoses, rentrent aussi dans cette catégorie de *glucosides* (97).

Enfin on connaît des glucosides qui se dédoublent, en absorbant les éléments de l'eau, en un glucose, un acide et un alcool ou un aldéhyde. Telle est l'*amygdaline* contenue dans les amandes amères et les amandes d'un grand nombre de fruits à noyaux, et qui fournit, par dédoublement, de l'*acide cyanhydrique* et de l'*aldéhyde benzoïque* :

$$C^{40}H^{27}AzO^{22} + 2H^2O^2 = 2C^{12}H^{12}O^{12} + C^{14}H^6O^2 + C^2AzH.$$

Amygdaline. Glucose. Aldéhyde benzoïque Acide cyanhydrique

C'est cette réaction de l'amygdaline qui fournit l'essence d'amandes amères (159).

LÉVULOSE

89. Préparation. — Le lévulose accompagne le glucose dans la plupart des fruits sucrés et acides (raisins, cerises, groseilles). Ces deux glucoses se rencontrent généralement à poids égaux, comme s'ils résultaient du dédoublement du sucre de canne sous l'influence des acides; on obtient un tel mélange (*sucre interverti*) en chauffant une dissolution de

1. La coniférine, oxydée par un mélange de bichromate de potasse et d'acide sulfurique, a fourni la *vanilline*, principe odorant de la vanille.

sucre de canne avec les acides étendus. Le lévulose forme la partie incristallisable du miel.

On l'extrait de la solution du sucre interverti (97) en agitant celui-ci avec de la chaux éteinte; on filtre et par refroidissement on obtient des cristaux incolores d'une combinaison calcique $C^{12}H^9Ca^5O^{12}$ qui, décomposés par l'acide oxalique, donnent le lévulose pur.

90. Propriétés. — Le lévulose a été appelé pendant longtemps *sucre incristallisable des fruits :* il cristallise en effet difficilement. Cependant en le déshydratant par des lavages à l'alcool absolu et le dissolvant à l'aide d'une douce chaleur dans ce liquide, il cristallise par refroidissement. Il suffit d'introduire un de ces cristaux dans une masse sirupeuse de lévulose pour en déterminer la cristallisation.

On obtient ainsi de longues aiguilles brillantes de lévulose, déliquescentes, très solubles dans l'alcool absolu.

La dissolution dévie à gauche le plan de polarisation : il est donc *lévogyre*, ce qui le distingue du glucose, qui est *dextrogyre*.

Quant aux réactions chimiques du lévulose, elles sont sensiblement les mêmes que celles du glucose.

SUCRES OU SACCHAROSES.

91. Définition. — Le type des saccharoses $C^{24}H^{22}O^{22}$ est le *sucre de canne,* ou *saccharose proprement dit.* Le caractère chimique essentiel des saccharoses est leur dédoublement en deux glucoses sous l'influence des acides étendus ou des ferments ; ils se rattachent par conséquent au groupe des *glucosides* (88). D'une façon plus générale, on peut dire que ce sont des éthers mixtes, formés par l'association de deux glucoses, alcools pentatomiques, avec élimination de H^2O^2.

On distingue :

Le *sucre de canne* ou *saccharose proprement dit,*
Le *lactose* ou *sucre de lait,*
Le *maltose,*

et un certain nombre d'autres matières sucrées moins importantes retirées des végétaux. Leur formule générale est $C^{24}H^{22}O^{22}$.

SUCRE DE CANNE.

92. Origine. — Extraction. — Le sucre de canne a été retiré pendant longtemps exclusivement de la canne à sucre. Mais beaucoup d'autres végétaux et particulièrement le sorgho, l'érable à sucre et la betterave, en renferment. Une grande partie du sucre consommé dans les pays d'Europe est extraite de la betterave, dont la culture s'est largement développée à cet effet.

La fabrication du sucre extrait de la canne s'est faite tout d'abord par des procédés expéditifs et à l'aide d'appareils simples. Dans les colonies on tend aujourd'hui à adopter les perfectionnements apportés successivement à la fabrication des sucres indigènes. Pour ces motifs, nous nous bornerons à indiquer ici, très brièvement d'ailleurs, les procédés actuellement employés pour l'extraction du sucre de betterave.

La betterave la plus riche en sucre est la betterave blanche à collet rose, ou betterave de Silésie, qui en contient en moyenne 10,5 pour 100 de son poids. Dès qu'elles ont atteint leur maturité, c'est-à-dire dès que les feuilles principales se fanent, on arrache les betteraves, on supprime les feuilles et la tête ou tige unique qui porte les feuilles, et on les met en tas, dans les champs; si l'on doit les conserver plus longtemps, on les enferme dans des silos, où, recouvertes de terre, elles seront à l'abri des gelées.

Après un lavage et un épierrage soigneusement faits, les betteraves sont râpées. La figure 50 représente une râpe employée dans un grand nombre de sucreries indigènes. En A est un cylindre armé de lames de scie et animé d'une vitesse de rotation de 1000 tours par minute; les betteraves, placées en D, arrivent au contact de cette scie dès qu'une sorte de tiroir ou poussoir mécanique B, mû par un levier

et un excentrique O, dégage une ouverture pratiquée au fond
du plan incliné.

La pulpe recueillie sous la râpe est introduite dans des
sacs en laine qu'on superpose, en les séparant par des claies

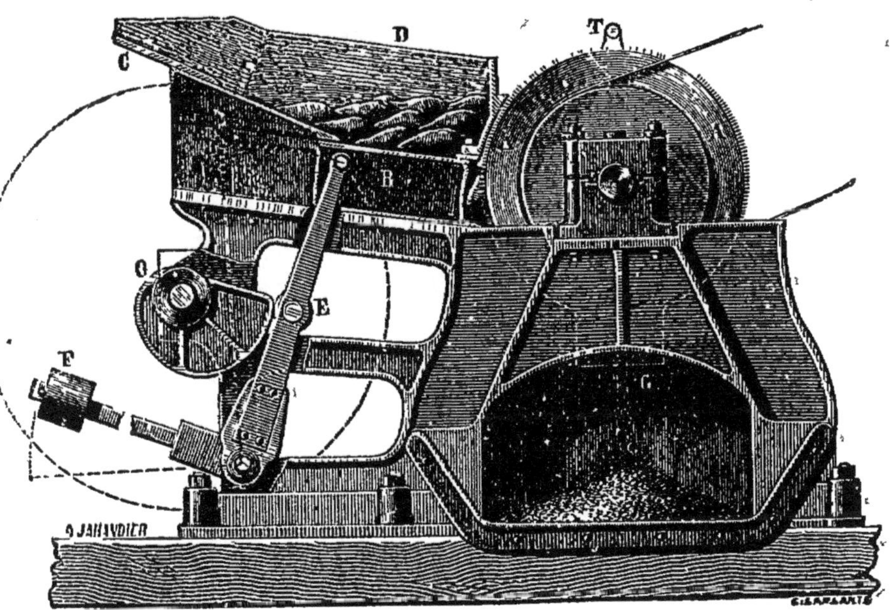

Fig. 50.

métalliques en fer, et qu'on soumet à une compression énergique à l'aide d'une presse hydraulique. Pour mettre le jus
à l'abri de la fermentation, on le mélange immédiatement
avec un lait de chaux et on le soumet à la défécation.

La *défécation* a pour but de saturer à l'aide de la chaux
les acides libres, et de former, avec les matières albuminoïdes, les matières grasses et les matières colorantes, des
combinaisons insolubles. En employant un léger excès de
chaux, on est certain d'éliminer toutes les substances étran-
gères, mais en même temps on forme avec le sucre une
combinaison insoluble, le sucrate de chaux (96) ce qui en-
traînerait des pertes si on ne déplaçait cet excès de chaux
par un courant d'acide carbonique. Dans le procédé de défécation, dit de *défécation trouble,* qui paraît donner les meil-

leurs résultats, on soumet en même temps le sucre à l'action de la chaux et de l'acide carbonique dans des chaudières rectangulaires V (fig. 31); on fait arriver de la vapeur par un serpentin *ccc*, et de l'acide carbonique par un tube ver-

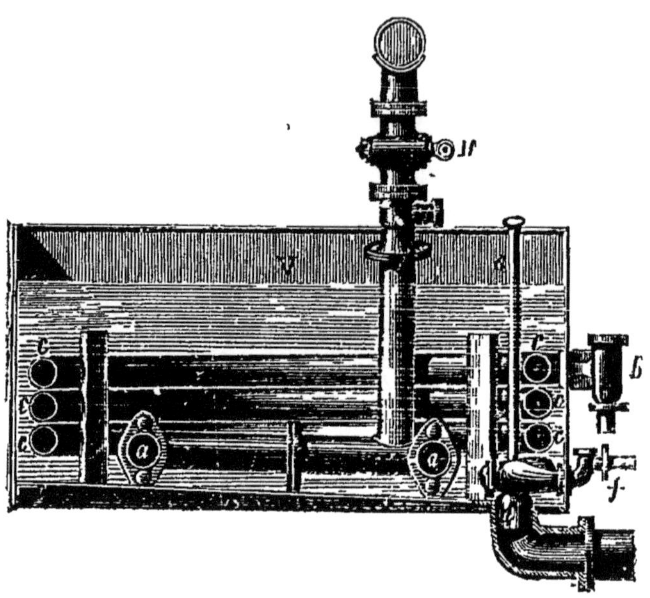

Fig. 31.

tical *u*; le gaz carbonique [1] s'échappe par de nombreuses ouvertures pratiquées dans un tube *aa* disposé en carré et décompose le sucrate de chaux. Les jus déféqués laissent déposer, par le repos, du carbonate de chaux pulvérulent; dès qu'ils se sont éclaircis, on les décante; les dépôts boueux sont comprimés dans des *filtres-presses* et tous les liquides clarifiés sont introduits dans des appareils identiques aux précédents. On injecte cette fois de l'acide carbonique jusqu'à ce que ce gaz soit en excès, puis on chauffe

1. On produit économiquement ce gaz carbonique par la calcination du calcaire, qui fournit en même temps la chaux indispensable à ces opérations. Les fours à chaux annexés à une sucrerie sont couverts et munis, à leur partie supérieure, d'un large conduit par lequel les gaz e rendent dans des laveurs et de là dans les appareils.

de façon à chasser l'excès de gaz, enfin on ajoute 1 à 2 de
chaux pour 1000 de jus, de façon à neutraliser l'acide
carbonique et à maintenir même jusqu'à la fin des opérations une légère alcalinité. Les jus clarifiés par le repos

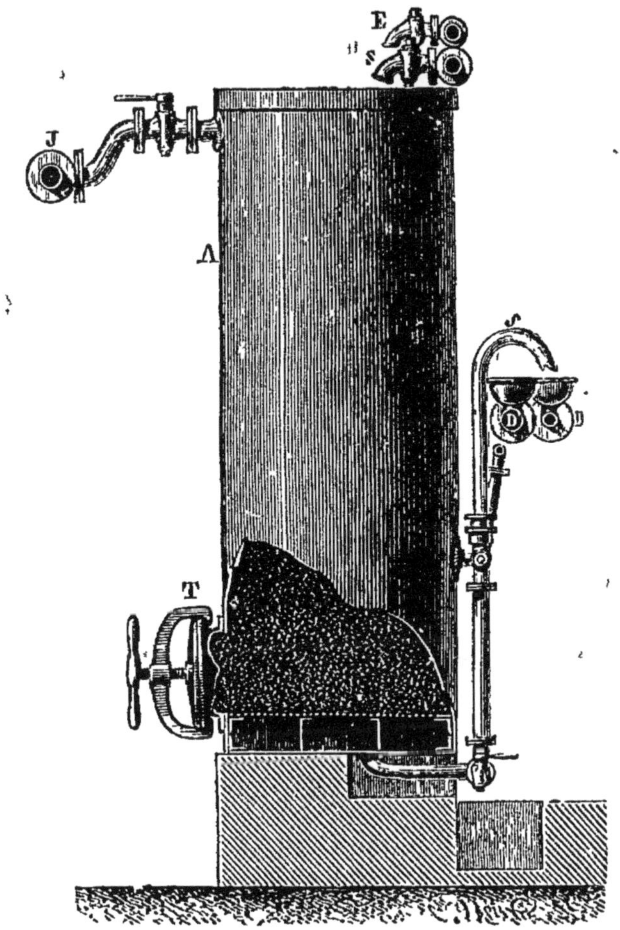

Fig. 52.

sont filtrés de nouveau sur du noir animal (fig. 52) et évaporés rapidement à 25° B. par évaporation à l'air libre ou
mieux dans le vide.

Les appareils à évaporation dans le vide les plus perfectionnés sont les *appareils à triple effet* de Cail.

Un appareil à triple effet (fig. 33) se compose de trois caisses cylindriques en fonte, vers la partie inférieure desquels se trouvent des assemblages de tubes verticaux faisant communiquer la partie inférieure et la partie supérieure de

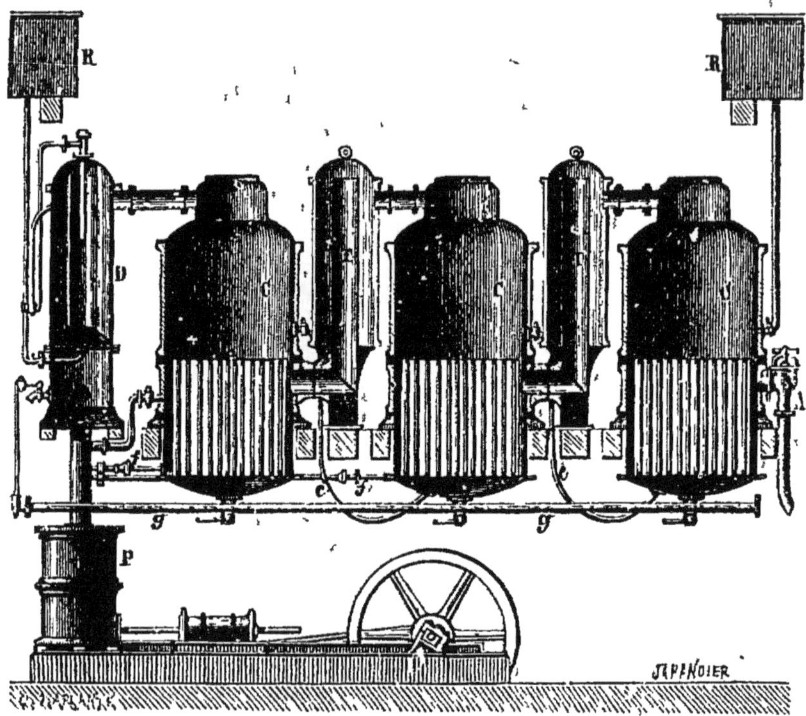

Fig. 33.

l'appareil ; les jus occupent la partie inférieure des caisses, les tubes verticaux, et s'élèvent de $0^m,20$ environ au-dessus de l'orifice supérieur de ceux-ci; la vapeur qui sert au chauffage circule dans les espaces libres compris entre les tubes. On fait passer successivement les jus de la caisse nº 1 dans la caisse nº 2, enfin dans la caisse nº 3, par des robinets et des tuyaux cc'. La chaudière nº 1 est chauffée par de la vapeur qui arrive en A, se condense autour des tubes et retourne, après liquéfaction, aux générateurs. Les vapeurs émises par les jus sucrés de la caisse nº 1 s'échappent par le tuyau T et pénètrent dans les intervalles dès tubes de la caisse n° 2 ; les vapeurs émises par celle-ci servent à échauffer les tubes de la caisse n° 3. Une pompe fait un vide partiel dans les trois chaudières de façon que l'ébullition ait lieu à 96° dans la caisse n° 1, à 82° dans la seconde et à 54° seulement dans la troisième. Les jus se trouvent ainsi portés, à mesure qu'ils se concentrent, à des températures de plus en plus basses, ce qui diminue les causes d'altérabilité du sucre.

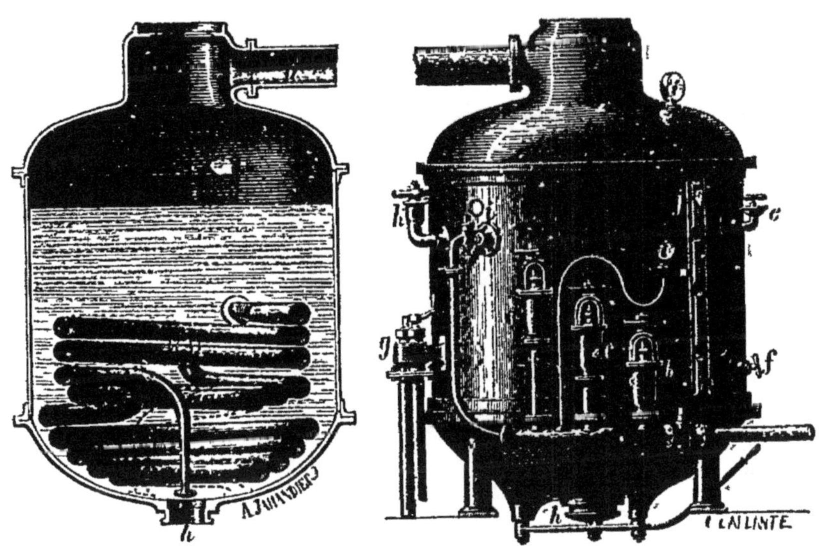

Fig. 34.

Au sortir de la première caisse le jus doit marquer 10° Baumé, de 15° à 16° au sortir de la seconde, et 22° environ au sortir de l'appareil. On le filtre de nouveau sur du noir animal.

La concentration définitive ou *cuite en grains*, s'effectue généralement aujourd'hui dans une atmosphère raréfiée ; la figure 34 représente une chaudière à *cuire en grains* dans le vide. On fait arriver de la vapeur provenant du générateur de l'usine dans un des trois serpentins superposés ou dans les trois serpentins simultanément par trois robinets *b, c, d* ; un large tube placé à la partie supérieure fait communiquer l'intérieur de l'appareil avec une pompe à faire le vide ; le sirop est amené par le tube *g* et retiré à la fin de l'opération par la soupape *h*.

Au sortir de cet appareil, le sirop est versé dans les *cristallisoirs* et agité, afin de déterminer la formation de petits cristaux. Lorsque, au bout de quelques jours, la cristallisation est terminée, on essore le sucre à l'aide d'une *tur-*

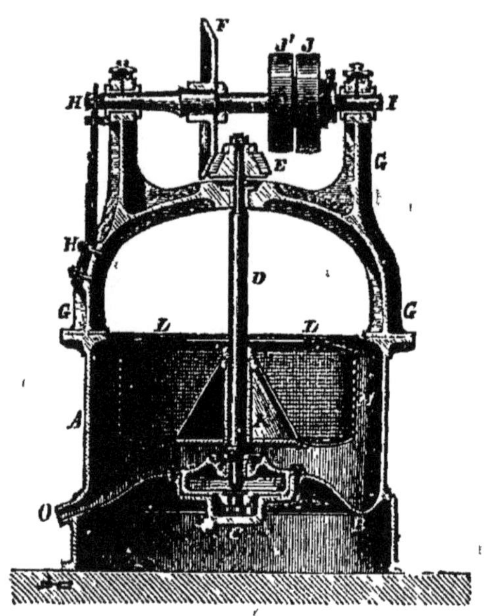

Fig. 35.

bine à force centrifuge (fig. 35). Le vase LL est mobile autour d'un axe vertical et peut être animé d'un mouvement de rotation de 1000 tours à la minute, ses parois latérales sont formées d'une toile métallique en cuivre, contre laquelle viennent s'appliquer les cristaux. Les liquides s'échappent et viennent sortir en O. On débarrasse les cristaux de la mélasse interposée en les clairçant, c'est-à-dire en jetant sur les cristaux, dans les turbines mêmes, du sirop de sucre qui, pénétrant entre les interstices, chasse la mélasse et s'échappe à son tour.

Le sucre ainsi obtenu est le sucre de *premier jet* : c'est le plus pur et le plus blanc ; en concentrant de nouveau les eaux mères toujours plus ou moins colorées, on obtient les sucres de *deuxième* et de *troisième jet.*

Les dernières eaux mères ou *mélasses* renferment encore du sucre cristallisable ; mais elles contiennent aussi des glucoses, des sels et des produits d'altération des matières sucrées. Divers procédés ont été employés pour en extraire encore du sucre cristallisable ; mais le plus souvent on se borne à les faire fermenter (107) et à distiller [1]. Les résidus solides de cette opération (vinasses) sont incinérés et le salin résultant, soumis à des traitements méthodiques, fournit de grandes quantités de sels de potasse employés en agriculture.

93. Raffinage. — L'industrie sucrière est aujourd'hui assez perfectionnée pour qu'on puisse obtenir directement un sucre parfaitement blanc et pouvant être livré directement à la consommation. Mais les sucres bruts colorés de canne ou de betterave (*cassonades*) renferment généralement du *sucre incristallisable*, des *matières azotées*, des *débris organiques*, des *sels minéraux*, du *sucrate de chaux* et quelquefois aussi des *acides libres* préexistants (acide malique) ou qui se développent pendant le séjour en magasins et dans les navires (acides acétique, lactique). On ne les livre généralement à la consommation qu'après les avoir soumis à une épuration, ou *raffinage.*

La disposition générale des appareils destinés au raffinage est représentée par la figure 36. Les cassonades sont dissoutes dans environ 30 pour 100 de leur poids d'eau ; cette fusion s'opère dans des chaudières A chauffées à la vapeur. On ajoute au liquide du noir animal fin et du sang de bœuf. On brasse avec un agitateur CD ; puis on fait passer le mélange, à l'aide d'un monte-jus III, dans une chaudière close B' ; à l'aide d'un courant de vapeur qui traverse un serpentin, on élève la température de façon à coaguler l'al-

1. Les mélasses de canne à sucre, soumises à la fermentation et distillées, fournissent le *rhum* et le *tafia.*

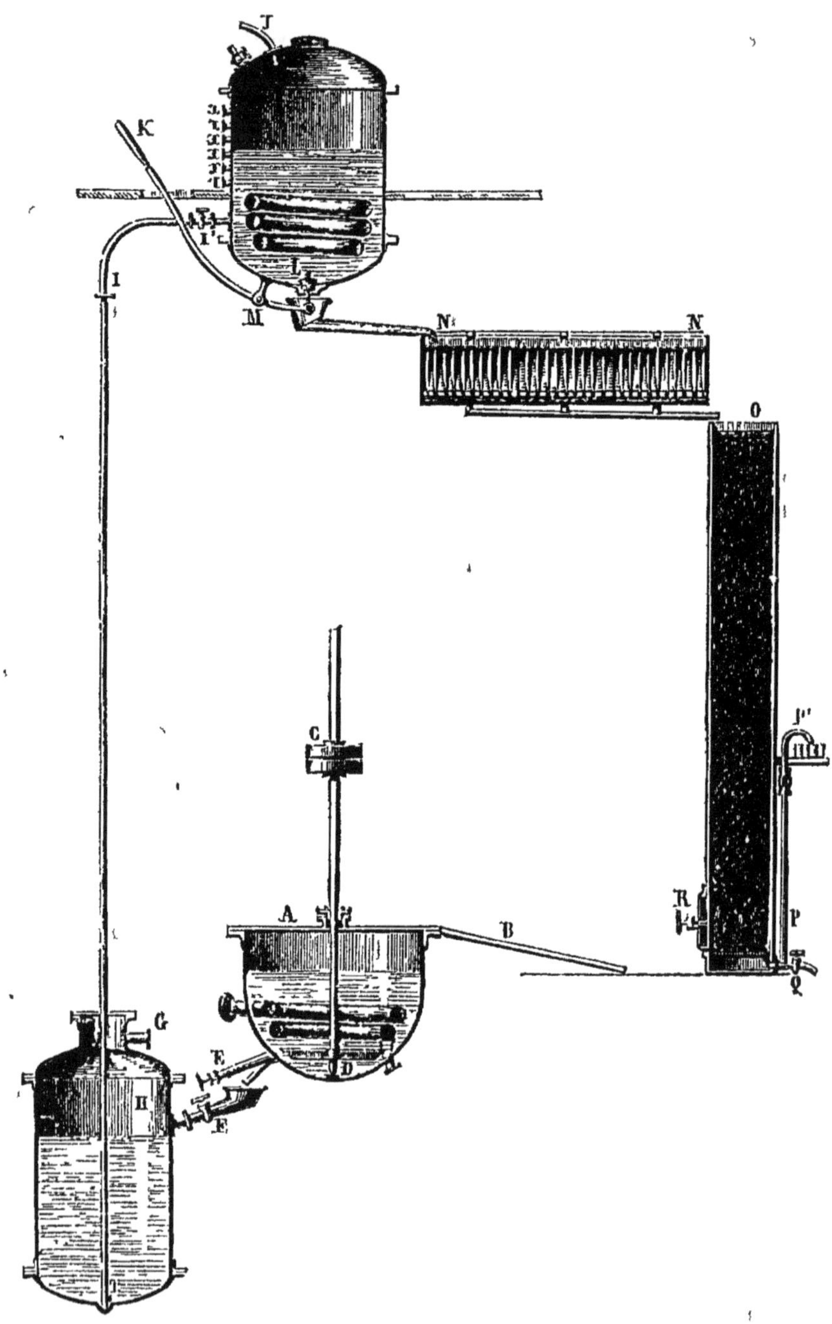

Fig. 36.

bumine du sang qui entraîne les particules en suspension.
Le liquide s'écoule de là dans des filtres en toile (*filtres
Taylor*) NN, puis dans des filtres à noir O. Les jus sont ensuite évaporés jusqu'à commencement de cristallisation (*cuite
en grains*) dans des chaudières A (fig. 37), où la concentra-

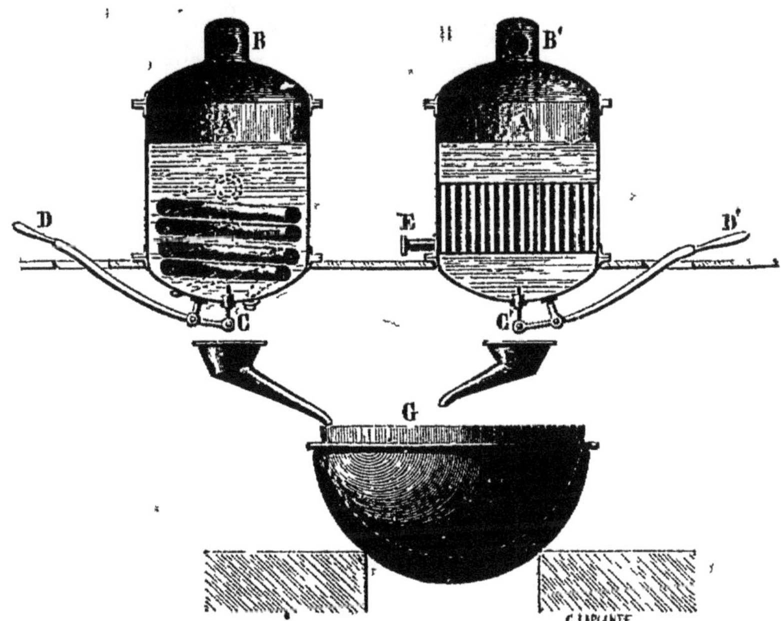

Fig. 37.

tion s'effectue dans une atmosphère raréfiée ; puis, lorsque
la concentration est à son terme, on fait couler le sirop dans
un réchauffoir à double fond G où le grainage s'effectue et
se régularise par une agitation lente pratiquée à la main.
Enfin on coule dans des formes coniques *aa* placées dans
des greniers maintenus à 20° (fig. 38).

Dès que la prise en masse s'est effectuée, on ouvre la
pointe des formes et on laisse égoutter pendant plusieurs
jours. On accélère ce travail en engageant les pointes des
formes dans des cavités coniques pratiquées dans un tuyau
horizontal en cuivre dans lequel on fait le vide (*sucettes*).
Les sirops d'égouttage sont concentrés de nouveau dans la
chaudière A' de la figure 37.

Lorsque l'égouttage est terminé, on enlève la base de
pains, on tasse du sucre blanc en petits cristaux et on dis
pose au-dessus de cette couche une bouillie d'argile bie
blanche (*terrage*). L'eau qui imbibe l'argile dissout le sucre

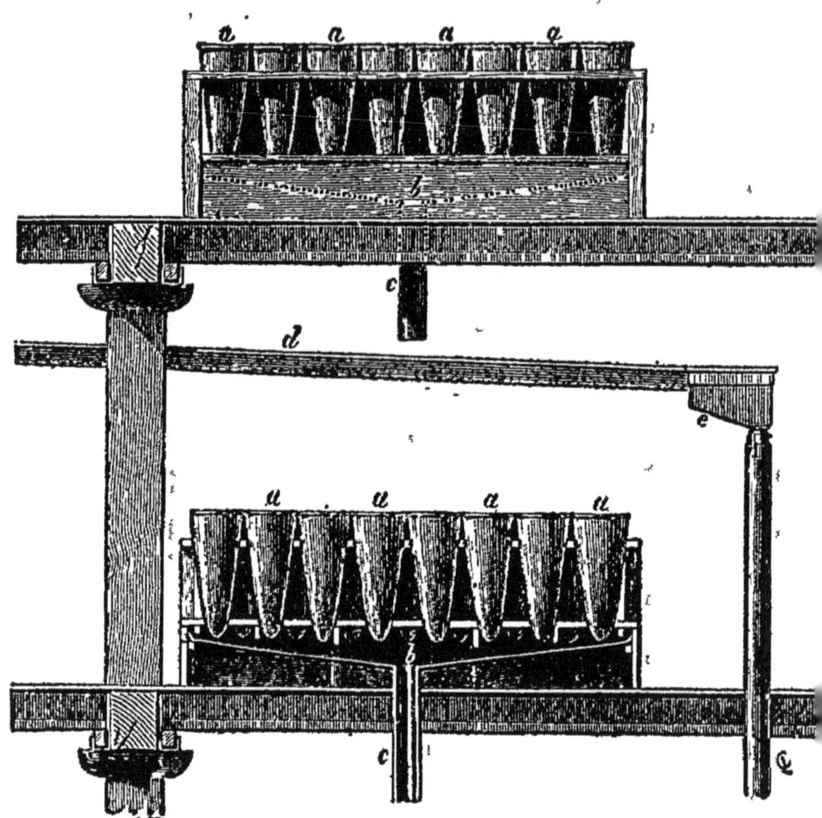

Fig. 58.

forme un sirop saturé qui, pénétrant peu à peu dans toute l
masse, déplace les jus légèrement colorés et renfermant d
sucre incristallisable interposés entre les cristaux. On répèt
cette opération à plusieurs reprises, et, lorsque le pain es
d'une blancheur parfaite, on ferme la pointe, on coule u
sirop de sucre blanc et on solidifie le tout en portant le
pains à l'étuve.

94. Sucre candi. — Le sucre en cristaux volumineu

ou sucre candi) s'obtient en concentrant les sirops jusqu'à 37° B. Ces sirops sont placés dans des bassines en cuivre

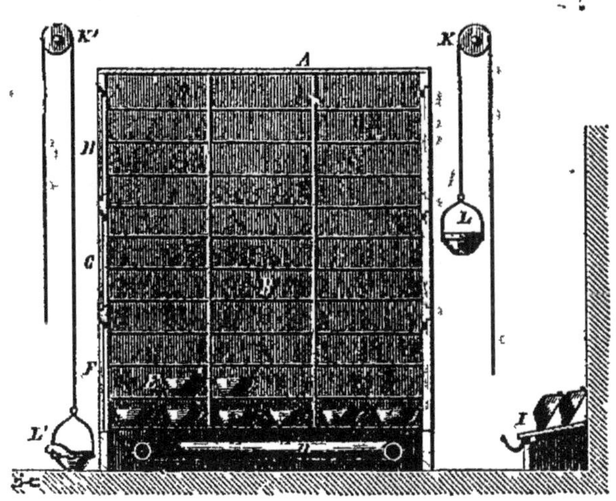

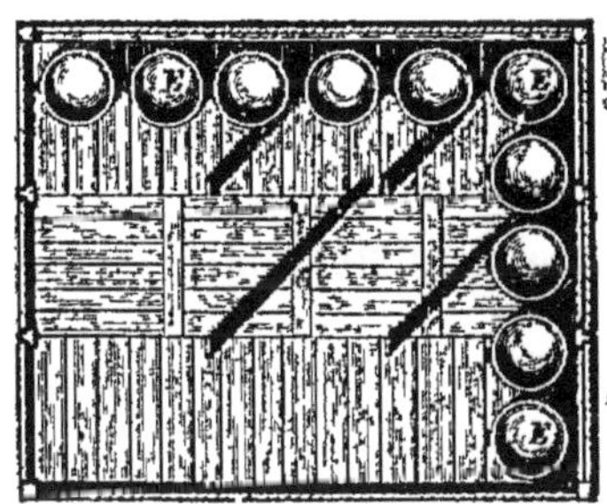

Fig. 39.

aux travers desquelles sont tendus des fils et évaporés lentement dans des étuves chauffées à 30° (fig. 39).

95. Propriétés physiques. — Les cristaux de sucre sont des prismes rhomboïdaux obliques (fig. 40); ils sont très durs et répandent des lueurs dans l'obscurité quand on les brise. Ils sont inaltérables à l'air.

Le sucre se dissout dans la moitié de son poids d'eau froide et forme un liquide épais, un sirop : dans le quart de son poids d'eau à 80°, dans un cinquième à 100°. Cette dissolution, dévie à *droite* le plan de polarisation. Le sucre est insoluble dans l'éther et dans l'alcool absolu froid; l'alcool absolu et surtout l'alcool ordinaire le dissolvent à l'ébulli-

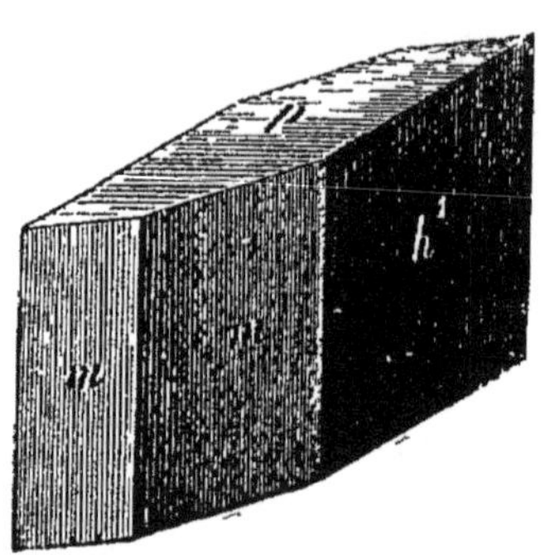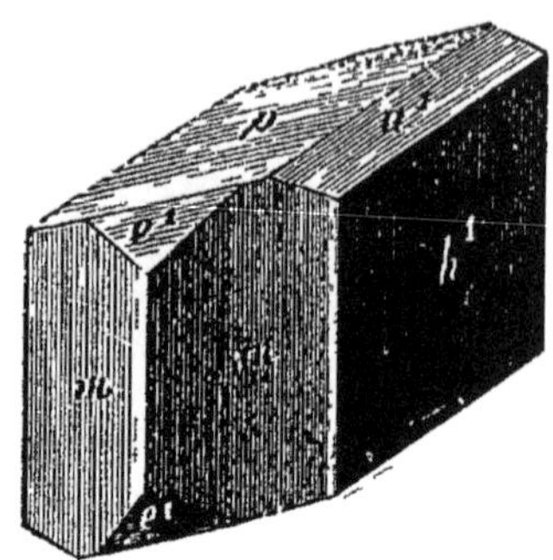

Fig. 40.

tion, et le laissent déposer par le refroidissement en petits cristaux distincts.

96. Propriétés chimiques. — Le sucre fond à 160° et se prend par le refroidissement en une masse vitreuse (*sucre d'orge*); peu à peu cette masse perd sa transparence et devient trouble en se transformant en une masse de petits cristaux accolés.

Mais si on maintient longtemps le sucre à cette température de 160°, il se dédouble en *glucose* et *lévulosane :*

$$C^{24}H^{22}O^{22} = C^{12}H^{12}O^{12} + C^{12}H^{10}O^{10}.$$

A une température plus élevée, il se transforme en produits mal définis, jaunes ou bruns (*caramel*), puis il laisse dégager de l'eau, des gaz combustibles, et il reste enfin, lorsque tous les produits volatils ont été chassés, un charbon volumineux, très léger (*charbon de sucre*).

Les alcalis ne peuvent altérer le sucre, même à 100°, ce qui le distingue du glucose. Avec les bases alcalino-terreuses le sucre forme des combinaisons qui jouent un rôle important dans la fabrication du sucre.

On obtient une masse cristalline de sucrate de baryte

$C^{24}H^{20}Ba^2O^{22} + H^2O^2$ en ajoutant une solution saturée et bouillante d'hydrate de baryte à une dissolution aqueuse de sucre.

L'eau sucrée dissout la chaux; si on porte le liquide à l'ébullition, celui-ci se prend en masse, pour peu qu'il soit concentré; la combinaison calcique primitivement formée s'est dédoublée sous l'action de la chaleur en un sucrate basique $C^{24}H^{16}Ca^6O^{22} + 3H^2O^2$, tandis qu'il reste en dissolution une combinaison calcique plus riche en sucre. Par le refroidissement, les deux composés réagissent l'un sur l'autre et la liqueur redevient limpide. Un courant d'acide carbonique traversant la masse forme du carbonate de chaux qui se précipite et le sucre reste en dissolution.

En ajoutant de l'acétate de plomb à la dissolution du sucrate de chaux, on précipite un sucrate de plomb $C^{24}H^{18}Pb^4O^{22}$.

Le sucre forme avec le sel marin un composé cristallisé $C^{24}H^{22}O^{22} + NaCl$.

97. Sucre interverti. — Les acides minéraux étendus et bouillants transforment rapidement le sucre en un mélange à poids égaux de glucose et de lévulose (*sucre interverti*) :

$$C^{24}H^{22}O^{22} + H^2O^2 = C^{12}H^{12}O^{12} + C^{12}H^{12}O^{12}.$$

La dissolution primitive déviait à *droite* le plan de polarisation de la lumière; après l'action des acides étendus et refroidissement, la liqueur dévie à *gauche*, car le pouvoir rotatoire gauche du lévulose est plus grand en valeur absolue que celui du glucose.

Les acides organiques produisent le même effet à l'ébullition, mais à la température ordinaire leur action est d'une lenteur extrême et on s'explique ainsi la coexistence du sucre de canne et des acides acétique, malique, tartrique dans certains fruits acides.

Une ébullition prolongée dans l'eau pure suffit pour déterminer l'inversion. Enfin, nous verrons qu'elle se produit encore sous l'influence d'un ferment soluble, l'*invertine* (105).

98. Éthers du saccharose. — Fonctionnant comme alcool, le sucre peut former des éthers avec les acides; mais il est difficile de les distinguer des éthers des glucoses résultant du dédoublement du sucre.

On obtient cependant un *saccharose tétranitrique* $C^{22}H^{14}O^{11}(AzO^5,HO)^4$ en ajoutant du sucre en poudre à un mélange d'acide nitrique et d'acide sulfurique refroidi à 0°. On obtient ainsi un liquide incristallisable, explosif comme le sont généralement les combinaisons nitriques des alcools.

LACTOSE.

99. Préparation. — Le *lactose* ou sucre de lait s'obtient en évaporant le petit-lait, résidu de la préparation du fromage. La solution sirupeuse abandonnée dans un endroit frais laisse déposer de petits cristaux très durs qu'on purifie par de nouvelles cristallisations et que l'on décolore par le noir animal.

100. Propriétés. — Les cristaux de lactose renferment 2 équivalents d'eau de cristallisation qu'ils abandonnent à 150°; leur formule est donc $C^{24}H^{22}O^{22}+H^2O^2$. La dissolution est *dextrogyre*.

La dissolution de lactose additionnée d'un acide minéral se dédouble à l'ébullition en deux glucoses, le glucose ordinaire et un glucose particulier, le *galactose*, qui est également *dextrogyre* :

$$C^{24}H^{22}O^{22}+H^2O^2 = C^{12}H^{12}O^{12}+C^{12}H^{12}O^{12}.$$

Traité par l'amalgame de sodium, le lactose fixe de l'hydrogène et se transforme en un mélange à poids égaux de deux alcools hexatomiques isomériques, la *mannite* et la *dulcite* $C^{12}H^2(H^2O^2)^6$:

$$C^{24}H^{22}O^{22}+4H+H^2O^2 = C^{12}H^{14}O^{12}+C^{12}H^{14}O^{12}.$$

L'acide nitrique transforme, à l'ébullition, le lactose en acides mucique, saccharique, oxalique.

Il réduit, comme les glucoses, les liqueurs cupro-potassiques (87). Comme le sucre de canne, il ne fermente pas directement, mais se dédouble en glucoses, puis subit la fermentation alcoolique. On voit donc que le lactose se comporte tantôt comme le sucre de canne, tantôt comme un glucose.

MALTOSE.

101. Préparation. — Nous dirons quelques mots d'une matière sucrée, le *maltose*, qui se produit lorsqu'on chauffe vers 60° les matières amylacées avec de l'eau et de l'orge germée. Sous l'influence de la *diastase* (105) contenue dans l'orge germée, la matière amylacée se transforme en dextrine, puis celle-ci, fixant les éléments de l'eau, se transforme en maltose :

$$C^{24}H^{20}O^{20} + H^2O^2 = C^{24}H^{22}O^{22}.$$
$$\text{Dextrine.} \qquad\qquad \text{Maltose.}$$

102. Propriétés. — Le maltose cristallisé a pour formule $C^{24}H^{22}O^{22} + H^2O^2$; chauffé avec de l'acide sulfurique étendu, il se transforme en glucose :

$$C^{24}H^{22}O^{22} + H^2O^2 = 2(C^{12}H^{12}O^{12}).$$

Il est dextrogyre et réduit, quoique plus difficilement que les glucoses, la liqueur cupro-potassique; il fermente dans les mêmes conditions que le sucre de canne.

Le maltose a été pendant longtemps confondu avec le glucose.

103. Fermentation alcoolique. — Les jus sucrés, abandonnés à eux-mêmes à une température de 25° ou 30°, sont le siège d'une réaction tumultueuse qu'on a désignée sous le nom de *fermentation;* de l'acide carbonique se dégage et le liquide renferme de l'alcool. Cette transformation s'effectue aux dépens du glucose, en même temps que se développe, au sein du liquide, un organisme microscopique, le *ferment*, qui vit aux dépens des éléments du glucose et, comme l'ont établi les expériences si précises de M. Pasteur, la vie du ferment est indispensable pour qu'il y ait fermentation.

Pour étudier la fermentation du glucose, on peut opérer simplement comme il suit. On introduit dans un flacon

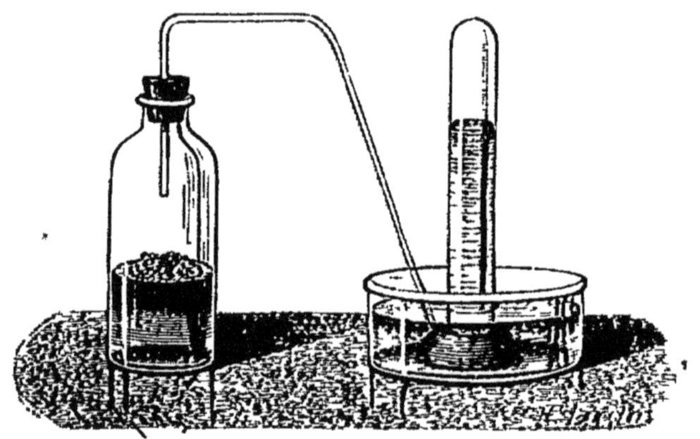

Fig. 41.

(fig. 41) une dissolution de glucose et une petite quantité de *levure de bière*. Si la température ambiante n'est pas inférieure à 20°, on voit bientôt se dégager de l'acide carbonique que l'on recueille sur la cuve à eau, et lorsque le dégagement de gaz a cessé, on reconnaît que tout le glucose a disparu et a été remplacé par de l'alcool; M. Pasteur a constaté en outre qu'il s'était formé un peu de glycérine et d'acide succinique. Si on laisse de côté ces deux dernières substances, qui sont toujours en très petites quantités, afin de ne pas compliquer la réaction, on peut écrire

$$C^{12}H^{12}O^{12} = 2C^4H^6O^2 + 2C^2O^4.$$

La décomposition exprimée par cette formule ne porte pas sur la totalité du glucose; une certaine quantité de celui-ci a été employée au développement de la *levure de bière.* On reconnaît en effet que le poids de celle-ci a augmenté, et lorsqu'on place une petite quantité de cette levure vivante sur le porte-objet du microscope, on voit qu'elle est formée (fig. 42) d'un amas de cellules ovoïdes qui se multi-

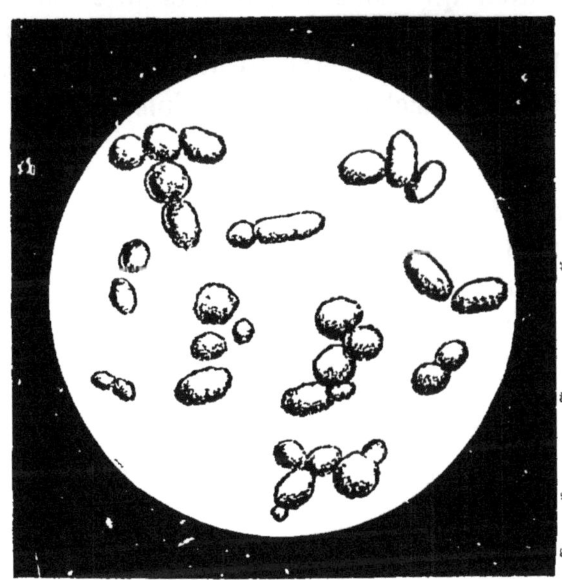

Fig. 42.

plient en tous sens par bourgeonnement. Ces cellules renferment un liquide contenant des sels minéraux et des matières azotées (*matières albuminoïdes*).

Le développement de la levure ne se produit régulièrement que si la plante trouve dans le liquide, indépendamment du glucose qui lui fournit les éléments nécessaires au développement des parois de la cellule (*cellulose*), des matières azotées et de petites quantités d'acide phosphorique à l'état de phosphates. Si dans une dissolution de glucose on introduit un sel ammoniacal et un phosphate, puis une quantité aussi faible que possible de levure de bière fraîche, celle-ci se développe rapidement et la transformation du glucose devient bientôt complète. Si la solution de glucose ne contient ni azote, ni phosphate, elle se développe difficilement, et l'on n'observe un dégagement régulier d'acide carbonique qu'en introduisant une masse assez considérable de levure; celle-ci renferme alors assez d'éléments anciens ou morts pour fournir à la jeune cellule les éléments complémentaires nécessaires à son développement.

La fermentation que nous venons d'étudier est une *fermentation alcoolique*. Le ferment que nous avons employé, la levure de bière, est un végétal cellulaire, le *Saccharomyces cerevisiæ*; d'autres saccharomyces produisent un effet analogue.

104. Fermentations lactique, butyrique, visqueuse.

— En semant dans des dissolutions de glucose des mycodermes différents des précédents et en faisant varier les conditions de l'expérience, on obtient des *fermentations* caractérisées par des produits différents de la transformation des glucoses.

Le glucose additionné de caséine et de carbonate de chaux se transforme en *lactate de chaux* (163), sous l'influence du développement d'un ferment formé de globules plus petits que le ferment alcoolique, le *ferment lactique*. La transformation peut être formulée simplement :

$$C^{12}H^{12}O^{12} = 2(C^6H^6O^6).$$

Le glucose peut être transformé en *acide butyrique*, ou mieux encore l'acide lactique précédemment formé peut être transformé en acide butyrique sous l'influence d'infusoires ou vibrions, qui vivent et se développent dans des milieux privés d'oxygène libre et pour respirer doivent nécessairement décomposer des corps oxygénés dont ils s'approprient une partie de l'oxygène. Dans cette fermentation butyrique, il se dégage de l'acide carbonique et de l'hydrogène :

$$2C^6H^6O^6 = C^8H^8O^4 + 2C^2O^4 + 4H.$$

Acide   Acide
lactique   butyrique.

Si les milieux précédents deviennent acides, un autre ferment peut se développer, le *ferment visqueux;* le glucose est alors transformé en un alcool hexatomique la mannite, c'est-à-dire hydrogéné :

$$C^{12}H^{12}O^{12} + H^2 = C^{12}H^{14}O^{12},$$

Glucose.   Mannite.

en même temps que le liquide contient une matière gommeuse dextrogyre, distincte des gommes proprement dites en ce qu'elle ne fournit pas d'acide mucique par oxydation.

Les ferments qui déterminent ces diverses réactions sont des êtres vivants, des *ferments figurés*.

105. Fermentation du sucre de canne. — Ferments solubles. — Une dissolution de sucre de canne ne fermente pas immédiatement lorsqu'on l'additionne de levure de bière ; elle se change tout d'abord en glucose, et cette transformation s'effectue sous l'influence d'une matière sécrétée par la levure de bière et isolée par M. Berthelot, l'*invertine* ou *sucrase*. Précipitée en effet par l'alcool d'une infusion aqueuse de levure, elle transforme le sucre en glucose lorsqu'on la met en présence d'une solution sucrée.

L'invertine est un *ferment soluble* ou ferment *non figuré*. Nous verrons que l'amidon contenu dans les graines des céréales se transforme en glucose soluble sous l'influence d'une substance, la *diastase*, sécrétée par la plante au moment de la germination ; la diastase est également un ferment soluble. Les organismes végétaux ou animaux créent ainsi des substances qui, tout en *déterminant* certaines réactions, ne subissent elles-mêmes aucune transformation, agissent comme on dit, par *action de contact*. Le mécanisme de ces réactions nous est tout à fait inconnu.

106. Boissons fermentées. — La fermentation alcoolique du glucose contenu dans divers fruits à l'époque de leur maturité ou produit artificiellement en saccharifiant l'amidon des céréales, fournit diverses boissons dont les principales sont le *vin*, le *cidre* ou le *poiré* et la *bière*.

1° *Vin.* — Les raisins mûrs foulés dans de grandes cuves en bois donnent un jus sucré ou *moût* renfermant du sucre interverti, de l'albumine végétale, des matières colorantes, des acides tartrique et malique libres, des tartrates, enfin des sels, tels que le sulfate de potasse, le chlorure de sodium, le phosphate de chaux.

Abandonné dans un cellier à la température de 20° à 25°, le moût fermente. Une mousse épaisse (*chapeau*) se forme à la surface; on la brise lorsque la fermentation se ralentit

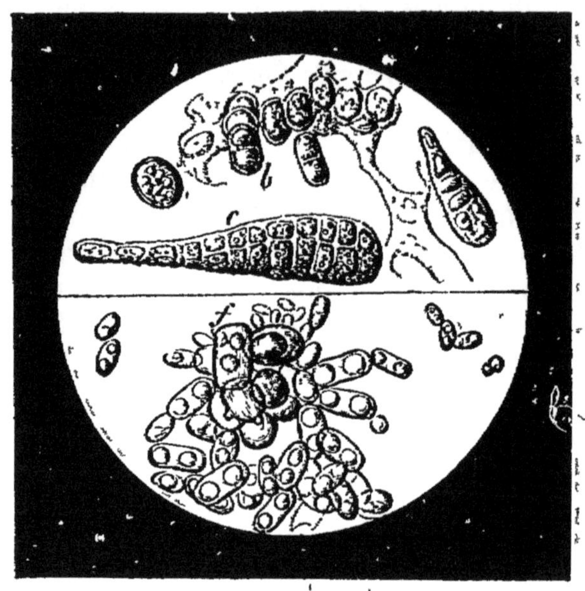

Fig. 43.

et on agite la masse. Lorsque la fermentation est terminée, le liquide s'éclaircit et on le soutire dans des tonneaux, où il continue encore à fermenter, puis s'éclaircit en laissant déposer la lie, mélange de tartrate acide de potasse (*crème de tartre*, 165) et de matières organisées.

Indépendamment d'une partie des matières contenues dans le moût, le vin renferme de l'alcool, une matière colorante provenant des pellicules du raisin, du tannin provenant des parties vertes de la grappe et des pépins, de l'aldéhyde et de l'acide acétique, de la glycérine, de l'acide succinique et des éthers composés qui donnent au vin son *bouquet*.

Les ferments qui déterminent la fermentation des jus su-
rés du raisin, se trouvent sur les grains et sur la grappe
u moment de la vendange. Les figures 43 et 44 représentent
ivers ferments recueillis et étudiés par M. Pasteur.

Figure 43. — *b* corpuscules et *c* spores recueillis à la surface du rai-
in; *f* développement des spores.
Figure 44. — *d* ferment alcoolique trouvé dans le vin; *e* variété de
vure alcoolique; *h* levure de bière.

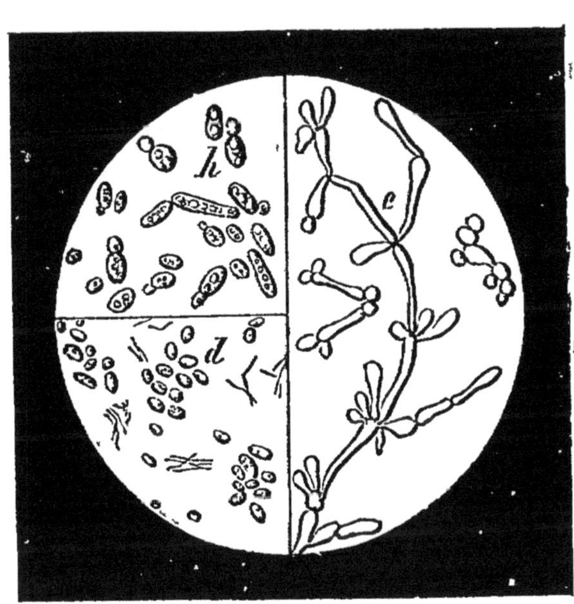

Fig. 44.

2° *Cidre, poiré.* — Dans les pays où la vigne ne peut être
ultivée et où les pommiers ou les poiriers abondent (Nor-
mandie, Picardie), on fait une boisson alcoolique en soumettant à la fermentation le jus des pommes (*cidre*) ou des
poires (*poiré*). Les cidres et poirés renferment moins d'alcool
que le vin.

3° *Bière.* — Les dissolutions de maltose provenant de la
transformation de l'amidon de l'orge germée sous l'influence
de la *diastase*, soumises à la fermentation et aromatisées
avec du houblon, constituent une boisson (*bière*) d'un usage
très répandu.

La fabrication de la bière comprend quatre opérations : le *maltage*, la *saccharification*, le *houblonnage* et la *fermentation*.

L'orge humide est tout d'abord soumise à la germination afin d'y développer une certaine quantité de diastase ; puis lorsque le germe a atteint des dimensions déterminées, on arrête son développement en desséchant les grains dans des étuves à air chaud (*touraiiles*). Les grains, séparés par tamisage des radicelles desséchées, sont concassés et constituent le *malt*.

La *saccharification* s'effectue en maintenant l'orge germée à 70° ou 75° pendant quelque temps avec de l'eau ; puis le liquide est soutiré et chauffé dans des chaudières closes avec du houblon (fig. 45). Enfin le liquide (*moût*), rapidement refroidi, est soumis à la fermentation par l'addition de levure de bière, puis il est introduit dans des tonneaux, où la fermentation s'achève. Les écumes de fermentation comprimées dans des sacs constituent la levure de bière.

On ajoute souvent au moût houblonné des sirops, des mélasses, des glucoses ou plutôt les *dextrines sucrées* obtenues avec la diastase, afin d'augmenter la quantité de matière sucrée soumise à la fermentation (115).

Le malt qui a été épuisé par l'eau est égoutté (*drêches*) et sert à l'alimentation des vaches laitières.

107. Alcools d'industrie. — On prépare aujourd'hui dans le nord de la France, en Belgique, en Hollande, en Angleterre et en Allemagne une grande quantité de liquides alcooliques par la saccharification des matières amylacées (seigle, orge, maïs, blés avariés, pommes de terre) et la fermentation des matières sucrées ainsi obtenues. Cette fabrication, qui tend à se répandre et à s'annexer aux grandes exploitations agricoles, présente cet avantage que le prix de l'alcool est assez élevé pour compenser largement les frais et que les résidus en sont applicables à la fumure des terres ou à la nourriture des bestiaux.

Mais ces alcools de grains et de betteraves (alcools d'industrie) sont souillés de diverses substances qui se sont

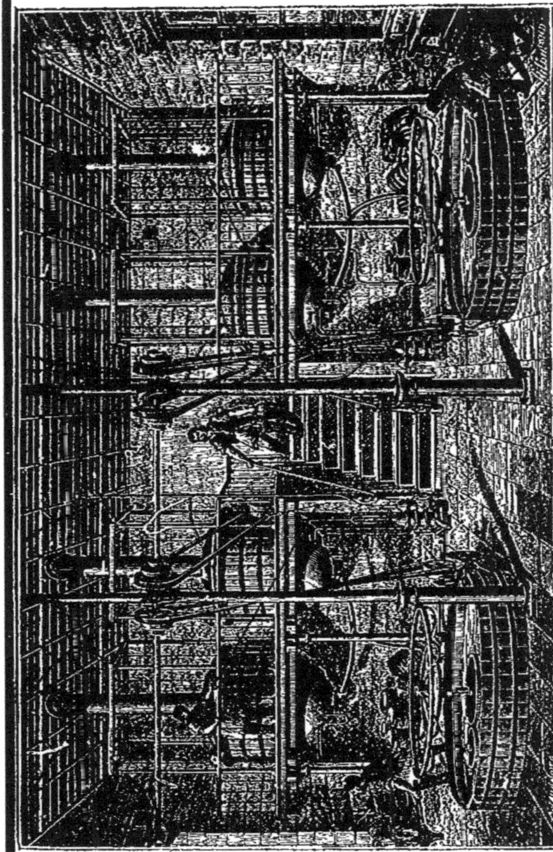

Fig. 45.

formées en même temps que l'alcool pendant la fermenta-

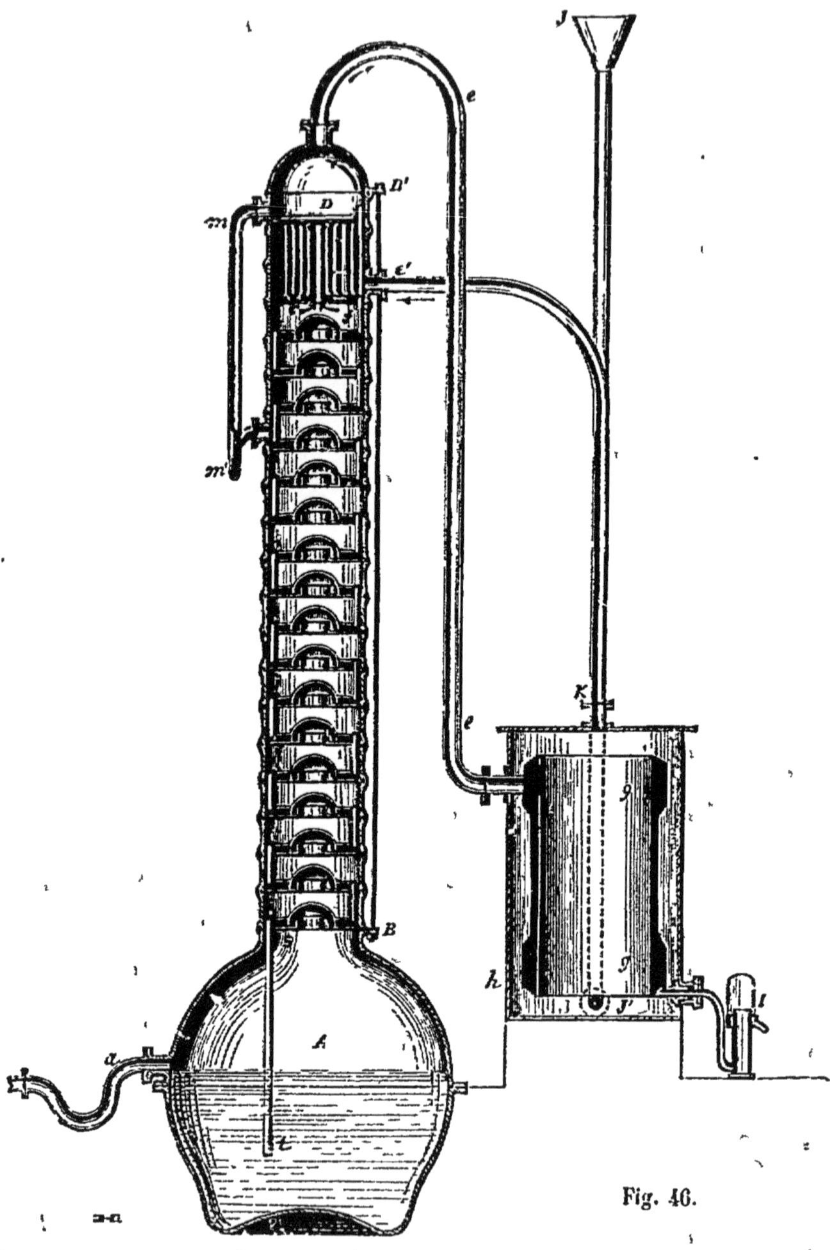

tion (*huiles de pomme de terre, de betterave,* 74) et qui-lui
communiquent un goût désagréable.

On sépare l'alcool par distillation, en le soumettant à des distillations fractionnées dans des appareils très perfectionnés. On prépare aujourd'hui directement dans l'industrie, par une seule distillation, des alcools aussi purs que ceux que fournirait la distillation du vin (*alcools bon goût*) et marquant 95° centésimaux.

La figure 46 représente un des plus simples de ces appareils et la description succincte que nous en ferons suffira pour faire comprendre le principe des appareils du même genre.

Le liquide alcoolique est introduit dans la *chaudière* A : celle-ci est surmontée d'une *colonne* formée de tronçons cylindriques ou *plateaux* disposés de telle sorte que la vapeur qui s'élève ne peut passer d'un plateau à l'autre sans barboter dans une certaine quantité de liquide condensé. Les vapeurs les plus volatiles s'élèvent donc seules, atteignent le sommet de la colonne et s'engagent dans le tube central du rectificateur CD dont elles suivent les spires (fig. 47) puis descendant par le tube *ee*, qui les conduit dans un réfrigérant où elles se condensent et s'écoulent dans l'éprouvette I où plonge un alcoomètre.

Le liquide alcoolique suit une marche inverse. Il arrive par l'entonnoir J, remplit l'enveloppe L du réfrigérant, où il s'échauffe par

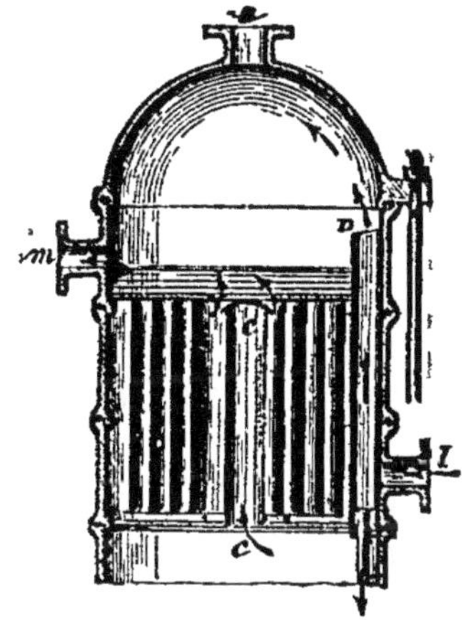

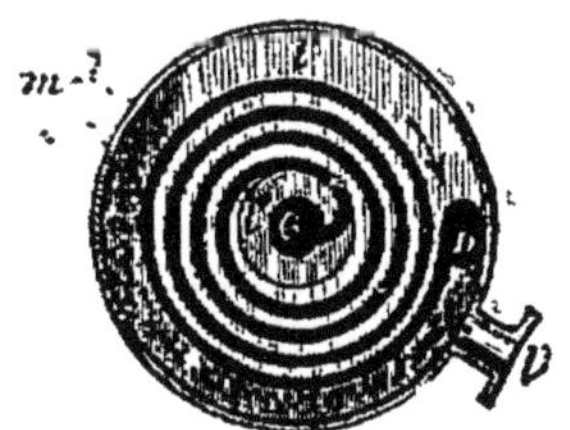

Fig. 47.

la condensation des vapeurs alcooliques, s'élève par le tube *ee*, pénètre entre les lames en spirales du *rectificateur*, par la partie inférieure, pour s'élever en D, un peu au-dessus du fond supérieur de celui-ci. Par un trop-plein *mm'*, il vient se déverser sur un des plateaux supérieurs, pour de là s'écouler de plateau en plateau jusqu'à la chaudière.

Dans ce mouvement descendant, le liquide s'est en grande partie débarrassé d'alcool et lorsqu'il s'écoule de la chaudière par un trop-plein *a*, il n'en renferme plus que des quantités inappréciables. On n'obtient ce résultat, bien entendu, qu'en réglant les dimensions de l'appareil et la vitesse d'écoulement du liquide fermenté.

Dans les distilleries, où l'on traite les liquides résultant de la fermentation des grains ou des betteraves (*alcools d'industrie*), les appareils (*déflegmateurs*) sont de plus grande dimension que celui que nous venons de décrire, et cette première distillation doit être suivie d'une seconde, dans laquelle on se propose d'éliminer des eaux-de-vie brutes ou *flegmes* tous les principes odorants qui les souillent. Cette opération s'exécute dans des appareils (*rectificateurs*) construits sur le même principe.

108. Alcoométrie. — La richesse en alcool d'une boisson fermentée, ou d'un mélange d'eau et d'alcool tel que le fournissent les appareils distillatoires, est un des éléments principaux sur lesquels on s'appuie pour établir la valeur commerciale.

L'alcoomètre centésimal de Gay-Lussac fournit immédiatement, par son immersion dans le mélange d'eau et d'alcool, le volume d'alcool contenu dans 100 parties du mélange pris à la température de 15°,5. Lorsqu'on opère à une température différente, on corrige les indications de l'instrument en consultant des tables construites par Gay-Lussac à cet effet.

L'immersion d'un alcoomètre dans un liquide alcoolique de composition aussi complexe que le vin, le cidre, la bière ne donnerait aucune indication précise. Pour déterminer la richesse de ces liquides en alcool, on se sert généralement de l'appareil Salleron (fig. 48).

Un volume du liquide mesuré dans l'éprouvette graduée A jusqu'au trait supérieur est chauffé à l'aide d'une lampe à alcool dans le petit ballon B; les vapeurs se condensent dans le serpentin, et lorsqu'on a recueilli un tiers du volume primitif, on arrête la distillation. L'expérience a montré que ce tiers recueilli renferme tout l'alcool, lorsqu'il s'agit d'un vin ou d'une boisson d'une richesse alcoolique comparable. On étend l'eau de façon à reproduire le volume primitif, et on détermine le titre de ce liquide à l'aide de l'alcoomètre.

Les richesses alcooliques des boissons fermentées (volume d'alcool contenu dans 100 volumes du liquide) sont très

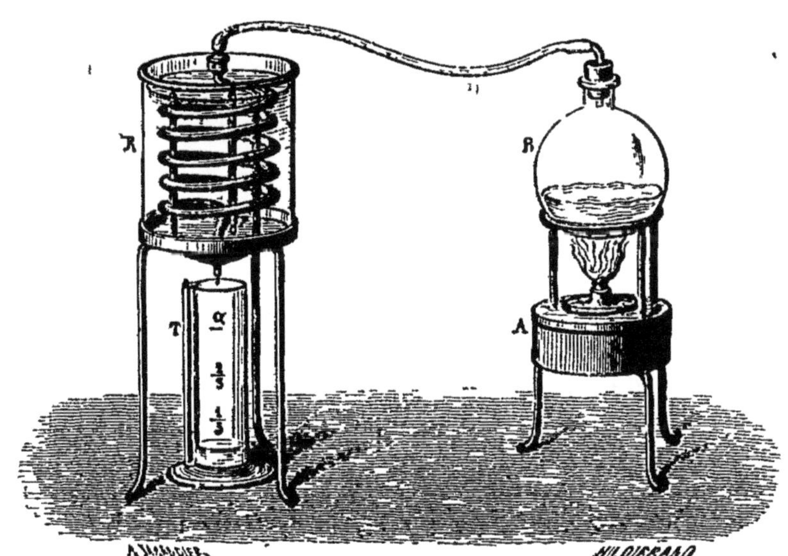

Fig. 48.

variables, suivant les origines. Voici quelques indications approchées :

Vins de Madère, Porto.	20
— de Malaga	16
— de Sauterne blanc.	15
— de Bordeaux.	de 11 à 7,5
— de Bourgogne rouge.	8
Bières anglaises.	de 8 à 5
Bières dites de Strasbourg.	de 4,5 à 3,5
Bières de Paris	de 2,5 à 1.

Les alcools de vin sont en grande partie employés à la fabrication des boissons alcooliques dites *eaux-de-vie*. Cependant on en fabrique aujourd'hui de grandes quantités en additionnant d'eau les alcools bon goût livrés par l'industrie. Les eaux-de-vie marquent de 40° à 50° à l'alcoomètre centésimal.

CHAPITRE VII

AMIDON ET FÉCULES. — DEXTRINES. — GOMMES. — CELLULOSES.

109. Hydrates de carbone.—Un grand nombre de principes immédiats neutres retirés des organismes vivants, particulièrement des végétaux, peuvent être, comme les glucoses et les sucres, désignés sous le nom d'*hydrates de carbone*, c'est-à-dire que leur composition peut être représentée par une formule générale :

$$C^m(H^2O^2)^n.$$

Comme ces principes ne sont pas volatils, on ne peut déterminer leur formule, c'est-à-dire fixer les valeurs de m et de n, qu'en s'appuyant sur leurs réactions principales.

Tels sont l'*amidon* et les *fécules*, les *dextrines*, les *gommes*.

AMIDON ET FÉCULES.

110. Origine. — Extraction. — Les cellules végétales renferment des petits grains microscopiques d'une matière à laquelle on a donné le nom de *matière amylacée*. Cette matière se rencontre dans les graines des céréales, les tiges, les tubercules et les racines d'un grand nombre de végétaux; elle est particulièrement abondante dans les tubercules de la pomme de terre. On désigne plus spécialement sous le nom d'*amidon* la matière amylacée des *céréales;* la *fécule* est la matière amylacée de la pomme de terre.

Amidon. — Lorsqu'on réduit la farine en pâte et qu'on soumet celle-ci à un malaxage, sous un filet d'eau, il reste entre les doigts une matière grise élastique, le *gluten :* l'eau entraîne l'amidon et le laisse déposer, au bout de quelques instants de repos.

On exécute cette opération dans l'industrie en pétrissant

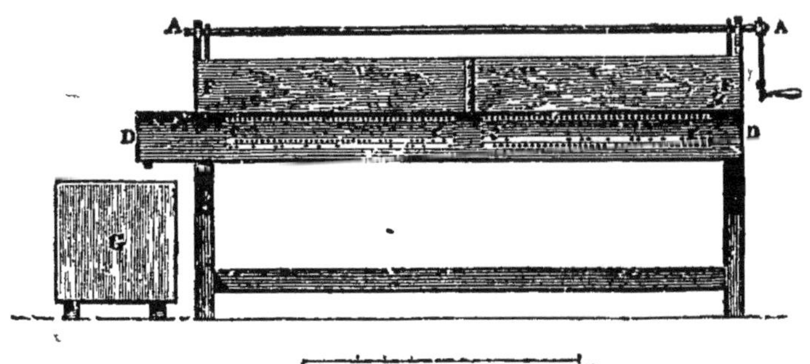

Fig. 49.

mécaniquement la pâte de farine sous un grand nombre de filets d'eau dans une auge allongée demi-cylindrique, dont le fond est formé d'une toile métallique (fig. 49 et 50). Comme l'amidon ainsi préparé entraîne toujours quelques traces de gluten qui, en se putréfiant ultérieurement, altérerait l'ami-

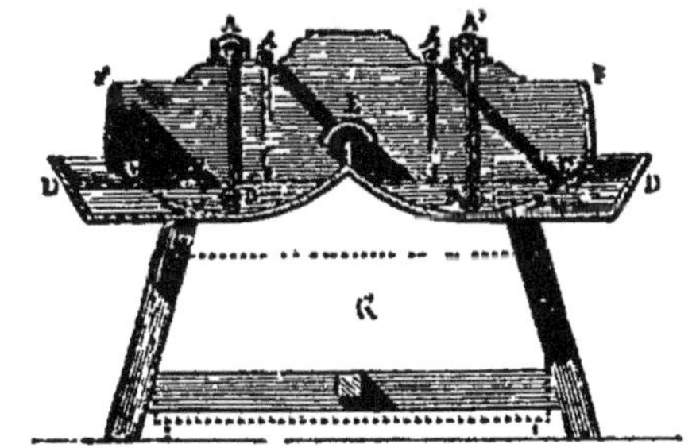

Fig. 50.

don, on fait fermenter le produit brut dans des cuves en ajoutant une petite quantité d'eau provenant d'opérations antérieures (*eau sure*). Au bout de quelques jours, on lave l'amidon, on l'égoutte sur des toiles, puis sur des carreaux de plâtre, enfin on le dessèche dans une étuve. La masse subit un retrait par la dessiccation et se divise en prismes irréguliers : c'est l'*amidon en aiguilles* du commerce. Cette forme est pour l'acheteur une garantie de pureté; car la fécule, dont les grains sont globuleux et plus volumineux que ceux de l'amidon, ne pourrait prendre cette forme.

Un autre procédé consiste à soumettre directement le grain grossièrement moulu à la fermentation en l'arrosant, dans de grandes cuves en bois, avec de l'eau mélangée d'*eau sure* des opérations précédentes. Les matières sucrées contenues dans le grain éprouvent la fermentation alcoolique et

Fig. 51

le gluten se putréfie en dégageant de l'ammoniaque, de l'hydrogène sulfuré et autres produits odorants. On lave ensuite l'amidon et l'on termine l'opération comme ci-dessus.

Ce procédé, applicable surtout aux farines avariées, dont le gluten ne peut être employé, tend à être abandonné, par suite des odeurs infectes qui se répandent autour des fabriques et rendent cette fabrication insalubre.

Fécule de pomme de terre. — En râpant une pomme de

terre au-dessus d'un tamis et sous un mince filet d'eau, on déchire les cellules ; l'eau entraîne la fécule, qui se dépose par le repos et qu'on sépare par lévigation des débris de cellulose qui ont pu traverser les mailles du tamis.

Dans l'industrie, toutes ces opérations s'effectuent mécaniquement (fig. 51 et 52) : C, laveur mécanique ; R, râpe ; F, eau entraînant la fécule ; T et T', tamis séparant la fécule ;

Fig. 52.

U U U, tables où elle se dépose ; on dessèche la fécule à l'aide d'une turbine.

La fécule humide ou *fécule verte* est employée directement à la fabrication des glucoses. La fécule qui doit être conservée est séchée à l'étuve, dans un courant d'air chaud dont la température ne dépasse pas 60°.

111. Propriétés physiques. — Les propriétés physiques de la matière amylacée dépendent de son origine.

L'amidon du blé se présente sous la forme de petits grains lenticulaires; les grains de fécule de pomme de terre sont plus gros et plus allongés (fig. 53). D'après Payen, les gros-

Fig. 53.

seurs des grains de matière amylacée de diverses origines sont, en millièmes de millimètre:

Pommes de terre de Rohan.	185
Sagou.	70
Lentilles.	67
Haricots.	36
Gros pois.	50
Blé.	50
Maïs.	30

L'amidon du blé, dont les grains sont très petits, est doux au toucher; la fécule de pomme de terre est rugueuse. Les grains de la matière amylacée sont formés d'enveloppes concentriques qu'on aperçoit nettement lorsqu'on fait gonfler les grains dans l'eau chaude; les diverses couches se séparent alors et se déchirent. Au centre du grain se trouve une cellule, la dernière formée, dont le contenu transparent apparaît, lorsqu'on examine la matière amylacée au microscope, comme une sorte de dépression qu'on nomme le *hile*.

La matière amylacée est insoluble dans l'alcool et dans l'éther. Elle est insoluble dans l'eau froide; cependant, lorsqu'on la triture avec de l'eau, elle forme une sorte de dissolution qui traverse les filtres; mais vers 60° ou 70° elle se gonfle de façon que chaque grain occupe environ 30 fois son volume primitif. Si la quantité d'eau n'est pas trop considérable, les grains se soudent en une masse semi-transparente de consistance gélatineuse (empois).

Soumis à l'ébullition avec un grand excès d'eau, l'amidon se transforme partiellement en *amidon soluble*, en même temps que la liqueur tient en suspension des fragments assez ténus pour traverser les filtres.

. L'empois, la dissolution d'amidon dévient à droite le plan de polarisation de la lumière.

L'empois d'amidon et l'amidon lui-même se colorent en bleu au contact de l'iode libre. Cette coloration disparaît lorsqu'on chauffe à 90°, pour reparaître par le refroidissement. La liqueur bleue se décolore lorsqu'on y verse du sulfate de soude ou du chlorure de calcium, et laisse déposer des flocons bleus (iodure d'amidon).

112. Propriétés chimiques. — L'amidon desséché à 100° a pour composition $C^{12}H^{10}O^{10}$ ou un multiple $(C^{12}H^{10}O^{10})^n$; l'amidon sec du commerce contient 18 pour 100 d'eau, ce qui correspond à la formule $C^{12}H^{10}O^{10} + 2H^2O^2$ ou un multiple.

Maintenu longtemps à 100°, il se transforme en une variété d'*amidon soluble* qui, insoluble dans l'eau froide, se dissout totalement quand on élève la température à 50° et que l'addition d'alcool précipite sous la forme d'une poudre blanche. A 160°, l'amidon se transforme en dextrine et en glucose; à 210°, la matière brunit, devient cassante, soluble dans l'eau : c'est un mélange de dextrine et de glucose (*fécule torréfiée* ou *léïocome*, 115).

Au contact des alcalis, les grains de matière amylacée se gonflent et, par l'ébullition, se transforment en *amidon soluble*, puis en dextrine.

Les acides minéraux étendus transforment l'amidon, sous

l'action de la chaleur, en amidon soluble, puis en un mélange de dextrine et de glucose, puis enfin en glucose. On observe ces faits en délayant dans l'eau une petite quantité d'amidon et faisant arriver dans le liquide de la vapeur d'eau qui, en se condensant, élève peu à peu la température jusque vers 100°·(fig. 54); lorsque la liqueur cesse de se colorer par l'iode, elle ne renferme plus que du glucose.

Fig. 54.

Chauffé à 70° environ, avec de l'eau et de l'orge germée, l'amidon se transforme sous l'influence de la *diastase* en amidon soluble, puis en dextrine, et si l'on prolonge l'action du ferment soluble, en *maltose* (101). C'est sur cette transformation que l'on s'appuie pour fabriquer la bière.

Les acides concentrés peuvent former avec l'amidon des combinaisons, parmi lesquelles nous ne citerons que celle que l'on obtient avec l'acide azotique : la *cellulose nitrique* $C^{36}H^{24}O^{24}(AzO^5,HO)^5$ (*xyloïdine, pyroxame*). On obtient cette combinaison en dissolvant l'amidon dans l'acide azotique fumant et ajoutant de l'eau, qui la précipite. C'est un corps blanc, insoluble dans l'eau, l'alcool et l'éther, qui détone faiblement par le choc et brûle avec déflagration à 180°.

Mais lorsqu'on chauffe l'amidon avec de l'acide azotique étendu d'eau, il se transforme en acide oxalique, en même temps qu'il se dégage des torrents de vapeurs rutilantes.

113. Applications. — L'amidon gonflé par l'eau (*empois d'amidon*) est employé par les blanchisseuses pour empeser le linge; il a aussi quelques applications en pharmacie.

La fécule de pomme de terre sert à préparer les dextrines, les glucoses; elle est employée dans l'économie domestique.

On trouve dans le commerce quelques fécules d'origines diverses qui servent comme aliments. Ainsi, la fécule extraite de la racine du *manihot*, autrement dit la *moussach*, séchée sur des plaques chaudes, se gonfle et s'agglomère en petites masses irrégulières qui constituent le *tapioca*. On imite le tapioca en projetant la *fécule verte* sur des plaques métalliques chauffées à 150°. Le *sagou* est une fécule qui s'extrait de la moelle de divers palmiers.

114. Farine. — Panification. — Les matières féculentes comme les matières sucrées jouent un rôle important dans l'alimentation. Celles que l'on emploie plus spécialement pour l'alimentation des hommes et des animaux sont contenues dans les graines des céréales (*blé* ou *froment*, *seigle*, *maïs*, *avoine*, *orge*); les graines renferment en outre de la cellulose, des matières azotées que l'on comprend sous le nom de gluten, des matières sucrées (dextrine, glucose), des matières grasses et des matières minérales.

Le blé est plus spécialement appliqué à l'alimentation de l'homme. Par la mouture, on sépare le *son*, constitué par les couches épidermiques riches en cellulose, en matières minérales et en matières azotées, de la partie centrale (*farine*) où prédomine l'amidon.

Les *blés durs* sont surtout riches en matières azotées; ils sont en général cultivés dans les contrées méridionales (blés d'Odessa, d'Égypte, d'Italie); les *blés tendres* sont cultivés dans les régions tempérées.

Pour faire le pain, on forme une pâte consistante, rendue bien homogène par le pétrissage, avec de la farine, de l'eau, et l'on ajoute de la levure de bière, ou mieux du levain, c'est-à-dire de la pâte fermentée provenant d'une opération antérieure. Abandonnée à elle-même dans des paniers garnis de toile destinés à donner au pain sa forme, la pâte subit une fermentation alcoolique; des vapeurs d'alcool, de l'acide carbonique, se dégagent en bulles dans la matière pâtense et la gonflent. On introduit alors le pain dans des fours chauffés préalablement vers 300°. Les parties externes subissent une torréfaction légère et forment la croûte.

Les farines de seigle, d'orge, de riz, de maïs, peu riches en gluten, ne peuvent donner du pain semblable à celui du blé.

Les *pâtes d'Italie*, le *macaroni*, le *vermicelle*, sont faits avec des farines très riches en gluten, comme les farines des blés durs; on les réduit en une pâte à laquelle on donne par compression, dans des moules, la forme voulue. On imite les bonnes pâtes d'Italie en ajoutant à la farine de blé tendre des pâtes de gluten provenant des amidonneries.

DEXTRINES.

115. État naturel. — Préparation. — Les dextrines sont des matières gommeuses incristallisables, solubles dans l'eau; elles tirent leur nom de cette propriété qu'offrent leurs dissolutions aqueuses de dévier à droite le plan de polarisation. Elles existent dans un certain nombre de produits végétaux et dans la chair musculaire.

Nous savons en effet que l'amidon peut se transformer en dextrine ou en un mélange de dextrine et de glucose sous l'influence de la chaleur, des acides étendus ou d'un ferment soluble, la diastase. Par des procédés très divers, mais qui rentrent tous dans les précédents, on prépare dans le commerce des dextrines impures, applicables à différents usages : la *léiocome* ou *fécule grillée*, la *gomméline*, la *gomméine*, la *gomme indigène*.

La fécule grillée ou léiocome se prépare en torréfiant la fécule dans des étuves à air chaud; la fécule se colore en rouge et devient partiellement soluble.

Payen a préparé une dextrine soluble, blanche, pulvérulente, en formant, avec de la fécule et de l'acide sulfurique étendu, une pâte que l'on sèche à l'air libre. Lorsque la dessiccation est assez avancée, la pâte se divise en pains

que l'on brise à la pelle, et l'on étend la matière sur le fond
de tiroirs en laiton disposés dans une étuve à air chaud
maintenu à 110° ou 120°. En deux heures, deux heures et
demie la transformation est complète. La dextrine ainsi
obtenue a conservé l'aspect de la fécule, mais elle contient
du glucose et de l'amidon soluble. Elle est d'ailleurs employée telle quelle dans l'industrie.

La *gomméline* s'obtient en remplaçant l'acide sulfurique
par l'acide chlorhydrique. On prépare une *dextrine sucrée* en
chauffant à 75° de l'amidon délayé dans l'eau et mélangé
d'orge germée (malt) qui fournit la diastase. Lorsque l'iode
communique au liquide une coloration vineuse, la transformation est achevée. On porte alors à 100° pour détruire la
diastase et on concentre dans des chaudières chauffées à la
vapeur. On obtient ainsi des sirops ou liqueurs applicables
aux mêmes usages que les sirops de glucose.

On peut éliminer la majeure partie du glucose et de l'amidon soluble en dissolvant dans l'eau la dextrine blanche,
pulvérulente, obtenue par le procédé de Payen et la versant
dans un excès d'alcool. On précipite ainsi la dextrine; en
reitérant ce traitement on obtient des produits de composition constante.

116. Propriétés. — On a distingué, suivant leur pouvoir
rotatoire, leur réaction sur l'iode et leur plus ou moins
grande altérabilité par la diastase, diverses dextrines qui ne
sont peut-être encore elles-mêmes que des mélanges. Leur
composition centésimale est la même, et leurs formules,
établies d'après leurs réactions de dédoublement, sont comprises dans la formule générale :

$$(C^{12}H^{10}O^{10})^n.$$

Toutes sont transformables en glucose par les acides minéraux étendus, sous l'action de la chaleur.

117. Applications. — Les dextrines obtenues par la diastase sont employées dans la fabrication des pains de luxe, la

préparation des tisanes mucilagineuses, la fabrication de la bière, du cidre, des liqueurs.

La dextrine pulvérulente, préparée par les acides et rendue plus épaississante par l'addition de fécule hydratée, est utilisée pour l'apprêt des tissus, l'épaississage des mordants, l'impression sur les tissus de coton, la fabrication des papiers peints et enfin pour la préparation de bandes agglutinatives employées par les chirurgiens pour maintenir les fractures.

D'une façon générale, on peut dire que les dextrines, d'un prix moins élevé que les gommes, remplacent celles-ci dans la plupart de leurs applications.

GOMMES.

118. État naturel. — On désigne sous le nom de *gommes* ou *mucilages* des matières incristallisables sécrétées par divers végétaux, solubles dans l'eau ou se gonflant au contact de ce liquide. Les matières solubles portent plus spécialement le nom de gommes; les matières mucilagineuses sont insolubles.

On distingue diverses espèces de gommes commerciales, qui ne sont évidemment que des mélanges.

119. Gomme soluble ou arabine. — La gomme qui s'écoule de certains acacias croissant en Arabie ou au Sénégal porte le nom de *gomme arabique*. La gomme arabique est formée d'une combinaison avec la chaux ou la potasse d'un principe soluble, l'*arabine*. On isole cette substance en dissolvant dans l'eau la gomme arabique, acidulant avec l'acide chlorhydrique, et versant le liquide dans l'alcool. L'arabine insoluble dans l'alcool se précipite et prend un aspect vitreux par la dessiccation.

Ce corps a comme composition $C^{24}H^{20}O^{20} + H^2O^2$ après dessiccation à 100° et $C^{24}H^{20}O^{20}$ lorsqu'on l'a maintenu quelque temps à 120°.

La dissolution dans l'eau est lévogyre.

L'acide azotique l'oxyde et la transforme en *acide mucique*.

120. Gommes insolubles. — Mucilages. — La *gomme adragante*, qui s'écoule d'astragales du Levant, la *gomme de Bassora*, qui provient d'une espèce de cactus, et la *gomme de pays*, qui découle de nos arbres fruitiers, sont insolubles. L'eau les gonfle et les transforme en une gelée transparente.

Les graines de lin ou de coing, les feuilles et les racines de la guimauve donnent, quand on les traite par l'eau chaude, un mélange insoluble et une gommé soluble dont la composition est la même que celle de l'arabine.

121. Applications. — Les gommes sont employées surtout en pharmacie pour fabriquer des tablettes, des pastilles, des sirops; les infusions de certaines plantes médicinales doivent leurs propriétés émollientes aux mucilages qu'elles contiennent.

CELLULOSES.

122. Origine. — Préparation. — Les parois des cellules et des fibres végétales sont formées de diverses substances solides dont la composition centésimale est la même et peut être représentée par un multiple de $C^{12}H^{10}O^{10}$. Payen a désigné sous le nom de *cellulose* une matière qui présente des propriétés chimiques bien définies et qui résulte d'une transformation de ces divers principes sous l'action des acides ou des alcalis étendus. La moelle de sureau, le coton, le papier non collé et le vieux linge sont de la cellulose presque pure. On l'obtient à l'état de pureté en faisant bouillir ces substances avec une solution alcaline étendue, lavant à l'eau, puis, après les avoir mises en suspension dans l'eau, faisant passer un courant de chlore. Après de nouveaux lavages, on les traite successivement par l'acide acétique, l'alcool, l'éther, l'eau, et enfin on fait sécher à 100°.

123. Propriétés. — La cellulose est solide, blanche; sa densité est 1,45. Elle est insoluble dans l'eau, l'alcool, l'éther, les acides et les alcalis étendus.

Sa propriété caractéristique est de se dissoudre dans la

liqueur cupro-ammoniacale de Schweizer. On obtient très facilement cette liqueur en agitant du cuivre en tournure avec une solution ammoniacale au contact de l'air ; le liquide bleuit rapidement. Au contact de ce liquide la cellulose se gonfle, puis se dissout ; les flocons de cellulose se séparent de nouveau lorsqu'on verse cette dissolution dans un grand excès d'eau. En acidulant la liqueur ou ajoutant certains sels, on précipite de même la cellulose de sa dissolution.

L'action des acides sur la cellulose est importante à considérer.

Trempée dans l'acide sulfurique concentré, puis lavée presque aussitôt à grande eau, la cellulose se transforme en une matière qui, comme l'amidon, se gonfle au contact de l'eau et colore l'amidon en bleu ; cette réaction est appliquée à la fabrication d'un parchemin végétal. Le papier non collé (*papier à filtre*), immergé dans l'acide sulfurique étendu de son volume d'eau, puis lavé et séché, se transforme en une masse translucide très résistante, qui par son aspect et sa ténacité rappelle le parchemin.

Si l'on prolonge l'action de l'acide sulfurique concentré, la cellulose se désagrège et se dissout en se transformant en *cellulose soluble*, qui se distingue de l'amidon soluble en ce qu'elle ne possède pas de pouvoir rotatoire.

Enfin, si l'on prolonge encore l'action des acides, on transforme la cellulose en un mélange d'une dextrine et d'un glucose et finalement de deux glucoses fermentescibles (*sucre de chiffon*).

L'acide azotique concentré et bouillant transforme la cellulose en acide oxalique (158) ; mais en ménageant l'action de l'acide azotique on obtient les *celluloses nitriques*.

124. Celluloses nitriques. — Coton-poudre. — Collodion.

— Le *coton-poudre* ou *fulmicoton* est une cellulose décanitrique $C^{48}H^{20}O^{20}(AzO^5,HO)^{10}$, que l'on obtient en immergeant le coton cardé dans un mélange de 3 volumes d'acide nitrique et de 7 volumes d'acide sulfurique ; on lave à grande eau et on fait sécher.

Le coton n'a pas changé d'aspect, il est seulement un

peu plus rude au toucher. Il est, comme le coton, insoluble dans l'eau, l'alcool, l'éther, et il est devenu insoluble dans la liqueur de Schweizer. Il s'enflamme au contact d'un corps incandescent et brûle rapidement en fusant, sans laisser de résidu solide. Réduit à un petit volume par compression (*coton-poudre comprimé*), il détone par le choc ou l'explosion d'une amorce, et est quelquefois employé aux travaux des mines. Mais dans les armes à feu il ne pourrait remplacer la poudre, car son explosion est tellement rapide, qu'elle brise les parois de l'arme.

On obtient un fulmicoton, insoluble dans l'alcool et dans l'éther, mais soluble dans l'éther additionné du tiers de son poids d'alcool, en immergeant pendant 24 heures le coton cardé dans un mélange froid de 2 parties d'acide sulfurique monohydraté et de 1 partie d'acide azotique de densité 1,37. On le débarrasse soigneusement par des lavages réitérés de toute trace d'acide et on laisse sécher à l'air libre. La dissolution de cette cellulose nitrique [*cellulose octonitrique* $C^{48}H^{24}O^{24}(AzO^5,HO)^8$] dans l'éther alcoolisé forme un liquide sirupeux appelé *collodion*. Le collodion, versé sur une surface plane, une lame de verre par exemple, laisse, par suite de l'évaporation du dissolvant, une pellicule très mince. On emploie le collodion pour préserver les plaies du contact de l'air, et surtout en photographie, pour la préparation des plaques sensibles.

CHAPITRE VIII

PHÉNOLS. — ALIZARINE.

PHÉNOLS.

125. Caractères distinctifs des phénols. — Un composé ternaire oxygéné, le *phénol*, doit être rapproché des alcools, bien qu'il en diffère sous certains rapports. Il est devenu le type d'alcools particuliers auxquels on a donné le nom de *phénols*.

Les *phénols* forment, comme les alcools, des éthers avec les acides. Mais ils s'en distinguent en ce que les éléments halogènes (chlore, brome, iode) et l'acide nitrique réagissent sur eux pour former des produits de substitution directe; par oxydation, ils ne donnent ni aldéhydes, ni acides. Ils se comportent, en outre, vis-à-vis des alcalis comme des acides faibles.

On connaît des phénols monoatomiques et des phénols polyatomiques. Les phénols monoatomiques peuvent être considérés comme dérivant des carbures benzéniques et pyrogénés par substitution de H^2O^2 à H^2 :

$$C^{12}H^6 \quad \text{benzine,} \qquad C^{20}H^8 \quad \text{naphtaline,}$$
$$C^{12}H^4(H^2O^2) \quad \text{phénol.} \qquad C^{20}H^6(H^2O^2) \quad \text{naphtol.}$$

La série la plus importante des phénols a pour formule générale $C^{2n}H^{2n-6}O^2$ et ses premiers termes sont :

Le *phénol*. . . . . $C^{12}H^6O^2$,
Les *crésols* [1]. . . . . $C^{14}H^8O^2$.

1. Il existe trois *crésols* isomériques, deux solides et un liquide.

PHÉNOL, $C^{12}H^6O^2$.

126. Préparation. — Les *huiles moyennes* et les *huiles lourdes* qui résultent de la distillation du goudron (40) renferment des phénols, qu'on sépare des hydrocarbures et des bases par un traitement à l'acide sulfurique qui élimine les bases, puis à la soude caustique qui enlève les phénols.

Par le refroidissement, ces lessives de soude se prennent en un magma cristallin; on reprend par l'eau bouillante, on décante pour séparer les hydrocarbures entraînés, enfin on sature par l'acide sulfurique étendu ou l'acide chlorhydrique. Les phénols à peine solubles dans l'eau se séparent et se solidifient. On les lave à l'eau à plusieurs reprises, on les dessèche sur du chlorure de calcium et enfin on les distille.

Le produit brut de cette distillation renferme encore des hydrocarbures et des phénols homologues supérieurs du phénol ordinaire. On sépare les divers produits par des distillations fractionnées en s'appuyant sur ce que le phénol ordinaire bout à 181°,5 et les crésols à 186° et 199°.

L'opération s'effectue industriellement (fig. 55) dans des appareils analogues à ceux que l'on emploie pour la rectification des benzols. Les vapeurs, avant d'arriver au serpentin, traversent un tuyau coudé K plongé dans un bac que l'on maintient à une température inférieure de quelques degrés à la température d'ébullition du phénol à recueillir.

127. Synthèse. — La synthèse du phénol, effectuée à partir de la benzine, met bien en évidence les analogies de constitution du phénol et de l'alcool ordinaire.

La benzine est transformée tout d'abord en *acide phénylsulfureux* $C^{12}H^4(S^2O^4,H^2O^2)$, puis en phénylsulfite de potasse $C^{12}H^4(S^2O^4,KHO^2)$. Ce sel est fondu au creuset d'argent avec un excès de potasse; on obtient ainsi du sulfite de potasse et du phénol, ou mieux du phénate de potasse :

$$C^{12}H^4(S^2O^4,KO,HO) + KO,HO = C^{12}H^4(H^2O^2) + S^2O^4,2KO.$$

On reprend par l'eau et on met le phénol en liberté en saturant la base par l'acide chlorhydrique.

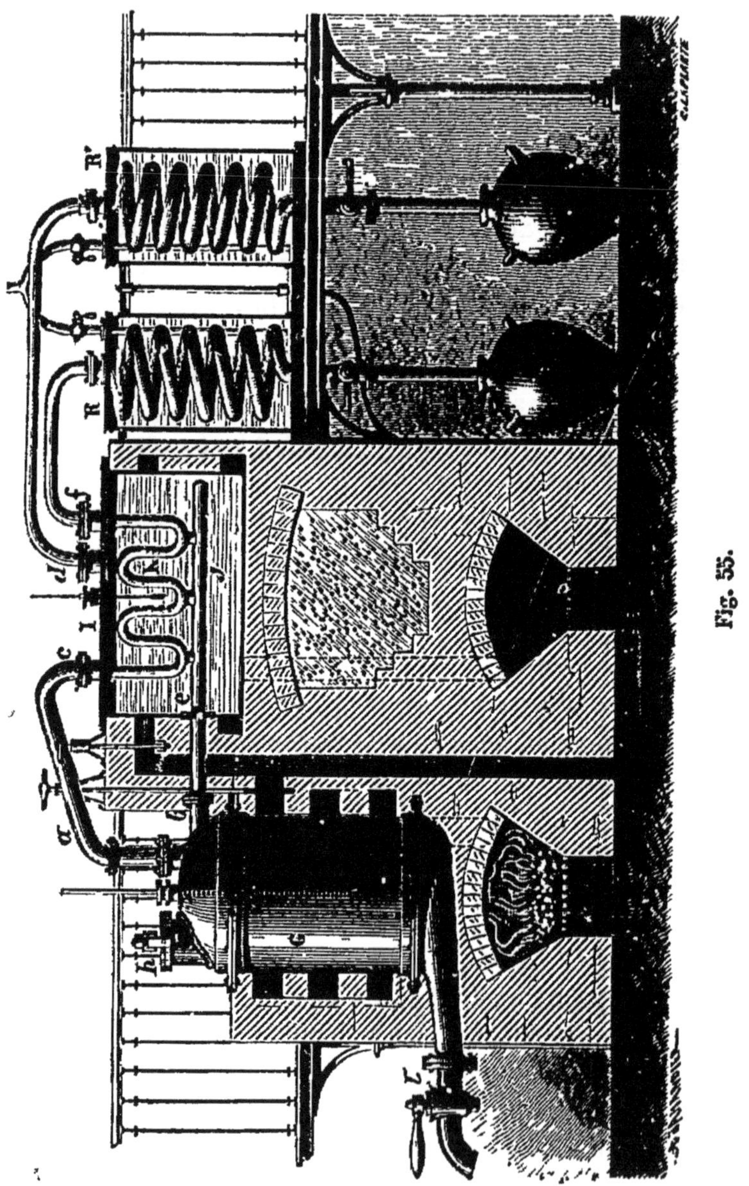

Fig. 55.

Ce procédé de synthèse est général; il est applicable à tous les phénols (MM. Dusart, Wurtz, Kékulé).

MM. Friedel et Kraft sont réalisé plus simplement la synthèse du phénol en faisant passer un courant d'oxygène dans de la benzine bouillante en présence du chlorure d'aluminium. Dans ces conditions la benzine fixe l'oxygène :

$$C^{12}H^6 + O^2 = C^{12}H^6O^2.$$

128. Propriétés. — Le phénol est un corps solide, incolore ; ses cristaux fondent à 35°. Il bout à 181°,5. Il est doué d'une odeur caractéristique et d'une saveur amère et brûlante. Le phénol n'est soluble que dans 20 fois son poids d'eau et il communique aux liquides son odeur et sa saveur ; il est plus soluble dans l'alcool.

Le phénol brûle avec une flamme fuligineuse. Bien que sa dissolution soit neutre au papier de tournesol, il se comporte comme un acide faible. Il est facilement absorbé par les dissolutions alcalines, avec lesquelles il forme des combinaisons peu stables, les *phénates;* il suffit pour les décomposer de faire bouillir leurs dissolutions. Il ne déplace pas l'acide carbonique des carbonates.

Le phénol se combine directement aux acides avec élimination d'eau pour donner des éthers. Exemple :

Éther phénylacétique. . . . . $C^{12}H^4(C^4H^4O^4)$.

Le perchlorure de phosphore réagit à chaud sur le phénol et donne le *phénol chlorhydrique,* identique avec la benzine chlorée $C^{12}H^4(HCl)$.

Le chlore donne des produits de substitution, les phénols chlorés :

Phénol monochloré. . . . . $C^{12}H^5ClO^2$,
— bichloré. . . . . . $C^{12}H^4Cl^2O^2$, etc.

Le brome agit comme le chlore.

129. Phénols nitrés. — Acide picrique. — En faisant agir l'acide nitrique sur le phénol et faisant varier la concentration de l'acide et la durée de la réaction, on obtient les *phénols nitrés :*

$$C^{12}H^5(AzO^4)O^2, \quad C^{12}H^4(AzO^4)^2O^2, \quad C^{12}H^3(AzO^4)^3O^2.$$

Le *phénol trinitré* ou *acide picrique* présente un intérêt particulier, en raison de ses applications industrielles.

On l'obtient en faisant bouillir le phénol avec de l'acide nitrique jusqu'à ce qu'il ne se dégage plus de vapeurs rutilantes. On concentre et on fait cristalliser. Pour purifier ces cristaux, qui sont imprégnés d'un excès d'acide azotique, on les dissout dans l'ammoniaque; on fait cristalliser le picrate d'ammoniaque par dissolution dans l'eau bouillante et on décompose le sel purifié par l'acide azotique. L'acide picrique, très peu soluble, se sépare en lamelles cristallines d'un jaune citron.

L'acide picrique ne se dissout que dans 165 fois son poids d'eau; 1 milligramme d'acide picrique suffit pour communiquer à 1 litre d'eau une coloration jaune sensible. La dissolution sert à teindre en jaune la soie et la laine.

La saveur de l'acide picrique est amère, et de très petites quantités de cet acide communiquent à l'eau une amertume caractéristique (*amer de Walter*).

Il se combine aux bases pour donner des sels bien définis, jaunes ou orangés. Le *picrate de potasse* $C^{12}H^2K(AzO^4)^3O^2$ n'est soluble que dans 250 fois son poids d'eau froide : aussi l'acide picrique peut-il servir à reconnaître les sels de potasse.

L'acide picrique, soumis à l'action de la chaleur, fond; mais, si on le chauffe brusquement, il détone. Ses sels se comportent de même et on utilise cette propriété pour former, soit avec du salpêtre, soit avec le chlorate de potasse, des mélanges détonants dont le maniement est fort dangereux.

L'acide picrique prend également naissance lorsqu'on traite par l'acide azotique la soie, l'indigo et un grand nombre de matières résineuses.

PHÉNOLS POLYATOMIQUES.

Il existe des phénols polyatomiques correspondant par quelques-unes de leurs propriétés aux alcools polyatomiques.

130. Phénols diatomiques. — On connaît trois *phénols diatomiques* isomères ou *oxyphénols* $C^{12}H^2(H^2O^2)^2$ dérivant de la benzine, comme le glycol dérive de l'hydrure d'éthylène. L'un d'eux, la *résorcine*, que l'on obtenait autrefois en fondant certaines *gommes-résines* avec de la potasse caustique, peut être préparé synthétiquement par une méthode analogue à la synthèse du phénol.

La benzine monochlorée $C^{12}H^5Cl$ peut être transformée par l'acide sulfurique en un acide *chlorophénylsulfureux* $C^{12}H^5Cl$ (S^2O^4,H^2O^2), que l'on peut écrire $C^{12}H^2(HCl)$ (S^2O^4,H^2O^2). Le sel de potasse de cet acide $C^{12}H^2(HCl)(S^2O^4,KHO^2)$, fondu avec de la potasse, donne du chlorure de potassium, du sulfite de potasse et de la résorcine :

$$C^{12}H^2(HCl)(S^2O^4,KHO^2) + 2(KO,HO) = C^{12}H^2(H^2O^2)^2 + KCl + S^2O^4,2KO.$$

L'*orcine* $C^{14}H^4(H^2O^2)^2$, contenue dans certains lichens, est un homologue supérieur de la résorcine. De ces deux phénols dérivent des matières colorantes employées dans l'industrie.

131. Phénols triatomiques. — L'*acide pyrogallique* ou *pyrogallol*, dont nous dirons quelques mots en étudiant les *tannins*, peut être envisagé comme un phénol triatomique $C^{12}(H^2O^2)^3$.

ALIZARINE, $C^{28}H^4(H^2O^2)^2O^4$.

Une des principales matières colorantes de la garance, l'*alizarine*, se rattache à un phénol tétratomique $C^{28}H^4(H^2O^2)^4$ dont elle dériverait par déshydrogénation. On effectue, en effet, dans l'industrie, la synthèse de cette matière colorante par la méthode générale de synthèse des phénols.

132. Préparation. — La racine de garance, à l'état frais, ne renferme pas de matières colorantes : mais le bois sec réduit en poudre se colore peu à peu avec le temps. Dans ces conditions, et sous l'influence d'une matière analogue à la diastase les matières colorables de la plante, se comportant comme des glucosides, se dédoublent en glucose et en un mélange d'alizarine et de purpurine. C'est le mélange de ces deux substances qui constitue l'alizarine commerciale.

On extrait l'alizarine en faisant bouillir la racine de garance avec une dissolution d'alun. L'alizarine impure se dépose, lorsqu'on abandonne à elle-même la dissolution; le liquide retient la *purpurine* $C^{28}H^8O^{10}$.

Le précipité est lavé à l'acide chlorhydrique et purifié par cristallisation dans l'alcool.

La synthèse de l'alizarine a été faite à partir de l'anthracène et, dans la pratique, l'alizarine de synthèse a remplacé presque complètement la garance naturelle.

L'anthracène $C^{28}H^{10}$ est chauffé avec une dissolution d'acide chromique dans l'acide acétique et transformé ainsi en *anthraquinone* $C^{28}H^8O^4$:

$$C^{28}H^{10} + 6O = C^{28}H^8O^4 + H^2O^2.$$

En traitant l'anthraquinone par le brome, on le convertit en *anthroquinone bibromé* :

$$C^{28}H^8O^4 + 4Br = C^{28}H^6Br^2O^4 + 2HBr;$$

enfin, en fondant ce corps avec de la potasse, on obtient l'alizarine, ou plutôt une combinaison d'alizarine avec la potasse :

$$C^{28}H^4(HBr)^2O^4 + 2(KO,HO) = C^{28}H^4(H^2O^2)^2O^4 + 2KBr,$$

On évite l'emploi du brome en dissolvant l'anthraquinone dans l'acide sulfurique concentré, ce qui le transforme en *acide disulfoanthraquinonique* $C^{28}H^4(S^2O^4,KHO^2)^2O^4$; en fondant celui-ci avec l'alcali, on a

$$C^{28}H^4(S^2O^4,KHO^2)^2O^4 + 2(KO,HO) = C^{28}H^4(H^2O^2)^2O^4 + 2(S^2O^4,2KO).$$

Acide   Alizarine.   Sulfite
disulfoanthraquinonique.   de potasse.

On reprend par l'eau et l'on isole l'alizarine en précipitant la solution alcaline par l'acide chlorhydrique. On purifie le précipité par cristallisation dans l'alcool et finalement on le sublime.

En réalité les réactions sont plus complexes ; en même temps que l'alizarine, prennent naissance divers composés, parmi lesquels l'*isopurpurine*, isomère de la purpurine, et qui, comme celle-ci, joue un rôle dans la teinture.

133. Propriétés. — L'alizarine, chauffée vers 220° dans un petit creuset de porcelaine, au bain de sable (fig. 56),

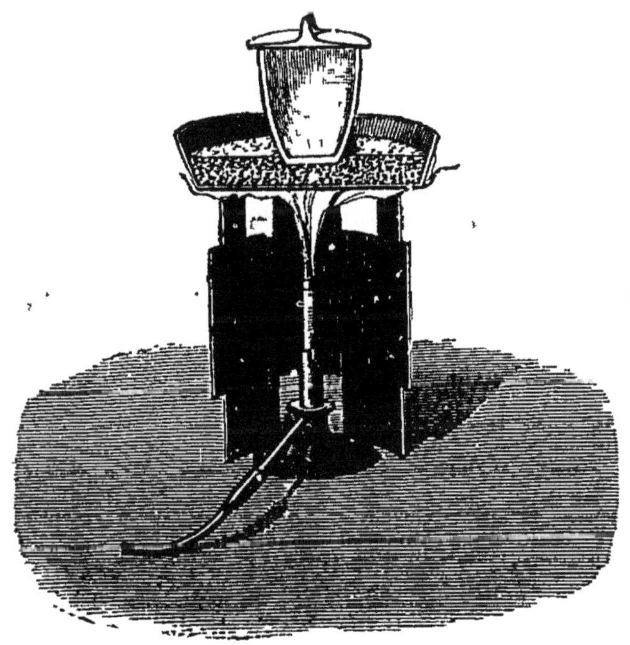

Fig. 56.

se sublime en petits prismes d'un jaune orangé. Presque insoluble dans l'eau froide, elle se dissout un peu dans l'eau bouillante; elle est soluble dans l'alcool et dans l'éther. Elle se dissout dans l'acide sulfurique, qu'elle colore en rouge, et dans les alcalis caustiques, avec lesquels elle forme une solution pourpre.

CHAPITRE IX

ALDÉHYDES. — CAMPHRE.

154. Définition. — Les aldéhydes sont des composés ternaires, qui dérivent de l'alcool par perte d'hydrogène et reproduisent les alcools en fixant de nouveau cet élément. Parmi les corps qui satisfont à cette définition générale, on doit distinguer trois groupes :

Les *aldéhydes proprement dits;*

Les *acétones;*

Les *carbonyles.*

ALDÉHYDE ÉTHYLIQUE, $C^4H^4O^2$.

135. Modes de formation. — L'aldéhyde éthylique est le type des aldéhydes proprement dits; il dérive de l'alcool ordinaire ou alcool éthylique par déshydrogénation :

$$C^4H^6O^2 - H^2 = C^4H^4O^2,$$

et en fixant de nouveau de l'hydrogène il reproduit l'alcool. Il peut fixer 2 équivalents d'oxygène pour se transformer en un acide monobasique, l'acide acétique :

$$\underset{\text{Aldéhyde.}}{C^4H^4O^2} + O^2 = \underset{\text{Acide acétique.}}{C^4H^4O^4}.$$

Nous avons vu que l'aldéhyde prenait naissance par l'oxydation directe de l'alcool au contact de la mousse de platine.

136. Préparation. — On prépare l'aldéhyde en oxydant l'alcool par un mélange de bichromate de potasse et d'acide sulfurique.

On introduit dans une cornue tubulée 15 parties de bichromate de potasse concassé, et l'on verse peu à peu, par un tube à entonnoir, un mélange, fait à l'avance, de 15 parties d'alcool, de 60 parties d'eau et de 20 parties d'acide; on chauffe légèrement; de l'aldéhyde mélangé d'alcool, d'eau et de divers autres produits distille dans le récipient de l'appareil distillatoire, que l'on refroidit soigneusement en l'enveloppant de glace. On distille de nouveau ce mélange dans un appareil à boule, en ne recueillant que les produits les plus volatils, qui contiennent l'aldéhyde. On ajoute 2 volumes d'éther et on fait passer dans le liquide un courant de gaz ammoniac. L'aldéhyde se précipite sous la forme d'une combinaison cristalline (*aldéhydate d'ammoniaque*) $C^4H^4O^2,AzH^3$. L'aldéhydate d'ammoniaque, séparé du liquide, lavé à l'éther et séché, est décomposé par l'acide sulfurique étendu dans un appareil distillatoire, et l'aldéhyde condensé dans le réfrigérant est distillé de nouveau sur du chlorure de calcium.

137. Propriétés. — L'aldéhyde est un liquide incolore, d'une odeur forte et caractéristique. Sa densité à 0° est 0,805; il bout à +21°. Il se dissout dans l'eau, l'alcool et l'éther.

Mis en contact avec de l'eau acidulée par l'acide sulfurique et de l'amalgame de sodium, l'aldéhyde fixe de l'hydrogène et reproduit l'alcool :

$$C^4H^4O^2 + H^2 = C^4H^4(H^2O^2).$$

Il brûle au contact d'un corps incandescent, en donnant de l'eau et de l'acide carbonique; à froid et en présence de la mousse de platine, il fixe de l'oxygène et se transforme en acide acétique.

Sa facile oxydabilité rend compte des réactions qu'il exerce sur certains sels métalliques. Si l'on chauffe dans un petit tube à essais une dissolution de nitrate d'argent additionnée d'une petite quantité d'aldéhyde et de quelques gouttes d'ammoniaque, on voit bientôt se déposer sur les parois du tube un enduit d'argent métallique. L'aldéhyde réduit les dissolutions des sels de cuivre additionnées d'acide tartrique et d'alcali (87), avec formation d'un dépôt rouge de sous-oxyde de cuivre Cu^2O.

En agitant l'aldéhyde avec une dissolution concentrée de bisulfite de soude, on obtient une combinaison cristalline :

$$C^4H^4O^2 + NaO,HO,S^2O^4.$$

Ces propriétés réductrices et cette combinaison avec les bisulfites sont caractéristiques des aldéhydes.

L'aldéhyde, dérivant de l'alcool par déshydrogénation, se comporte dans l'ensemble de ses réactions comme un composé incomplet. Il peut se souder à lui-même pour donner des polymères cristallisés, le *paraldéhyde* $(C^4H^4O^2)^3$ et le *métaldéhyde*. Il s'unit à l'alcool avec élimination d'eau pour donner l'*acétal* :

$$2(C^4H^6O^2) + C^4H^4O^2 = C^{12}H^{14}O^4 + H^2O^2.$$
Acétal.

L'acétal, liquide bouillant à 104°, se trouve en même temps que l'aldéhyde parmi les produits de l'oxydation de l'alcool par le mélange d'acide sulfurique et de bichromate de potasse.

Le chlore forme avec l'aldéhyde des produits de substitution :

$$C^4H^3ClO^2,$$
$$C^4H^2Cl^2O^2,$$
$$C^4HCl^3O^2,$$
$$C^4Cl^4O^2 ;$$

à l'exception du dernier terme (aldéhyde perchloré), les autres termes forment deux séries isomériques.

Les corps de la première série sont transformés par l'eau en acide acétique ou en acides acétiques chlorés (148) ; on les appelle des *chlorures acides* :

$$C^4H^3O^2.Cl, \qquad C^4H^2ClO^2.Cl, \qquad C^4HCl^2O^2.Cl.$$

Nous dirons quelques mots du premier (*chlorure acétique*) en étudiant les dérivés de l'acide acétique (149).

Les autres composés isomères sont les véritables *aldéhydes chlorés;* ils peuvent en effet fixer 2 équivalents d'oxygène pour donner les acides acétiques chlorés. L'un d'eux mérite d'être étudié : c'est le *chloral* ou *hydrure de trichloracétyle* $C^4Cl^5O^2H$.

138. Chloral $C^4HCl^5O^3$. — On prépare le chloral en faisant passer un courant de chlore dans l'alcool concentré refroidi; quand l'absorption du chlore paraît se ralentir, on chauffe peu à peu au bain-marie. On agite le produit brut de la réaction avec de l'acide sulfurique et on le distille sur de l'acide sulfurique concentré.

On peut admettre que la réaction s'est produite en deux phases : dans la première, l'alcool est déshydrogéné :

$$C^4H^6O^2 + 2Cl = C^4H^4O^2 + 2HCl;$$

dans la seconde, le chlore se substitue à l'hydrogène de l'aldéhyde. .

Le chloral est un liquide qui bout à 99°. Il se combine directement avec l'eau pour former l'*hydrate de chloral* $C^4HCl^5O^2 + H^2O^2$, corps cristallisé soluble dans l'eau, qui est actuellement très employé en thérapeutique comme calmant.

Les alcalis transforment le chloral et l'hydrate de chloral en chloroforme et formiate :

$$C^4HCl^5O^3 + KO,HO = C^2HKO^4 + C^2HCl^5.$$

Formiate   Chloroforme.
de potasse.

Cette réaction est importante, en ce qu'elle permet d'expliquer la transformation de l'alcool en chloroforme (29) par le mélange de chaux et d'hypochlorite de chaux qui constitue le chlorure de chaux du commerce. Elle rend compte également des propriétés anesthésiques du chloral, qui, dans des milieux alcalins comme le sang, donne du chloroforme.

L'acide azotique fumant cède de l'oxygène au chloral et

à son hydrate pour le transformer en *acide trichloracétique* $C^4HCl^5O^4$ (148).

ESSENCE D'AMANDES AMÈRES.

139. Préparation. — Les amandes amères renferment une substance, l'*amygdaline* (88), qui, en présence de l'eau et d'un ferment soluble, l'*émulsine*, contenu également dans les amandes amères, se dédouble en glucose, acide cyanhydrique et *aldéhyde benzylique*.

L'émulsine agit comme un ferment soluble (105); elle ne paraît intervenir dans la réaction que par sa présence, et la réaction peut être formulée :

$$C^{40}H^{28}AzO^{22} + 2H^2O^2 = 2(C^{12}H^{12}O^{12}) + C^2AzH + C^{14}H^6O^2.$$

Amygdaline.　　　　　　　Glucose.　　　　　　Aldéhyde
benzylique.

Les amandes amères, concassées et débarrassées de l'huile qu'elles renferment par compression, sont distillées avec de l'eau dans un alambic. L'essence est entraînée avec la vapeur d'eau et se condense dans le récipient; plus lourde que l'eau, elle se dépose au fond du vase. L'essence brute du commerce contient une petite quantité d'acide cyanhydrique, qui lui communique des propriétés toxiques. On la purifie en la distillant avec de l'oxyde de mercure.

140. Propriétés. — L'essence rectifiée est un liquide incolore, d'une odeur particulière, plus dense que l'eau (D = 1,065), bouillant à 179°,5.

Les propriétés chimiques de ce liquide sont celles d'un aldéhyde. En effet, il absorbe l'oxygène et se transforme en un acide monobasique solide, l'acide benzoïque :

$$C^{14}H^6O^2 + O^2 = C^{14}H^6O^4.$$

Aldéhyde benzylique.　　　Acide benzoïque.

Chauffé avec les alcalis, il se dédouble en acide benzoïque et en un alcool monoatomique, l'*alcool benzylique* :

$$2(C^{14}H^6O^2) + KO,HO = C^{14}H^5KO^4 + C^{14}H^8O^2.$$

Benzoate　　　Alcool
de potasse.　　benzylique

Inversement, l'alcool benzylique oxydé reproduit l'aldéhyde benzylique et l'acide benzoïque. En résumé, il existe entre l'alcool benzylique, l'aldéhyde et l'acide benzoïque les mêmes relations qu'entre l'alcool ordinaire, son aldéhyde et l'acide acétique :

$$C^{14}H^8O^2, \qquad C^{14}H^6O^2, \qquad C^{14}H^6O^4;$$
$$C^4H^6O^2, \qquad C^4H^4O^2, \qquad C^4H^4O^4.$$

Comme l'aldéhyde ordinaire, l'aldéhyde benzylique jouit de la propriété de former avec les bisulfites alcalins une combinaison cristalline; cette combinaison, détruite par les alcalis libres, régénère l'aldéhyde benzylique, et l'on utilise cette réaction pour le préparer à l'état de pureté.

Sous l'action de la chaleur rouge, les vapeurs d'aldéhyde benzylique se décomposent en oxyde de carbone et benzine :

$$C^{14}H^6O^2 = C^2O^2 + C^{12}H^6.$$

Dans les mêmes conditions l'acide benzoïque donne de l'acide carbonique et de la benzine (42) :

$$C^{14}H^6O^4 = C^2O^4 + C^{12}H^6.$$

Cette dernière réaction doit être rapprochée de celle qui donne du formène aux dépens de l'acide acétique :

$$C^4H^4O^4 = C^2O^4 + C^2H^4.$$

ACÉTONE, $C^6H^6O^2$

141. Préparation. — En chauffant au rouge sombre de l'acétate de chaux desséché dans une cornue en grès, on recueille dans le récipient refroidi des produits liquides doués d'une odeur désagréable. En soumettant ces liquides à une distillation fractionnée et recueillant ce qui passe à 56°, on isole un liquide éthéré soluble dans l'eau, l'alcool et l'éther, auquel on a donné le nom d'*acétone*.

L'acétone se rapproche des aldéhydes par la propriété qu'il

possède de se combiner aux bisulfites alcalins. Mais il s'en distingue en ce que les oxydants le transforment en *deux* acides monobasiques, l'*acide acétique* et l'*acide formique* :

$$C^6H^6O^2 + 6O = C^4H^4O^4 + C^2H^2O^4.$$

Cette réaction lui a fait donner le nom d'*aldéhyde secondaire*.

La composition de l'acétone est celle d'un homologue supérieur de l'aldéhyde ordinaire, l'*aldéhyde propionique* $C^6H^6O^2$; mais ce dernier, en fixant de l'oxygène, se transforme en un acide monobasique, l'*acide propionique* $C^6H^6O^4$. Tandis que l'amalgame de sodium, en présence de l'eau, fixe de l'hydrogène sur l'aldéhyde propionique et le convertit en un *alcool propylique* qui jouit de toutes les propriétés de l'alcool ordinaire, la même réaction appliquée à l'acétone donne un alcool isomère, l'*alcool isopropylique*, qui est un alcool secondaire.

<h2 style="text-align:center">CAMPHRE, $C^{20}H^{16}O^2$.</h2>

142. Préparation. — Propriétés. — Lorsqu'on distille avec de l'eau le bois du *Laurus camphora*, arbre de la Chine et du Japon, on voit se condenser sur les parties froides de l'appareil distillatoire de petits cristaux blanchâtres, qui constituent le camphre ordinaire ou camphre des Laurinées.

On le purifie en le sublimant dans des fioles en verre dont le fond est chauffé au bain de sable.

Le camphre est en masses cristallines, incolores, transparentes. Son odeur est caractéristique; il fond à 178° et bout à 204°. Mais à la température ordinaire sa tension de vapeur est assez forte pour qu'il se sublime dans les vases où on le conserve. Il est à peine soluble dans l'eau; projeté sur ce liquide, il exécute à la surface des mouvements giratoires; il est soluble dans l'alcool et l'éther. La solution alcoolique est dextrogyre. On extrait de l'*essence de matri-*

caire un camphre qui ne diffère du camphre des Laurinées que par son pouvoir rotatoire, qui est lévogyre.

Le camphre brûle à l'air avec une flamme fuligineuse.

Un certain nombre de réactions rapprochent le camphre
des aldéhydes. Il peut en effet fixer de l'hydrogène et se
changer en un alcool, l'*alcool campholique* :

$$C^{20}H^{16}O^2 + H^2 = C^{20}H^{18}O^2.$$

L'*alcool campholique* ou *camphre de Bornéo* s'extrait
d'un arbre qui croît dans les îles de la Sonde; les corps
oxydants lui enlèvent H^2 et le transforment inversement en
camphre ordinaire.

Chauffé avec une dissolution de potasse, il se transforme
en *alcool campholique* et *acide camphique* :

$$2(C^{20}H^{16}O^2) + KO,HO = C^{20}H^{15}KO^4 + C^{20}H^{18}O^2.$$

Camphre.   Camphate   Alcool
de potasse.   campholique.

Mais la réaction suivante distingue le camphre des aldéhydes proprement dits. Par oxydation, il fournit en effet un
acide bibasique, l'*acide camphorique* :

$$C^{20}H^{16}O^2 + 6O = C^{20}H^{16}O^8.$$

Acide camphorique.

Quelques autres substances qui se rapprochent des aldéhydes présentent les réactions générales du camphre;
M. Berthelot les a distinguées des aldéhydes sous le nom
de *carbonyles*.

CHAPITRE X

ACIDES MONOBASIQUES. — ACIDES GRAS.

143. Classification. — On distingue les acides en *mono-basiques*, *bibasiques*, *tribasiques*,... suivant qu'ils forment avec une même base un, deux, trois... sels, ou avec un un même alcool monoatomique, tel que l'alcool ordinaire, un, deux, trois... éthers.

La série la plus importante des acides monobasiques est la série des acides gras, dont la formule générale est $C^{2n}H^{2n}O^4$ et dont les deux premiers termes sont :

$$\text{L'acide formique,} \dots \dots \dots \quad C^2H^2O^4,$$
$$\text{et l'acide acétique.} \dots \dots \dots \quad C^4H^4O^4.$$

ACIDE FORMIQUE, $C^2H^2O^4$.

144. Modes de formation. — Préparation. — L'acide formique a été découvert tout d'abord dans les fourmis rouges.

Il se forme lorsque l'alcool méthylique s'oxyde, aux dépens de l'oxygène de l'air, en présence de la mousse de platine (72), et dans un grand nombre de réactions oxydantes.

Le procédé de préparation le plus simple, celui qu'on emploie toujours aujourd'hui, repose sur le dédoublement de l'acide oxalique en acide formique et acide carbonique, lorsqu'on chauffe cet acide en présence de la glycérine :

$$C^4H^2O^8 = C^2O^4 + C^2H^2O^4.$$
Acide oxalique.

On chauffe à cet effet, dans une cornue de verre tubulée, de la glycérine avec un poids égal d'acide oxalique cristallisé.

On chauffe la cornue [dans un bain-marie contenant de l'eau additionnée de chlorure de calcium, de façon que la température s'élève un peu au-dessus de 100°. Des bulles d'acide carbonique se dégagent et on condense dans le récipient de l'acide formique étendu d'eau. Dès que le dégagement gazeux se ralentit, on ajoute par petites portions de l'acide oxalique et, la glycérine ne subissant dans cette réaction aucune altération, on peut préparer ainsi des quantités considérables d'acide formique. L'acide recueilli dans le récipient serait plus concentré si on remplaçait l'acide oxalique cristallisé par acide oxalique sublimé.

Pour obtenir l'acide formique à son maximum de concentration, on sature l'acide étendu par du carbonate de plomb à l'ébullition et on filtre. Le formiate de plomb, peu soluble dans l'eau froide, cristallise par le refroidissement. On le sèche et on le décompose à 120° par un courant d'hydrogène sulfuré.

M. Berthelot a effectué la synthèse de l'acide formique en chauffant, en tube scellé, de l'oxyde de carbone avec une dissolution alcaline ; il se forme du formiate alcalin :

$$C^2O^2 + KO,HO = C^2HKO^4.$$

145. Propriétés. — L'acide formique à son maximum de concentration, c'est-à-dire répondant exactement à la formule $C^2H^2O^4$, est un liquide incolore, caustique, doué d'une odeur caractéristique. La densité est 1,223 à 0°. Refroidi aux environs de 0°, il cristallise et les cristaux ne fondent plus qu'à + 8°6. Il bout à + 104°.

Chauffé à 250° en vase clos, il se décompose en oxyde de carbone et eau :

$$C^2H^2O^4 = C^2O^2 + H^2O^2 ;$$

C'est la réaction inverse de celle qui a été appliquée pour effectuer la synthèse.

L'acide formique est un réducteur; un grand nombre de composés oxygénés lui cèdent de l'oxygène et le transforment en eau et acide carbonique :

$$C^2H^2O^4 + O^2 = C^2O^4 + H^2O^2.$$

Ainsi il réduit à chaud l'azotate d'argent, l'azotate de mercure.

Le chlore lui enlève de l'hydrogène :

$$2Cl + C^2H^2O^4 = 2HCl + C^2O^4.$$

En présence de l'eau la réaction est la même, et les dissolutions de certains chlorures (chlorures d'or, chlorures des métaux du platine) sont réduites à chaud par l'acide formique.

Chauffé au rouge en présence d'un excès d'alcali, l'acide formique se dédouble en acide carbonique qui reste uni à l'alcali, et en hydrogène :

$$C^2HKO^4 + KO,HO = 2KO,C^2O^4 + 2H.$$

L'acide formique est un acide énergique qui décompose les carbonates et forme des sels bien cristallisés, dont la formule générale est

$$C^2HMO^4 ;$$

il ne forme avec les alcools monoatomiques comme l'alcool ordinaire et l'alcool méthylique, qu'un seul éther :

$$C^2H^2(C^2H^2O^4), \qquad C^4H^4(C^2H^2O^4),$$

ce qui le caractérise comme acide monobasique.

On prépare ces éthers en distillant un mélange de l'alcool à éthérifier et d'acide sulfurique sur du formiate de soude.

ACIDE ACÉTIQUE, $C^4H^4O^4$.

146. Modes de formation. — Préparation. — L'acide acétique est de tous les acides le plus anciennement connu. Il se produit en effet par l'oxydation de l'alcool (57) et le *vinaigre* lui doit ses propriétés acides.

L'acide acétique prend naissance dans un grand nombre de réactions : l'oxydation de l'acétylène, de l'éthylène; la distillation sèche du bois, du sucre, etc.

Il existe, soit libre, soit associé aux bases, soit à l'état d'éther, dans un grand nombre de liquides végétaux ou dans l'organisme animal.

On prépare l'acide acétique pur et à son maximum de concentration $C^4H^4O^4$ en distillant l'acétate de soude fondu avec l'acide sulfurique monohydraté :

$$C^4H^3NaO^4 + S^2O^6,H^2O^2 = C^4H^4O^4 + S^2O^6,NaO,HO.$$

On le purifie en le solidifiant dans la glace et décantant le liquide qui imprègne les cristaux.

L'acétate qui sert à cette préparation est obtenu en transformant en sel de soude les liquides acides (*acide pyroligneux*), que l'on condense en chauffant le bois en vase clos.

Cette distillation s'effectue dans des cylindres verticaux en tôle (fig. 57); on condense dans des réfrigérants de l'eau, des goudrons, de l'acide acétique, de l'esprit de bois, de l'acétone, de l'éther méthylacétique; il se dégage des gaz combustibles, que l'on dirige dans le cendrier pour les brûler. Les cornues renferment du charbon de bois comme résidu.

On distille les liquides condensés, en mettant à part les parties les plus volatiles, qui contiennent tout l'esprit de bois et servent à la préparation de l'alcool méthylique. En poursuivant la distillation, on recueille de l'acide acétique impur, qu'on sature avec de la craie et que l'on transforme ainsi en acétate de chaux. En mélangeant cette dissolution d'acétate de chaux avec du sulfate de soude, on obtient par double décomposition du sulfate de chaux insoluble qui se

dépose et de l'acétate de soude que l'on fait cristalliser en
évaporant convenablement la liqueur. Ce sel est sali par des
matières goudronneuses; pour le purifier, on le fait fondre

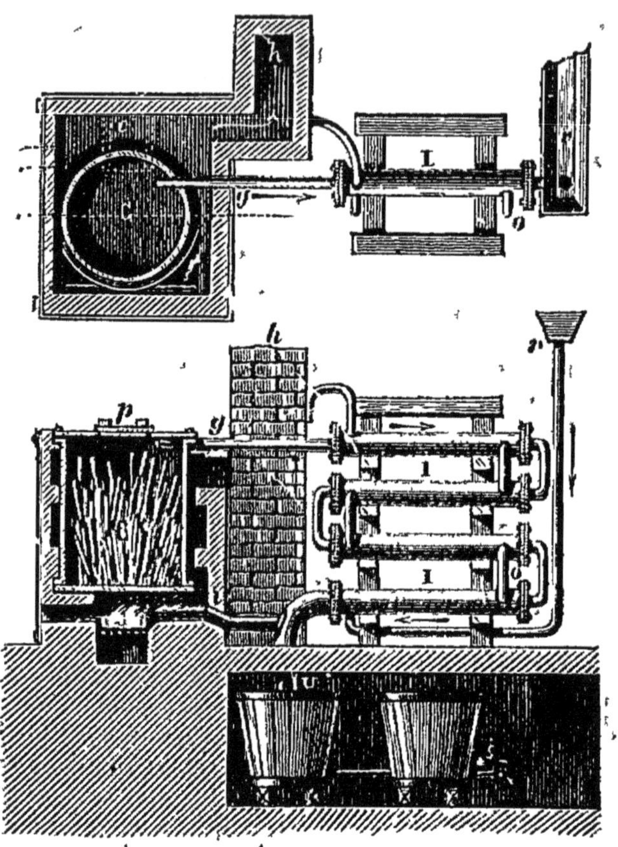

Fig. 67.

dans son eau de cristallisation, et on le projette dans une
chaudière en fonte chauffée à une température telle que les
matières goudronneuses soient décomposées sans que le sel
de soude soit altéré. On reprend par l'eau et on fait cristalliser.

147. Propriétés. — L'acide acétique est un liquide incolore, d'une odeur piquante, solidifiable au-dessous de $+17°$

et bouillant à 118°; sa densité est 1,080 à 0°. Il est miscible à l'eau et à l'alcool en toutes proportions.

Les vapeurs d'acide acétique dirigées dans un tube de porcelaine chauffé au rouge se décomposent en acide carbonique et formène :

$$C^4H^4O^4 = C^2O^4 + C^2H^4 ;$$

ces gaz sont mélangés d'acétone $C^6H^6O^2$, d'acétylène et des produits de condensation de ce carbure.

147 bis. Acétates. — Les acétates ont pour formule

$$C^4H^3MO^4.$$

Ils sont en général solubles dans l'eau. Les acétates alcalins, chauffés en présence d'un excès d'alcali, dégagent du formène (26) :

$$C^4H^3NaO^4 + NaO,HO = C^2H^4 + 2NaO,C^2O^4.$$

Soumis à la distillation sèche, l'acétate de chaux donne de l'acétone (141) :

$$2C^4H^3CaO^4 = 2CaO,C^2O^4 + C^6H^6O^2.$$

Les acétates les plus importants sont :

L'*acétate de soude* $C^4H^3NaO^4 + 6HO$, qui fond au-dessous de 100° dans son eau de cristallisation, et se transforme par la fusion en une masse cristalline, lamelleuse.

L'*acétate neutre de cuivre* ou *verdet* $C^4H^3CuO^4 + HO$, en cristaux volumineux d'un vert bleuâtre que l'on prépare en dissolvant l'acétate basique dans l'acide acétique.

L'*acétate basique de cuivre* (*vert-de-gris*, *verdet de Montpellier*), mélange de diverses combinaisons d'acétate neutre avec l'oxyde cuivre, que l'on prépare en abandonnant à l'oxydation des plaques de cuivre imbibées d'acide acétique.

L'*acétate neutre de plomb* $C^4H^3PbO^4 + 3HO$ ou *sel de Saturne*, que l'on prépare en saturant l'acide acétique par la litharge ; il est soluble dans l'eau et cette dissolution peut dissoudre un excès de litharge ; la liqueur, qui renferme alors des acétates basiques, combinaisons d'acétate neutre avec l'oxyde de plomb, précipite par l'acide carbonique (*préparation de la céruse*).

L'*acétate d'alumine*, obtenu par décomposition entre l'acétate de plomb et le sulfate d'alumine, est employé en teinture, dans le mordançage des tissus.

148. Acides acétiques chlorés. — Sous l'action de la lumière solaire, le chlore réagit sur l'acide acétique pour donner trois produits de substitution :

Acide acétique monochloré.	$C^4H^3ClO^4$
— bichloré.	$C^4H^2Cl^2O^4$
— trichloré.	$C^4HCl^2O^4$

Le plus important est l'acide acétique trichloré ou *acide trichloracétique*, que l'on obtient en épuisant l'action du chlore sur l'acide acétique. On le prépare plus facilement en oxydant le chloral ou l'hydrate de chloral par l'acide azotique fumant. Il est solide, fusible à +52°, et bout à 200° environ.

C'est un acide monobasique, qui forme avec les bases des sels bien définis, isomorphes des acétates.

Chauffé avec un excès d'alcali, il se décompose en acide carbonique et chloroforme :

$$C^4HCl^3O^4 = C^2HCl^3 + C^2O^4,$$

réaction qui doit être rapprochée de celles que donne l'acide acétique

$$C^4H^4O^4 = C^2H^4 + C^2O^4.$$

149. Chlorure acétique $C^4H^3ClO^2$. — On désigne sous le nom de *chlorure acétique* ou *chlorure d'acétyle* un dérivé monochloré de l'aldéhyde qui se dédouble au contact de l'eau en acide chlorhydrique et acide acétique (137).

On le prépare en mélangeant du perchlorure de phosphore avec de l'acétate de soude et distillant :

$$PhCl^5 + C^4H^5NaO^4 = C^4H^5ClO^2 + PhCl^3O^2 + NaCl$$

ou, plus facilement encore, par la réaction de l'oxychlorure de phosphore sur le même sel :

$$PhCl^3O^2 + 3C^4H^3NaO^4 = 3NaO,PhO^5 + 3(C^4H^3ClO^2).$$

C'est un liquide incolore, fumant au contact de l'air et bouillant à 55°.

Il se décompose au contact de l'eau en acide acétique et acide chlorhydrique :

$$C^4H^3O^2Cl + H^2O^2 = HCl + C^4H^4O^4.$$

150. Anhydride acétique $C^8H^6O^6$. — En distillant du chlorure d'acétyle sur de l'acétate de soude desséché, on recueille un liquide incolore, bouillant à 139°,5 qui s'hydrate au contact de l'eau en se transformant en acide acétique ordinaire : c'est l'*acide acétique anhydre* ou *anhydride acétique*. Bien que sa composition centésimale puisse être représentée plus simplement par la formule $C^4H^3O^3$, il convient de doubler celle-ci, car sa vapeur sous le même volume renferme deux fois plus de carbone que l'acide acétique; le poids de vapeur calculé d'après la formule $C^8H^6O^6$ occupe le même volume que H^2, c'est-à-dire 4 volumes.

151. Applications de l'acide acétique. — Vinaigre. — L'acide acétique cristallisable est utilisé en pharmacie et dans les travaux du laboratoire. L'acide impur sert à préparer l'acétate d'alumine (147 *bis*), l'acétate de plomb et par suite la céruse. On consomme à l'état de vinaigre des quantités considérables d'acide acétique.

Nous avons vu que l'alcool s'oxyde au contact du noir de platine et se transforme en acide acétique (57). On sait depuis longtemps que les boissons fermentées sont susceptibles de s'acidifier pour donner du vinaigre et le vinaigre

de vin notamment est employé comme condiment. L'acidification des liquides alcooliques s'effectue par oxydation de
l'alcool, en même temps que se développe à la *surface* du
liquide un végétal microscopique, le *mycoderma aceti*
(fig. 58).

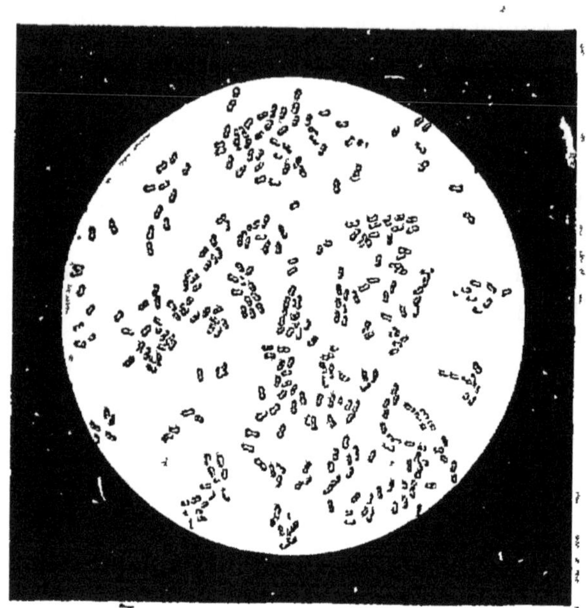

Fig. 58.

Ce mycoderme est, comme l'a démontré M. Pasteur,
l'agent de cette transformation; il vit au contact de l'oxygène qu'il condense et dont il provoque la fixation sur
l'alcool et se développe à la surface du liquide, en formant
une sorte de voile qu'on appelle *mère du vinaigre*. Ce végétal doit trouver d'ailleurs, comme toutes les plantes, dans le
milieu où il se développe, des matières azotées et des phosphates; les liquides fermentés qui servent à la préparation
du vinaigre, le vin notamment, renferment les éléments
nécessaires au développement du mycoderme; il est nécessaire en outre que la température soit comprise entre 25°
et 30°.

Des études faites par M. Pasteur il résulte que les conditions normales d'acidification sont les suivantes : abandonner

le vin dans un vase large sous une faible épaisseur après
l'avoir additionné d'une certaine quantité de vinaigre provenant d'opérations précédentes et semer le mycoderme
à la surface du liquide; lorsque le voile s'est développé,
soutirer une partie du liquide sans rompre ce voile, et le
remplacer par du vin.

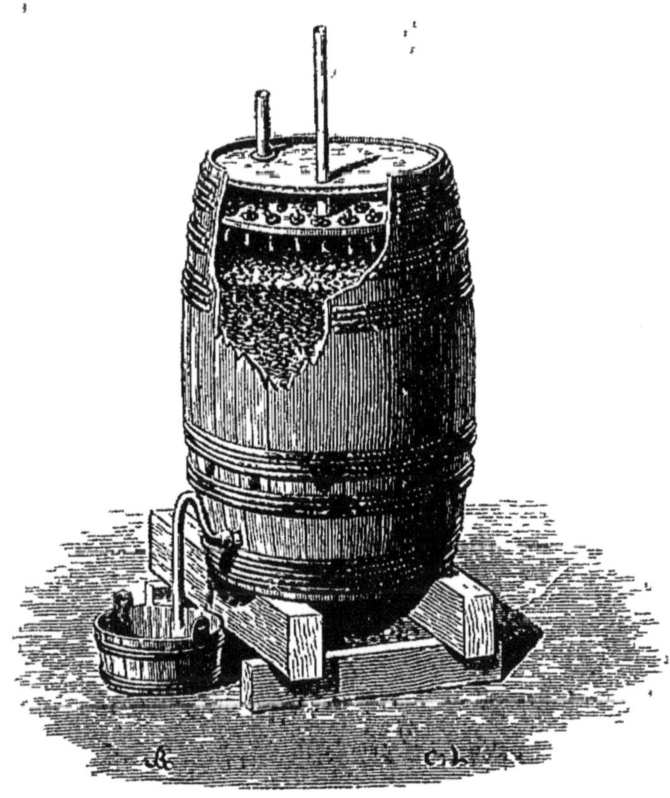

Fig. 59.

C'est en s'appuyant sur ces principes que l'on procède
dans certaines fabriques de l'Orléanais. Mais généralement on
opère plus grossièrement. L'acidification s'effectue (*procédé
d'Orléans*) en introduisant dans des futailles à vin de 230 litres environ de capacité, et dont le fond est percé d'un large
trou de 10 centimètres pour le renouvellement de l'air, du
vinaigre au tiers de leur capacité, puis dix litres de vin. Ces
fûts sont disposés sur des chantiers et superposés en plu-

sieurs rangées dans un cellier dont la température est de 25 ou 30°. Au bout de huit jours on ajoute dix litres de vin jusqu'à addition totale de quarante litres; on soutire quarante litres de vinaigre et on ajoute de nouveau le vin par dix litres, aux mêmes intervalles. Le vinaigre ainsi préparé conserve les principes aromatiques du vin qui a servi à le préparer; c'est le meilleur vinaigre.

Le vinaigre préparé par le *procédé allemand* est de moins bonne qualité. On l'obtient en faisant couler peu à peu les alcools provenant de la fermentation du moût de malt sur des copeaux de hêtre (fig. 59) entassés dans un tonneau et reposant sur un double fond. Des ouvertures nombreuses pratiquées aux parois du tonneau permettent à l'air de circuler librement. On fait passer trois fois le liquide alcoolique sur les copeaux de hêtre, qui, imprégnés de *mycoderma aceti* et permettant, par leur porosité, un libre accès à l'oxygène atmosphérique, déterminent une acidification rapide.

Les vinaigres ainsi préparés sont utilisés dans l'économie domestique; on augmente généralement leur force en les additionnant d'acide acétique pur préparé à l'aide de l'acide pyroligneux.

152. Homologues supérieurs de l'acide formique. — La série des acides gras dont nous venons d'étudier les deux premiers termes, comprend les corps suivants :

		Point de fusion.	Point d'ébullition
Acide formique. . . .	$C^2H^2O^4$	8°,6	99°
— acétique. . . .	$C^4H^4O^4$	17°,0	120°
— propionique. . .	$C^6H^6O^4$		142°
— butyrique. . . .	$C^8H^8O^4$		165°
— palmitique. .	$C^{32}H^{32}O^4$	62°,2	
— stéarique. . .	$C^{36}H^{36}O^4$	69°	

Les premiers termes de cette série sont liquides; les termes les plus élevés sont solides. A partir du quatrième terme, on connaît plusieurs isomères de même formule, mais l'on doit réserver le nom d'*homologues* de l'acide formique à ceux de ces acides dont les propriétés sont celles que nous avons signalées en étudiant les deux premiers termes.

Les acides monobasiques de la série grasse dérivent d'un alcool $C^{2n}H^{2n+2}O^2$ par oxydation :

$$C^{2n}H^{2n+2}O^2 + 4O = C^{2n}H^{2n}O^4 + H^2O^2;$$

sous l'action de la chaleur, ils se dédoublent en acide carbonique et en un carbure d'hydrogène saturé :

$$C^{2n}H^{2n}O^4 = C^4O^4 + C^{2n-2}H^{2n};$$

leurs sels alcalins chauffés avec un formiate donnent un aldéhyde :

$$C^{2n}H^{2n-1}KO^4 + C^2HKO^4 = 2KO,C^2O^4 + C^{2n}H^{2n}O^4.$$

L'*acide butyrique* $C^8H^8O^4$ forme avec la glycérine un éther (*tributyrine*), corps gras neutre que l'on trouve dans le beurre (80). On l'obtient en laissant se prolonger la fermentation lactique (104).

L'*acide palmitique* ou *margarique* $C^{32}H^{32}O^4$ existe à l'état d'éther de la glycérine dans tous les corps gras solides (80), et principalement dans l'huile de palme.

C'est un corps solide, blanc, fondant à 62°. Insoluble dans l'eau, il se dissout facilement dans l'alcool et l'éther bouillants.

L'*acide stéarique* $C^{36}H^{36}O^4$, à l'état de tristéarine, forme la partie la plus importante des corps gras solides. Il se présente sous la forme de petits cristaux nacrés, fondant à 70°; il est insoluble dans l'eau, très soluble dans l'alcool bouillant, et à peine soluble à froid dans ce liquide.

On extrait les acides palmitique et stéarique, en même temps que l'*acide oléique*, des graisses dans la fabrication des *bougies stéariques;* leurs sels sont des *savons.*

Ces deux derniers acides ne sont pas volatils sans décomposition; on peut néanmoins les distiller dans un courant de vapeur d'eau surchauffée.

ACIDE OLÉIQUE, $C^{36}H^{34}O^4$.

153. Propriétés. — L'acide oléique, liquide à la température ordinaire, ne se solidifie qu'au-dessous de 0°; mais ses cristaux fondent à + 14°. Les oléates alcalins sont solubles, les autres sont insolubles.

L'acide oléique n'appartient pas à la série des acides gras; il renferme 2 équivalents d'hydrogène en moins que l'acide stéarique. Chauffé avec un excès d'alcali, il se transforme en acide palmitique et acide acétique :

$$C^{36}H^{34}O^4 + 2(KO,HO) = C^{52}H^{51}KO^4 + C^4H^5KO^3 + 2H.$$

L'acide oléique forme, à l'état d'éther de la glycérine, la partie liquide des huiles; il accompagne dans les corps gras solides d'origine animale les acides palmitique et stéarique. On l'obtient en grande quantité, à l'état impur, dans la fabrication des acides gras; on le purifie en le refroidissant, ce qui détermine le dépôt d'une certaine quantité d'acides gras solides, puis on le transforme en oléate de soude, et par double décomposition en oléate de baryte. Ce sel est purifié par des cristallisations répétées dans l'alcool, puis décomposé par l'acide tartrique.

FABRICATION DES ACIDES GRAS.
BOUGIES. — SAVONS.

154. Saponification des corps gras. — Les corps gras neutres, et principalement la palmitine, la stéarine et l'oléine, qui par leur mélange constituent les graisses ou les huiles, sont traités industriellement pour la fabrication des bougies stéariques et des savons.

Ces deux industries ont comme point de départ le dédoublement des éthers de la glycérine en glycérine et acide avec fixation des éléments de l'eau (77). Cette décomposition effectuée par les alcalis donne un corps solide soluble dans l'eau, un *savon*, sel alcalin d'un acide gras et la glycérine est mise en liberté. Cette décomposition porte le nom de *saponi-fication.*

Si on se propose, au contraire, d'extraire les acides gras, on effectue la saponification à l'aide d'une base alcaline terreuse, la chaux par exemple, qui forme un savon insoluble, à l'aide duquel on isole facilement les acides gras.

Par extension, on appelle saponification le dédoublement des éthers de la glycérine de quelque façon qu'on l'effectue, et nous avons vu, en étudiant les éthers de l'alcool ordinaire, que cette expression désigne maintenant, d'une façon générale, la décomposition d'un éther quelconque en alcool et acide.

155. Bougies stéariques. — On prépare les bougies stéariques, formées principalement d'acide stéarique, en saponifiant les suifs de bœuf ou de mouton par trois méthodes principales :

1° Saponification calcaire;

2° Saponification sulfurique ;

3° Saponification par la vapeur d'eau surchauffée.

Les suifs frais de bœuf ou de mouton (*suifs en branches*) sont fondus dans des chaudières à feu nu, ou chauffés dans des chaudières closes avec de l'eau acidulée par l'acide sulfurique. Dans le premier cas, les membranes qui enveloppent la matière grasse se séparent; on les comprime à la presse hydraulique pour en extraire toute la graisse, et il reste une sorte de gâteau (*pains de cretons*) qui peut être employé comme engrais ou pour la nourriture des chiens. Dans le second cas, les membranes sont désagrégées et impropres à tout usage.

Les matières grasses fondues peuvent être, au sortir des chaudières, coulées dans des moules analogues à ceux qu'on emploie pour la fabrication des bougies en vue de fabriquer les chandelles (82).

Saponification calcaire. — Employée tout d'abord par M. de Milly et perfectionnée par ce savant industriel, elle est aujourd'hui effectuée de la façon suivante :

Le suif est chauffé dans un autoclave (fig. 60) avec de

l'eau et de la chaux (2000 kilogr. de suif, 1000 kilogr. d'eau
et 60 kilogr. de chaux délayée dans l'eau). Par un tuyau on
fait arriver de la vapeur, qui élève peu à peu la température à

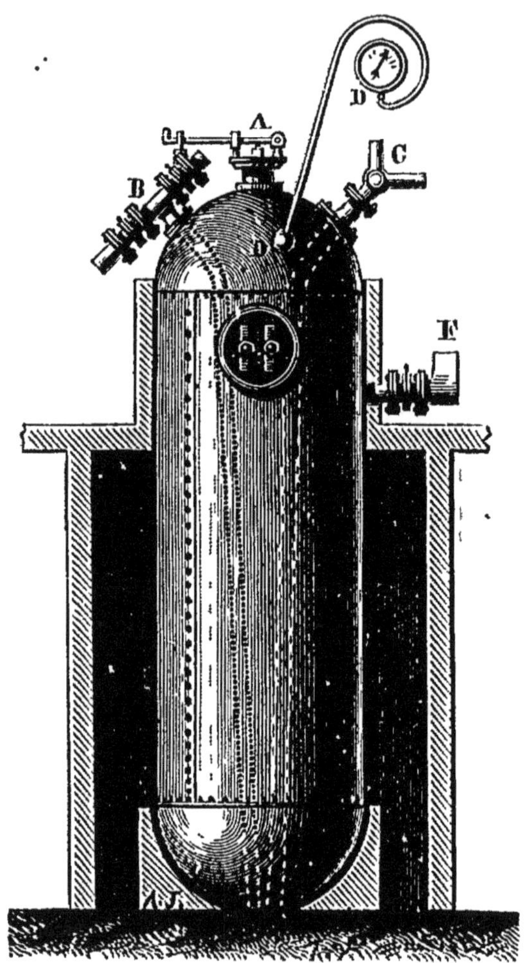

Fig. 60.

172°, ce qui correspond à une pression de 8 atmosphères.
Dès que l'opération est terminée, on ouvre le robinet G et on
fait arriver la masse demi-fluide dans de l'acide sulfurique
étendu d'eau et chauffé par un courant de vapeur. L'acide
sulfurique décompose le savon calcaire et les acides gras

surnagent; on les décante et on les coule dans des moules rectangulaires, où ils cristallisent.

Saponification sulfurique. — L'acide sulfurique chauffé avec les corps gras les décompose en glycérine et acides gras, qui contractent avec l'acide sulfurique des combinaisons facilement décomposables par l'eau bouillante (*acides sulfogras*).

Les matières grasses ainsi traitées sont les suifs et l'huile de palme. L'opération s'exécute dans une chaudière fermée

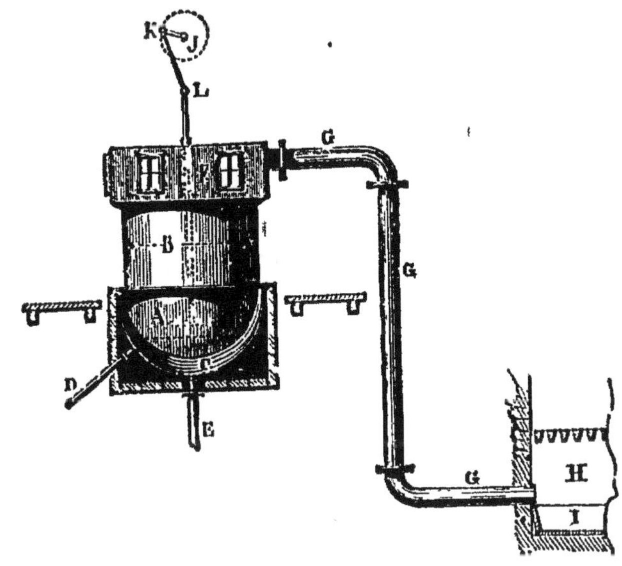

Fig. 61.

en cuivre doublée de plomb (fig. 61) et chauffée à la vapeur. Un agitateur mécanique remue la masse et les vapeurs infectes qui se dégagent sont dirigées, pour être brûlées, dans le cendrier des générateurs. On lave les produits de cette réaction à l'eau bouillante ; les acides surnagent, la glycérine et l'acide sulfurique restent dissous.

Saponification par l'eau ou la vapeur surchauffée. — L'eau seule chauffée sous pression avec des corps gras, ou la vapeur d'eau surchauffée à 300° et dirigée à travers les graisses fondues suffisent pour en déterminer la saponification. Ce procédé n'est plus appliqué qu'en Angleterre à la

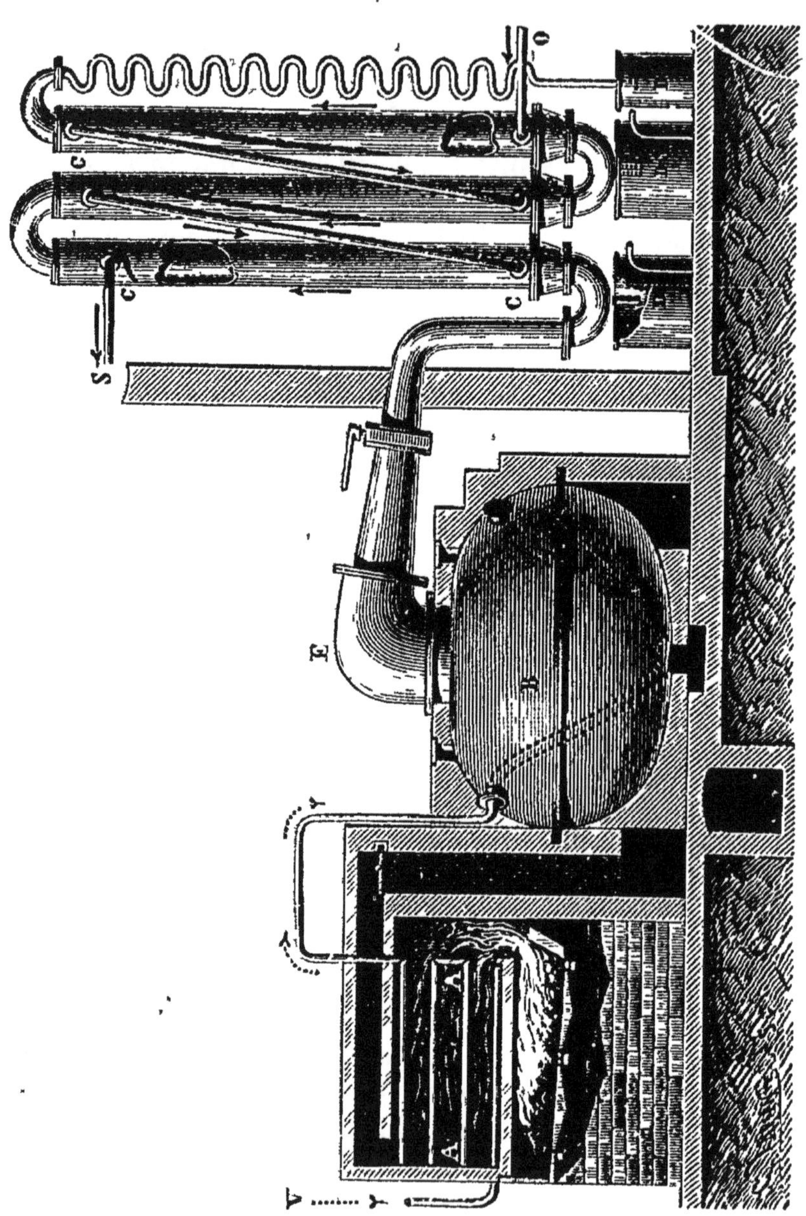

saponification de l'huile de palme, plus fusible que les suifs
et plus facile à décomposer.

Distillation des acides gras. — Les acides gras obtenus par ces méthodes, surtout ceux qui ont été chauffés avec de l'acide sulfurique, sont colorés en brun; on les blanchit en les distillant dans un courant de vapeur d'eau surchauffée (fig. 62). La vapeur se surchauffe en parcourant un serpentin AA plongé dans le foyer, puis pénètre dans la chau-

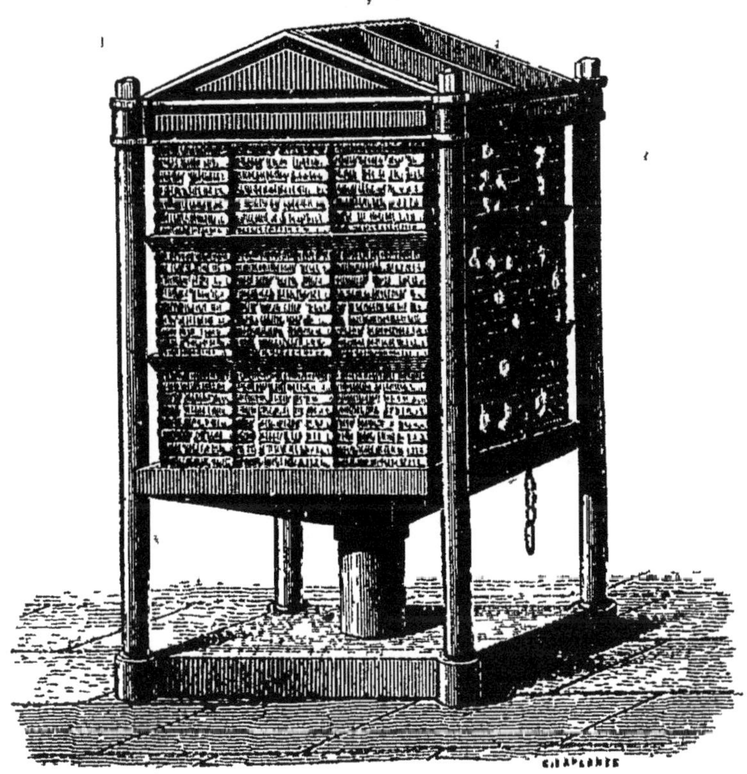

Fig. 63.

dière B qui contient les acides gras. Les matières volatilisées sont condensées dans le réfrigérant CC.

Cristallisation et pressage des acides gras. — Les acides gras sont alors coulés dans des moules rectangulaires en fer-blanc et abandonnés à cristallisation. Les cristaux d'acide stéarique sont imprégnés d'acide oléique liquide dont il importe de les débarrasser; à cet effet, les pains sont enveloppés dans une étoffe de laine et pressés sur le plateau d'une presse hydraulique (fig. 63); pour les débarrasser aussi complètement que possible d'acide oléique, on termine

Fig. 64.

par un pressage à une température d'environ 35 à 40° dans
une presse à chaud (fig. 64).

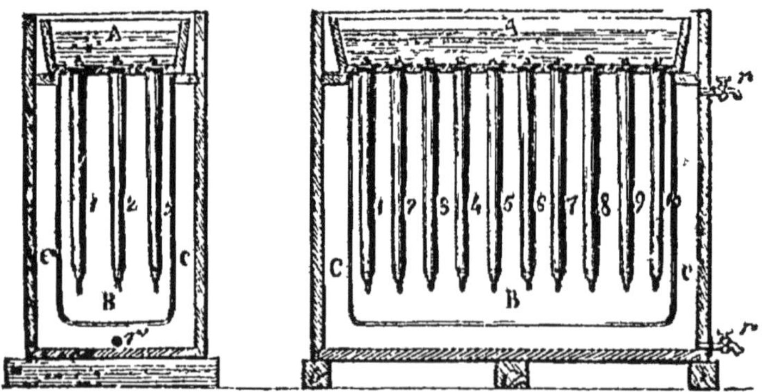

Fig. 65.

Moulage des bougies. — Les mèches tressées en coton et

préalablement trempées dans une dissolution faible d'acide borique, sont disposées suivant l'axe d'un moule légèrement conique fait d'un alliage de plomb et d'étain. Ces moules sont groupés au-dessous d'une cuvette commune (fig. 65) dans laquelle on verse l'acide stéarique fondu. Après solidification, les bougies sont coupées de longueur et polies par le frottement. Dans les grandes usines, le moulage s'effectue mécaniquement d'une façon continue; les bougies sont rognées, polies et marquées à la machine.

156. Savons. — On désigne sous le nom général de *savons* les combinaisons que forment les acides gras avec les bases. Ces combinaisons sont solubles dans l'eau et dans l'alcool lorsqu'elles sont à base de potasse ou de soude : ce sont les savons employés aux usages domestiques; les savons à base de chaux, d'alumine, d'oxyde de fer sont insolubles ; aussi, lorsqu'on délaye un savon alcalin dans une eau calcaire, obtient-on un précipité grenu, dur au toucher, qui rend cette eau peu propre au savonnage.

La fabrication des savons a été pendant longtemps centralisée à Marseille; on utilise pour cela les huiles de palme, les huiles d'olive de mauvaise qualité et les graisses. Cette même fabrication s'est développée à Nantes dans ces dernières années, et aux environs de Paris, où l'on emploie plus particulièrement l'acide oléique, résidu de la fabrication des bougies stéariques.

Les savons sont d'autant plus durs qu'ils sont fabriqués avec des acides gras moins fusibles ; les savons d'acide oléique sont les plus mous. Mais, toutes choses égales d'ailleurs, les savons à base de soude sont plus mous que les savons à base de potasse.

La fabrication du savon dur, dit de Marseille, comprend les opérations suivantes : On fait bouillir dans de grandes chaudières la matière grasse avec une lessive alcaline faible, et l'on obtient ainsi une saponification partielle; puis on ajoute une lessive plus concentrée qui complète la saponification en formant un savon soluble (*empâtage*).On ajoute alors des lessives alcalines salées qui précipitent le savon (*relargage*), le savon étant insoluble dans une dissolution de sel marin. On fait écouler le liquide, on ajoute des lessives salées plus concentrées, et on fait bouillir (*coction*). La saponification se trouve ainsi terminée sans que le savon puisse se dissoudre dans la liqueur salée. Le savon ainsi préparé est noir ; il doit sa couleur à de l'oxyde de fer qui est sulfuré partiellement par les sulfures alcalins contenus dans les lessives impures employées à cette fabrication.

Pour préparer le *savon blanc*, on délaye le savon brut dans une lessive alcaline faible et on laisse reposer ; l'alumine et l'oxyde de fer se déposent et l'on coule le savon blanc, qui surnage dans des moules où il se prend en masse.

En délayant le savon brut dans une quantité d'eau beaucoup plus faible, on obtient une séparation partielle des savons à base de fer partiellement sulfuré, qui se distribuent dans la masse en veines irrégulières, et l'on prépare ainsi le *savon marbré*.

Ce savon marbré est plus estimé que le savon blanc, parce que l'on ne réussit à obtenir ces marbrures que si la masse saponifiée renferme moins de 34 pour 100 d'eau.

CHAPITRE XI

ACIDES BIBASIQUES : ACIDE OXALIQUE. — ACIDES A FONCTION
COMPLEXE. — ACIDES LACTIQUE, TARTRIQUE, CITRIQUE.

157. Définition. —Les acides bibasiques se distinguent
des acides précédemment étudiés en ce qu'ils peuvent former avec une même base deux sels, l'un résultant de la
substitution du métal M à 1 équivalent d'hydrogène, l'autre
de la substitution de M^2 à 2 équivalents d'hydrogène. Ils forment également avec les alcools monoatomiques, comme
l'alcool ordinaire, deux éthers, l'un acide, l'autre neutre
(59).

Les acides bibasiques sont classés par familles homologues. La plus importante de ces séries a pour formule
générale $C^{2n}H^{2n-2}O^8$, dont le premier terme est l'acide
oxalique $C^4H^2O^8$. Tous ces acides se rattachent aux alcools
diatomiques ou glycols $C^{2n}H^{2n-2}(H^2O^2)^2$, comme les acides
monobasiques de la série grasse se rattachent aux alcools
monoatomiques $C^{2n}H^{2n}(H^2O^2)$.

ACIDE OXALIQUE, $C^4H^2O^8$.

158. État naturel. — Modes de formation. — L'acide
oxalique se rencontre dans un grand nombre de végétaux,
soit à l'état de liberté, soit principalement à l'état d'oxalate
acide de potasse. L'oxalate de chaux forme des dépôts cris-
tallins dans les cellules végétales ; il constitue certains
calculs vésicaux (*calculs mûraux*).

L'acide oxalique se forme toutes les fois qu'on oxyde une matière organique par l'acide azotique ou par le permanganate de potasse.

C'est le produit de l'oxydation complète d'un alcool diatomique, le glycol éthylénique :

$$C^4H^2(H^2O^2)^2, \qquad\qquad C^4H^2(O^4)^2.$$

Glycol.   Acide oxalique.

159. Préparation. — On prépare l'acide oxalique en oxydant par l'acide azotique le glucose, le sucre ou l'amidon par l'acide azotique. On évapore le liquide acide, et l'acide oxalique cristallise par le refroidissement.

Industriellement, on prépare l'acide oxalique en s'appuyant sur une réaction différente : la cellulose, chauffée avec de la potasse caustique, s'oxyde et donne un oxalate alcalin. On fait avec de la sciure de bois et une lessive alcaline concentrée une pâte que l'on chauffe à 200° dans des tubes de tôle. De l'hydrogène et des carbures divers se dégagent et il reste comme résidu solide une masse noire poreuse renfermant des oxalates alcalins. On lessive ce résidu et, en ajoutant aux liquides un lait de chaux, on précipite l'acide oxalique à l'état d'oxalate de chaux insoluble dans l'eau. Il suffit ensuite de traiter ce précipité par de l'acide sulfurique étendu pour former du sulfate de chaux insoluble et mettre en liberté l'acide oxalique. La liqueur est évaporée jusqu'à cristallisation.

160. Propriétés. — L'acide oxalique cristallise en prismes rhomboïdaux obliques renfermant 4 équivalents d'eau de cristallisation : $C^4H^2O^8 + 2H^2O^2$. Il se dissout dans 17 parties d'eau à 0° et dans 10 parties à 20°. Il est soluble dans l'alcool.

A la température de 98° les cristaux d'acide oxalique fondent dans leur eau de cristallisation, puis se subliment à une température plus élevée, non sans éprouver une décomposition partielle en acide carbonique, oxyde de carbone, acide formique et eau. On effectue commodément cette sublimation en chauffant l'acide dans une grande cornue de

verre dont le fond est chauffé à feu nu ou mieux au bain
de sable ; l'acide ainsi décomposé se sublime sur le col.
C'est la manière la plus simple pour débarrasser l'acide du
commerce des sels alcalins ou alcalino-terreux qu'il renferme généralement.

Chauffé avec l'acide sulfurique, il se décompose en eau,
acide carbonique et oxyde de carbone (*Préparation de l'oxyde
de carbone*) :

$$C^4H^2O^8 = C^2O^4 + C^2O^2 + H^2O^2.$$

Chauffé avec de la glycérine, il donne de l'acide formique
(*Préparation de l'acide formique*, 144) :

$$C^4H^2O^8 = C^2O^4 + C^2H^2O^4.$$

En présence de l'acide sulfurique étendu, les oxydants,
tels que le permanganate de potasse et le bioxyde de manganèse, transforment l'acide oxalique en acide carbonique,
soit à froid, soit plus facilement à l'ébullition. Il suffit, par
exemple, de verser dans une dissolution d'acide oxalique
additionnée d'acide sulfurique quelques gouttes de permanganate de potasse pour voir ce réactif, dont le pouvoir colorant est si intense, se décolorer instantanément.

Quelques gouttes d'une dissolution d'acide oxalique ajoutées
à une dissolution de chlorure d'or déterminent, lorsqu'on
chauffe légèrement le liquide, une précipitation d'or métallique très divisé en même temps qu'un dégagement d'acide
carbonique ; le chlore du sel d'or agit comme oxydant en présence de l'eau.

Les oxalates sont acides

$$C^4HMO^8$$

ou neutres

$$C^4M^2O^8.$$

Parmi ces sels nous citerons l'*oxalate neutre d'ammoniaque*
$C^4H^2O^8,2AzH^3 + H^2O^2$, fréquemment employé comme réactif
des sels de chaux ; l'*oxalate acide de potasse* (*bioxalate de po-*

tasse) $C^4HKO^8 + H^2O^2$, et une combinaison de ce sel avec l'acide oxalique qu'on désigne sous le nom de *quadroxalate de potasse* $C^4HKO^8 + C^4H^2O^8 + 4H^2O^2$; le *sel d'oseille*, qui se dépose par concentration du jus de l'oseille, est un mélange de bioxalate et de quadroxalate.

L'oxalate neutre de chaux $C^4Ca^2O^8 + H^2O^2$ est insoluble dans l'eau. Aussi on reconnaît un sel de chaux en versant dans la liqueur une dissolution d'oxalate d'ammoniaque; on voit se former par l'agitation un précipité cristallin. Mais le précipité est soluble dans les acides : aussi convient-il de neutraliser la liqueur avec de l'ammoniaque. Inversement on reconnaît l'acide oxalique en versant du chlorure de calcium dans la dissolution neutralisée par une base.

L'acide oxalique est vénéneux ; c'est un poison énergique à la dose de 8 à 10 grammes.

161. Homologues supérieurs de l'acide oxalique. — L'acide oxalique est le premier terme d'une série homologue d'acides bibasiques dont la formule générale est $C^{2n}H^{2n-2}O^8$:

Acide oxalique..............	$C^4H^2O^8$
Acide malonique...........	$C^6H^4O^8$
Acide succinique...........	$C^8H^6O^8$

L'acide succinique, qui a été retiré tout d'abord des produits de la distillation sèche d'une résine fossile, l'*ambre* ou *succin*, se forme en petite quantité pendant la fermentation alcoolique (105). On l'a reproduit synthétiquement, et nous citerons cette synthèse parce qu'elle montre nettement les relations qui existent entre les acides bibasiques et les alcools diatomiques ou glycols.

La liqueur des Hollandais bromée, ou bibromure d'éthylène $C^4H^4Br^2$, peut être envisagée comme l'éther bromhydrique du glycol :

$$C^4H^4Br^2 = C^4H^2(HBr)^2 ;$$

le cyanure d'argent transforme cet éther en un *éther dicyanhydrique* :

$$C^4H^2(HBr)^2 + 2AgC^2Az = 2AgBr + C^4H^2(C^2AzH)^2 ;$$

il suffit de chauffer ce dernier avec de la potasse pour faire du *succinate de potasse* :

$$C^4H^2(C^2AzH)^2 + 2(KO,HO) + 2H^2O^2 = 2AzH^5 + C^8H^4K^2O^8.$$

Cette synthèse présente cet autre intérêt, qu'elle conduit à réaliser la synthèse totale à partir des éléments de deux des plus importants des acides végétaux, *l'acide malique* et *l'acide tartrique*.

Le brome donne avec l'acide succinique deux dérivés de substitution, *l'acide monobromosuccinique* $C^8H^5BrO^8$ et l'acide *dibromosuccinique* $C^8H^4Br^2O^8$.

En traitant le premier de ces dérivés par la potasse, on obtient *l'acide malique* :

$$C^8H^4(HBr)O^8 + KO,HO = KBr + C^8H^4(H^2O^2)O^8.$$

Le second, dans les mêmes circonstances, donne *l'acide tartrique* :

$$C^8H^2(HBr)^2O^8 + 2(KO,HO) = 2KBr + C^8H^2(H^2O^2)^2O^8.$$

Ces réactions mettent en relief ce fait que les acides malique et tartrique seront des acides bibasiques comme l'acide succinique dont ils dérivent, et qu'ils joueront en outre, le premier, le rôle d'un alcool monoatomique, et le second, le rôle d'un alcool diatomique.

ACIDES A FONCTION COMPLEXE.

162. Définition. — Si l'oxydation complète d'un alcool polyatomique conduit à un acide polybasique, une oxydation incomplète fournit un corps à fonction complexe (*acide-alcool*) jouissant encore des réactions des alcools, bien qu'il se comporte vis-à-vis des bases comme un acide.

Ainsi, l'oxydation mélangée du glycol éthylénique $C^4H^2(H^3O^2)^2$ donne un acide $C^4H^2(H^2O^2)O^4$, *l'acide glycolique*, alcool monoatomique et acide monobasique.

D'une façon générale, si R représente un groupement carburé, d'un alcool d'atomicité n,

$$R(H^2O^2)^n$$

dérivent des acides-alcools

$$R(H^2O^2)^{n-1}O^1 \quad \text{acide monobasique, } n-1 \text{ fois alcool;}$$
$$R(H^2O^2)^{n-2}(O^1)^2 \quad \text{acide bibasique, } n-2 \text{ fois alcool, etc.}$$

Il existe de même des *acides-phénols*.

Ainsi, l'*acide lactique* $C^6H^4(H^2O^2)O^1$ est acide monobasique et alcool monoatomique.

L'*acide malique* $C^8H^4(H^2O^2)(O^1)^2$ est alcool monoatomique et acide bibasique.

L'*acide tartrique* $C^8H^2(H^2O^2)^2(O^1)^2$ est acide bibasique et alcool diatomique.

L'*acide citrique* $C^{12}H^5(H^2O^2)(O^1)^3$ est acide tribasique et alcool monoatomique.

L'*acide gallique* $C^{14}(H^2O^2)^3O^1$ est acide monobasique et phénol triatomique.

ACIDES LACTIQUES, $C^6H^6O^6$.

163. Préparation. — Propriétés. — Trois acides correspondent à la formule $C^6H^6O^6$; le plus important est celui qui prend naissance dans une fermentation particulière du glucose (*fermentation lactique*, 104) : c'est l'acide lactique de fermentation.

On prépare le lactate de chaux en abandonnant à lui-même, à la température de 30 à 35°, un mélange de glucose, de lait aigri, de vieux fromage et de craie pulvérisée ; sous l'influence du ferment lactique qui se développe dans ce milieu, riche en matières azotées, et maintenu toujours à l'état neutre par la présence du carbonate de chaux, le glucose se dédouble suivant la réaction

$$C^{12}H^{12}O^{12} = 2(C^6H^6O^6).$$

Le lactate de chaux cristallise et remplit bientôt la masse entière ; on le purifie par cristallisation et on le décompose par l'acide sulfurique étendu. On purifie l'acide lactique en le saturant par le carbonate de zinc et faisant cristalliser. Le lactate de zinc, dissous de nouveau, est décomposé par l'hydrogène sulfuré ; la liqueur, débarrassée du sulfure de zinc par filtration, est concentrée au bain-marie.

L'acide lactique existe à l'état de liberté dans le *petit-lait* et dans le jus aigri de la betterave, dans la choucroute.

L'acide lactique est un liquide sirupeux, incolore, incristallisable. C'est un acide monobasique, et ses sels, solubles dans l'eau, cristallisent très facilement. Il se comporte en outre comme un alcool monoatomique, car il peut former des éthers. Exemple : *acide acétolactique* $C^6H^4(C^4H^4O^4)O^4$. Cette double fonction est mise en relief lorsqu'on écrit sa formule

$$C^6H^4(H^2O^2)O^4 ;$$

il dérive en effet par oxydation incomplète d'un gylcol propylénique $C^6H^4(H^2O^2)^2$.

Des liquides qui baignent les muscles on peut isoler un acide lactique *dextrogyre :* c'est l'*acide paralactique* ou *sarcolactique*.

ACIDES TARTRIQUES, $C^8H^6O^{12}$.

Il existe quatre acides tartriques.

Le plus anciennement connu a été extrait par Scheele en 1769 du *tartre* ou *crème de tartre* qui se dépose sur les parois des tonneaux où on conserve le vin ; cet acide tartrique, dont la dissolution dévie à droite le plan de polarisation de la lumière, est l'*acide tartrique droit* ou acide tartrique ordinaire On a découvert successivement un *acide tartrique inactif dédoublable* en acide tartrique droit et en un acide lévogyre ou *acide tartrique gauche,* et enfin un *acide tartrique inactif non dédoublable.*

164. Acide tartrique droit. — Le tartre brut que l'on recueille sur les parois des tonneaux est imprégné de la matière colorante du vin. On le décolore en le dissolvant dans l'eau bouillante, ajoutant de l'argile qui précipite la matière colorante et filtrant ; le tartre, quoique peu soluble dans l'eau froide, cristallise par refroidissement.

Le tartre est un sel acide de potasse $C^8H^5KO^{12}$; on le dissout dans l'eau bouillante et par une addition de craie finement pulvérisée on le transforme en tartrate neutre de potasse soluble et tartrate de chaux insoluble qui se précipite :

$$2(C^8H^5KO^{12}) + 2CaO) = C^2O^4 + C^8H^4K^2O^{12} + C^8H^4Ca^2O^{12}.$$

En ajoutant du chlorure de calcium à la dissolution, on transforme le tartrate dissous en tartrate de chaux insoluble :

$$C^8H^4K^2O^{12} + 2CaCl = 2KCl + C^8H^4Ca^2O^{12}.$$

En chauffant ce tartrate de chaux avec de l'acide sulfurique dilué, on forme du sulfate de chaux et il reste de l'acide tartrique en dissolution.

Par concentration, l'acide tartrique cristallise en prismes rhomboïdaux obliques. Ces cristaux fondent vers 170° et la masse gommeuse ainsi obtenue devient peu à peu cristalline et constitue un isomère de l'acide tartrique, *l'acide métatartrique,* dont les sels diffèrent des tartrates ordinaires par la forme cristalline. Vers 200°, l'acide tartrique perd de l'eau et se change en une masse spongieuse déliquescente d'acide *tartrique anhydre* :

$$C^8H^6O^{12} - H^2O^2 = C^8H^4O^{10}.$$

La dissolution d'acide tartrique dévie à droite le plan de polarisation de la lumière. Elle précipite en blanc l'eau de chaux, l'eau de baryte, et les précipités obtenus sont solubles dans un excès d'acide. Elle ne précipite la dissolution des chlorures de calcium et de baryum qu'après neutralisation par l'ammoniaque.

165. Tartrates. — Les tartrates appartiennent à deux types,

$$C^8H^5MO^{12} \quad et \quad C^8H^4M^2O^{12},$$

ce qui définit l'acide tartrique comme acide bibasique.

La crème de tartre ou tartrate acide de potasse $C^8H^5KO^{12}$ appartient au premier type. C'est un sel assez peu soluble dans l'eau froide (1 partie se dissout dans 240 parties d'eau à 10°) pour que l'addition d'acide tartrique à une dissolution concentrée d'un sel de potasse en détermine la formation et la précipitation, accusant ainsi la présence de la potasse. Le tartrate neutre est très soluble dans l'eau.

En faisant bouillir la crème de tartre avec du carbonate de soude on obtient de magnifiques cristaux d'un sel double $C^8H^4KNaO^{12}+4H^2O^2$ désigné sous le nom de sel de Seignette.

L'*émétique*, employé en pharmacie, est un tartrate double d'antimoine et de potasse : $C^8H^4O^{10}, SbO^5, KO + H^2O^2$. On l'obtient en faisant bouillir une dissolution de crème de tartre (10 parties dans 70 parties d'eau) avec de l'oxyde d'antimoine (7,5 parties), et il cristallise par refroidissement de la liqueur en octaèdres à base rhombe.

L'addition d'acide tartrique ou d'un tartrate alcalin à un grand nombre de dissolutions métalliques, empêche la précipitation de l'oxyde métallique par les alcalis. C'est ainsi qu'une dissolution de sulfate de cuivre ne précipite pas par la potasse en présence de l'acide tartrique (liqueur de Fehling (87).

166. Acide racémique. Acide tartrique gauche. — Un acide tartrique, qui diffère du précédent en ce que sa dissolution est sans action sur la lumière polarisée, l'*acide racémique*, a été obtenu accidentellement par Kestner, en 1822. Cet acide se forme en grande quantité lorsqu'on chauffe l'acide tartrique ordinaire additionné de 1 dixième de son poids d'eau, en vase clos, vers 175°.

M. Pasteur a montré que l'acide racémique pouvait être considéré comme résultant de la combinaison de l'acide

tartrique ordinaire avec un poids égal d'un acide tartrique
dont la dissolution dévie à gauche le plan de polarisation
de la lumière et nommé pour cette raison *acide tartrique
gauche.*

En cherchant à faire cristalliser le racémate double de
soude et d'ammoniaque, M. Pasteur a obtenu deux sortes
de cristaux (prismes rhomboidaux droits) : les uns sont
hémièdres à droite, les autres sont *hémièdres à gauche*[1]. Ces
cristaux peuvent être séparés et leurs dissolutions dévient
respectivement le plan de polarisation de la lumière *à droite*
ou *à gauche.*

Des cristaux droits on a pu extraire un acide tartrique

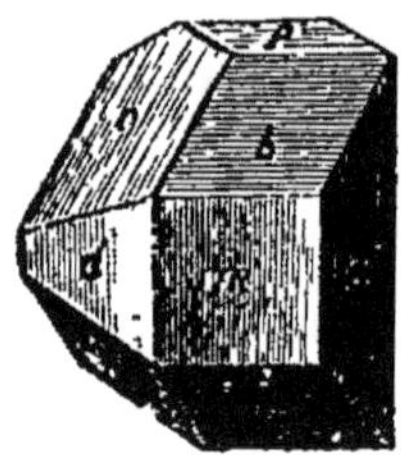

Fig. 66.

droit, et des cristaux gauches un nouvel acide tartrique
dont la dissolution dévie à gauche le plan de polarisation.
Les cristaux de ces deux acides (fig. 66) sont l'image l'un
de l'autre dans un miroir; ils ne peuvent être superposés.
En mélangeant leurs dissolutions en proportions équiva-
lentes, on reproduit l'acide racémique avec dégagement de
chaleur. On dit que l'acide racémique est inactif sur la
lumière polarisée *par compensation.*

167. Acide tartrique inactif. — Un quatrième acide
tartrique a été découvert par M. Pasteur; ses dissolutions
sont sans action sur la lumière polarisée, mais on ne peut
le dédoubler en deux acides *droit* et *gauche.* On l'obtient
quand on chauffe l'acide tartrique avec une petite quantité

1. Voir, à la fin du volume, la note sur la *Polarisation rotatoire.*

d'eau vers 160°, c'est-à-dire à une température un peu inférieure à celle où on forme l'acide racémique. On forme d'ailleurs en même temps de l'acide racémique.

C'est cet acide inactif que l'on obtient par synthèse. Il se transforme partiellement en acide racémique par la chaleur, en présence de l'eau.

ACIDE CITRIQUE, $C^{12}H^8O^{14}$.

168. Préparation. — L'acide citrique existe à l'état de liberté dans certains fruits acides, tels que les oranges, les citrons, les groseilles.

Pour le préparer, on sature le jus du citron par la craie pulvérisée. Le citrate de chaux soluble dans l'eau froide se sépare lorsqu'on porte le liquide à l'ébullition. On décompose le sel par l'acide sulfurique étendu et on fait cristalliser par évaporation.

169. Propriétés. — L'acide citrique cristallise en prismes orthorhombiques volumineux, renfermant 2 équivalents d'eau : $C^{12}H^8O^{14} + H^2O^2$. Il est très soluble dans l'eau et la liqueur est sans action sur la lumière polarisée.

L'acide citrique est un acide tribasique ; il peut former avec un métal M trois genres de sels :

$$C^{12}H^7MO^{14}, \qquad C^{12}H^6M^2O^{14}, \qquad C^{12}H^5M^3O^{14}.$$

Le citrate acide de magnésie $C^{12}H^7MgO^{14}$ est employé en pharmacie comme purgatif. Le citrate de chaux, qui se précipite par une ébullition prolongée lors de la préparation de l'acide citrique, est un sel tribasique :

$$C^{12}H^5Ca^3O^{14} + 2H^2O^2.$$

On reconnaît l'acide citrique à ce caractère qu'il ne précipite pas l'eau de chaux à froid, mais donne un précipité blanc de citrate de chaux à l'ébullition.

TANNINS.

170. État naturel. — Préparation. — On désigne sous le nom de *tannins* des substances diverses très répandues dans les végétaux ; ils jouent le rôle d'acides faibles, forment avec la gélatine et les matières albuminoïdes des combinaisons insolubles et donnent avec les sels de fer au maximum une coloration noire.

Le tannin du chêne est le mieux connu et le plus important par ses applications.

On l'extrait de la *noix de galle*, excroissance développée sur les branches et les feuilles de différents chênes, par la piqûre d'un insecte, le *cynips gallæ tinctoriæ*.

Les noix de galle concassées sont introduites dans une allonge, bouchée à son extrémité inférieure par une mèche de coton (fig. 67) et placée sur une carafe. On arrose la noix de galle avec de l'éther du commerce, c'est-à-dire de l'éther mé-

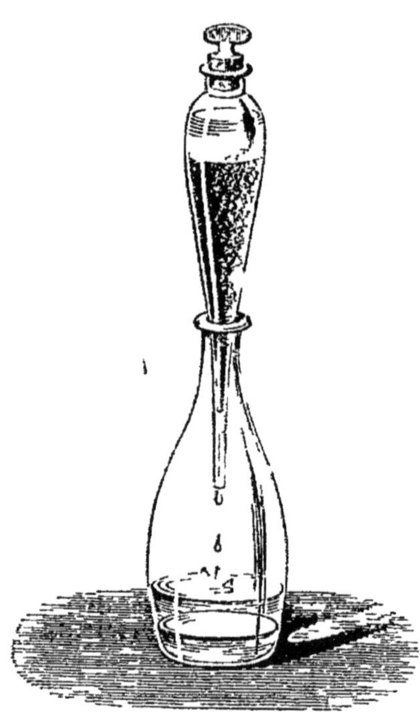

Fig. 67.

langé d'eau et d'alcool. L'éther filtre peu à peu et l'on voit se former au fond de la carafe deux couches : la couche inférieure brune est une solution aqueuse de tannin ; la couche supérieure éthérée n'en renferme pas. On décante la couche inférieure, on lave avec de l'éther et on évapore rapidement dans le vide.

Le tannin ainsi obtenu est une masse amorphe, jaunâtre, très légère. Il absorbe rapidement l'oxygène de l'air et se transforme avec dégagement d'acide carbonique en acide gallique. Les acides étendus le transforment à l'ébullition en acide gallique.

171. Applications. — Le tannin en solution aqueuse rougit le tournesol; il forme avec les bases des composés incristallisables. L'encre à base de fer s'obtient en mélangeant une dissolution de sulfate de fer avec une dissolution de tannin; la liqueur prend une coloration noir-bleuâtre, lorsqu'on l'agite au contact de l'air de façon à faciliter la suroxydation du protoxyde de fer; on épaissit avec un peu de gomme.

Le tannin coagule le sang, les matières albuminoïdes et forme avec ces substances des combinaisons non putrescibles. Grâce au tannin qu'elles contiennent, les écorces de chêne ou *tan* sont employées à la conservation des peaux (*tannage*).

172. Acide gallique. — Acide pyrogallique. — En soumettant les noix de galle humides à la fermentation ou faisant bouillir celles-ci avec de l'acide sulfurique étendu, on transforme le tannin qu'elles contiennent en *acide gallique* $C^{14}H^6O^{10}$.

Dans ses réactions, l'acide gallique se comporte comme un acide monobasique et un phénol triatomique :

$$C^{14}(H^2O^2)^3O^4.$$

Le tannin du chêne peut être considéré comme formé de 2 molécules d'acide gallique, dont l'une se comporte comme un acide monobasique, l'autre comme un phénol :

$$C^{14}[C^{14}(H^2O^2)^3O^4](H^2O^2)^2O^4.$$

Ainsi appelle-t-on le tannin du chêne un acide *digallique*, cinq fois phénol et une fois acide.

Chauffé vers 200° dans un courant de gaz inerte, l'acide gallique perd de l'acide carbonique et se transforme en *pyrogallol* ou *acide pyrogallique*, phénol triatomique (131) :

$$C^{14}H^6O^{10} = C^2O^4 + C^{12}(H^2O^2)^3.$$

Acide gallique.   Pyrogallol.

L'acide pyrogallique se sublime en petites aiguilles incolores, très légères, solubles dans l'eau. En présence des alcalis, la dissolution d'acide pyrogállique brunit en absorbant l'oxygène de l'air. C'est en s'appuyant sur cette propriété qu'on peut faire rapidement l'analyse de l'air, ou, d'une façon plus générale, l'analyse d'un mélange gazeux renfermant de l'oxygène

L'acide pyrogallique réduit les sels de mercure, d'or et d'argent; on l'emploie fréquemment à cet effet en photographie.

CHAPITRE XII

ALCALIS ARTIFICIELS.

173. Définition. — Les alcalis organiques sont des composés azotés susceptibles de se combiner avec les acides pour donner des sels.

Un grand nombre d'alcalis se rencontrent dans les végétaux; bien que ce soient les plus anciennement connus (*alcalis naturels végétaux*), leur étude est fort complex : et la découverte des *alcalis artificiels* ou *amines*, faite au commencement de ce siècle, a jeté quelque jour sur leur mode de génération et leurs transformations. L'étude des alcalis artificiels doit précéder celle des alcalis naturels.

174. Modes généraux de formation. — Classification. — Les alcalis artificiels ont été découverts au commencement de ce siècle parmi les produits de la distillation sèche des matières organiques. Mais leur formation régulière à partir des carbures d'hydrogène et des alcools est due aux travaux de Zinin, de Wurtz et d'Hofmann. On doit distinguer deux méthodes générales : l'une applicable plus particulièrement aux alcools de la série grasse (méthode de Wurtz et d'Hofmann), l'autre applicable à la benzine ou à ses dérivés, c'est-à-dire aux composés aromatiques (méthode de Zinin).

1° *Alcalis dérivés des alcools de la série grasse.* — Un éther iodhydrique chauffé en tube scellé avec une solution alcoolique d'ammoniaque donne l'iodhydrate d'une nouvelle base, l'*éthylamine* :

$$C^4H^4(HI) + AzH^5 = C^4H^4(AzH^5),HI.$$

L'éthylamine est dite une *amine primaire*.

L'éther iodhydrique peut réagir de nouveau sur l'amine primaire, pour former une *amine secondaire* :

$$C^4H^4(HI) + C^4H^4(AzH^5) = (C^4H^4)^2AzH^5,HI;$$

puis sur l'amine secondaire pour donner une *amine tertiaire* :

$$C^4H^4(HI) + (C^4H^4)^2(AzH^5) = (C^4H^4)^3AzH^5,HI.$$

Dans ces réactions que nous avons prises comme exemple, nous avons fait agir successivement un même éther, l'éther iodhydrique, sur les monoéthylamine et diéthylamine; mais il n'est pas indispensable que l'éther iodhydrique et l'amine soient formés à partir du même alcool. Ainsi, l'éther méthyliodhydrique réagit en tube scellé sur la monoéthylamine pour donner un amine secondaire, la *méthyléthylamine* :

$$(C^2H^3)(C^4H^4)AzH^5.$$

D'une façon générale, si R, R', R″ sont trois carbures de la forme $C^{2n}H^{2n}$, les formules générales des amines secondaires et tertiaires seront :

$$R.R'.AzH^5, \qquad R.R'.R''.AzH^5.$$

On peut aller plus loin encore : un éther iodhydrique donne avec un amine tertiaire une quatrième réaction :

$$(C^4H^4)^3(AzH^5) + C^4H^4(HI) = (C^4H^4)^4AzH^5,HI.$$

Mais, dans ce cas, les alcalis fixes ne déplacent plus de ce sel une base volatile; si on le mélange avec de l'oxyde d'argent humide, on forme de l'iodure d'argent insoluble et une base fixe, soluble dans l'eau, analogue à la potasse, l'*hydrate d'oxyde de tétréthylammonium* :

$$(C^4H^4)^4AzH^5,HI + AgO,HO = AgI + (C^4H^4)^4AzH^4O,HO.$$

Cette base n'est plus comparable à l'ammoniaque, mais à la potasse, le groupement $(C^4H^4)^4AzH^4$ jouant, comme l'ammonium AzH^4, le rôle d'un métal, le potassium.

2° *Alcalis dérivés des phénols ou des carbures aromatiques* — La méthode précédente ne serait pas applicable aux carbures aromatiques ou aux phénols. La méthode de Zinin consiste à transformer le carbure en dérivé nitré, puis à faire agir un réducteur. Appliquons ceci à la transformation de la benzine en *aniline* ou *phénylamine* :

$$C^{12}H^6 + AzO^5,HO = C^{12}H^5(AzO^4) + H^2O^2,$$
$$C^{12}H^5(AzO^4) + 6H = C^{12}H^4(AzH^5) + 2H^2O^2.$$

L'aniline ou phénylamine est une amine primaire. Chauffé en vase clos avec un excès d'aniline, un sel d'aniline donne une *diphénylamine* et une *triphénylamine* :

$$C^{12}H^4(AzH^5) + C^{12}H^4(AzH^5),HCl = (C^{12}H^4)^2AzH^5 + AzH^5,HCl.$$

En appliquant à une amine aromatique la réaction d'Hofmann, c'est-à-dire en chauffant celle-ci en vase clos avec un éther iodhydrique, on préparerait une amine secondaire dérivant d'un carbure de la série grasse et d'un carbure aromatique. Exemple :

$$C^4H^4(HI) + C^{12}H^4(AzH^5) = (C^4H^4)(C^{12}H^4)AzH^5,HI ;$$

la base

$$(C^4H^4)(C^{12}H^4)AzH^5$$

est l'*éthylaniline* ou *éthylphénylamine*.

175. Méthylamines. — Éthylamines. — Les méthylamines primaire, secondaire et tertiaire et même l'iodure de tétraméthylammonium se forment simultanément lorsqu'on chauffe en tube scellé l'éther méthyliodhydrique avec l'ammoniaque, et leur séparation est très délicate.

La *monométhylamine* $C^2H^2(AzH^5)$ est gazeuse un peu au-dessous de 0°; la *diméthylamine* $(C^2H^2)^2AzH^5$ est un gaz liquéfiable à + 8°; la *triméthylamine* $(C^2H^2)^5AzH^5$ bout à +9°; quant à l'*oxyde de tétraméthylammonium* $(C^2H^2)^4AzH^4O,HO$, il n'est pas volatil.

Les méthylamines ont une odeur repoussante, qui rappelle celle que dégage la saumure de harengs.

On prépare aujourd'hui des quantités considérables de triméthylamine, en distillant en vase clos les vinasses de betteraves. On obtient ainsi des eaux ammoniacales qui, additionnées d'acide sulfurique et concentrées, laissent déposer tout d'abord du sulfate d'ammoniaque. En distillant les eaux-mères avec de la chaux, on dégage de l'ammoniaque et de la triméthylamine que l'on condense dans l'acide chlorhydrique; on extrait du liquide, par concentration, du chlorhydrate d'ammoniaque, puis du chlorhydrate de triméthylamine.

Sous l'action de la chaleur ce chlorhydrate peut se décomposer partiellement, en donnant du chlorhydrate de diméthylamine, de la triméthylamine et du chlorure de méthyle :

$$3(C^2H^2)^5AzH^5,HCl = 2(C^2H^2)^5AzH^5 + (C^2H^2)AzH^4Cl + 2C^2H^2(HCl).$$

Cette réaction est appliquée industriellement à la préparation du chlorure de méthyle (73).

Les éthylamines se forment aussi simultanément quand on chauffe l'éther éthyliodhydrique avec de l'ammoniaque.

La *monoéthylamine* $C^4H^4(AzH^5)$ est un liquide bouillant à 18°,5: la *diéthylamine* $(C^4H^4)^2AzH^5$ bout à 57°,5 et la *triéthylamine* $(C^4H^4)^5AzH^5$ à 91°. L'*hydrate d'oxyde de tétréthylammonium* est un corps solide, blanc, déliquescent, très soluble dans l'eau, que la chaleur décompose en éthylène, eau et triéthylamine.

Comme l'ammoniaque, l'éthylamine déplace les oxydes métalliques de leurs combinaisons salines. Ainsi elle précipite l'oxyde de cuivre et, employée en excès, elle redissout le précipité en donnant une liqueur bleue. Mais elle précipite les sels de nickel sans redissoudre le précipité; elle déplace l'alumine, qu'un excès d'alcali dissout comme le fait la potasse.

ANILINE, $C^{12}H^4(AzH^5)$.

176. Préparation. — On prépare l'aniline ou *phénylamine* en chauffant dans une cornue tubulée un mélange de nitrobenzine, d'acide acétique et de limaille de fer. Le métal et l'acide acétique agissent comme hydrogénants :

$$C^{12}H^5(AzO^4) + 6H = C^{12}H^4(AzH^5) + 2H^2O^2.$$

La réaction est tellement violente tout d'abord, que le liquide qui distille renferme beaucoup de nitrobenzine inaltérée et d'acide acétique. On reverse ce liquide dans la cornue et on chauffe doucement; on recueille un mélange d'eau et d'aniline et il reste dans la cornue de l'acétate de fer et de l'acétate d'aniline.

Dans l'industrie, on effectue cette réaction dans de grandes chaudières en fonte (fig. 68), où les matières sont constamment mises en contact par des agitateurs mécaniques. Lorsque la réaction est terminée, on distille l'aniline, puis on ajoute de la chaux destinée à décomposer l'acétate d'aniline qui reste dans l'appareil et on distille de nouveau.

177. Propriétés. — L'aniline est un liquide incolore, doué d'une odeur caractéristique, désagréable. Elle est un peu plus lourde que l'eau ($D = 1,036$ à $0°$). Elle bout à $184°$ et se solidifie dans un mélange réfrigérant en une masse fusible à $—8°$. Peu soluble dans l'eau, elle est miscible en toute proportion à l'alcool et à l'éther. Les vapeurs d'aniline sont toxiques.

L'aniline n'agit pas sur le tournesol; elle forme cependant avec les acides des sels bien définis.

Exposée à l'air, elle brunit et se résinifie.-Les réactifs

oxydants donnent avec l'aniline dés réactions colorées caractéristiques. Le mélange d'acide sulfurique et de bichromate
de potasse la colore en bleu, mais la couleur devient violacée

Fig. 68.

lorsqu'on étend d'eau; mélangée à une dissolution de chlorure de chaux, l'aniline donne une coloration violette. Nous
verrons qu'en prenant l'aniline comme point de départ, on
prépare un grand nombre de matières colorantes fort employées.

178. Diazobenzol. — Diazoamidobenzol. — L'acide

azoteux AzO^5 exerce sur l'aniline et ses sels des réactions importantes.

Si l'on fait passer un courant d'acide azoteux (*vapeurs nitreuses*) dans une bouillie faite en délayant dans l'eau l'azotate d'aniline, on obtient un azotate d'une base nouvelle le *diazobenzol* $C^{12}H^4Az^2$:

$$(C^{12}H^4)AzH^3,AzO^5,HO + AzO^5 + HO = (C^{12}H^4Az^2)AzO^5,HO + 2H^2O^2.$$

En présence d'un excès d'aniline, le diazobenzol se transforme en *diazoamidobenzol* $C^{24}H^{11}Az^3$ et ce dernier, par une transformation isomérique, donne le *jaune d'aniline* ou *amidoazobenzol* (197).

179. Amines secondaires et tertiaires dérivées de l'aniline. — Le chlorhydrate d'aniline chauffé en vase clos avec un excès d'aniline donne des amines secondaire et tertiaire :

$$(C^{12}H^4)^2AzH^3 \text{ diphénylamine,}$$
$$(C^{12}H^4)^3AzH^3 \text{ triphénylamine.}$$

Soit, par exemple, la préparation de la diphénylamine :

$$(C^{12}H^4)AzH^3 + (C^{12}H^4)AzH^3,HCl = AzH^5,HCl + (C^{12}H^4)^2AzH^3.$$

Les éthers iodhydriques, réagissant sur l'aniline en vase clos, forment des amines mixtes :

$$(C^2H^2)(C^{12}H^4)AzH^3 \quad \text{méthylaniline,}$$
$$(C^2H^2)^2(C^{12}H^4)AzH^3 \quad \text{diméthylaniline,}$$
$$(C^2H^2)(C^{12}H^4)^2AzH^3 \quad \text{méthyldiphénylamine, etc.}$$

Tous ces produits sont utilisés dans l'industrie pour préparer des matières colorantes.

TOLUIDINES, $(C^{14}H^6)AzH^3$.

180. Préparation. — Propriétés. -- En appliquant la

réaction qui fournit l'aniline au produit brut de la réaction de l'acide nitrique sur le toluène, on obtient la toluidine commerciale. Nous avons dit qu'il existait *trois* nitrotoluènes isomères (49) ; chacun d'eux donne une toluidine différente :

L'*orthotoluidine*, liquide incolore, bouillant à $+198^0$,
La *métatoluidine*, bouillant à $+197^0$,
La *paratoluidine*, solide, fondant à 54^0.

La paratoluidine et l'orthotoluidine forment la toluidine commerciale.

Les toluidines sont isomères de la *méthylaniline* (179), $(C^2H^2)(C^{12}H^4)AzH^5$ et de la *benzylamine*. Cette dernière base s'obtient en faisant réagir l'ammoniaque sur le chlorure de benzyle ou éther benzylchlorhydrique (49) ; elle dérive par conséquent de l'alcool benzylique. C'est un liquide bouillant à $+185^o$.

NAPHTYLAMINE, $(C^{20}H^6)AzH^5$.

181. Préparation. — Propriétés. — En réduisant la nitronaphtaline par un mélange d'étain et d'acide chlorhydrique, on obtient une base reliée à la naphtaline comme l'aniline l'est à la benzine et qui est employée industriellement à la fabrication de matières colorantes.

La naphtylamine est solide ; elle fond à $+50^o$ et bout à 300°.

AMINES DES ALCOOLS POLYATOMIQUES. — AMINES A FONCTION COMPLEXE.

182. Diamines. — Des alcools polyatomiques dérivent des amines par la substitution de AzH^5 à H^2O^2. Ainsi au glycol éthylénique $C^4H^2(H^2O^2)^2$ se rattache la *diamine éthylénique* $(C^4H^2)(AzH^3)^2$.

183. Amines à fonction complexe. — Si la substitution

de l'ammoniaque ne s'effectue que dans un seul groupement H^2O^2, le corps obtenu sera une fois amine et conservera encore la réaction d'un alcool monoatomique. Ainsi, du glycol dérive une *amine-alcool*,

$$C^4H^2(H^2O^2)(AzH^3).$$

Si la substitution s'effectue dans l'*acide glycolique* qui est un acide-alcool $C^4H^2(H^2O^2)O^4$, on obtient le corps $C^4H^2(AzH^3)O^4$, qui sera à la fois *base* et *acide* : ce sera une *amine-acide*.

184. Glycocolle ou glycollamine. — Cette *amine-acide* est le *glycocolle* ou *sucre de gélatine*.

On obtient en effet ce glycocolle ou plutôt son chlorhydrate en faisant réagir l'ammoniaque sur l'éther monochlorhydrique de glycol qui est identique à l'*acide monochloracétique* $C^4H^2(HCl)O^4$:

$$C^4H^2(HCl)O^4 + AzH^3 = C^4H^2(AzH^3)O^4,HCl.$$

Il joue le rôle de base, puisqu'il se combine aux acides pour former des sels; mais il se combine également aux bases, comme l'oxyde d'argent par exemple.

On prépare le glycocolle en chauffant la gélatine avec deux fois son poids d'acide sulfurique étendu, saturant avec du carbonate de baryte et évaporant la liqueur filtrée. — C'est un corps solide, fondant à +170°, soluble dans l'eau ou mieux, dans l'alcool et l'éther.

CHAPITRE XIII

185. Généralités. — Les matières colorantes les plus anciennement employées en teinture sont presque toutes fournies par le règne végétal : indigo, garance, campêche, bois de teinture, etc. ; quelques-unes cependant sont d'origine minérale. C'est ainsi qu'en trempant une étoffe dans une dissolution d'un sel de fer au maximum, puis dans une lessive alcaline, on détermine la formation, dans le sein de la fibre, d'un précipité brun de sesquioxyde de fer, qui, suivant la concentration des liqueurs, donne des teintes rouille, chamois, nankin. On teint en bleu de Prusse en immergeant l'étoffe tout d'abord dans une dissolution d'un sel de sesquioxyde de fer, puis dans une dissolution de ferrocyanure de potassium ; le bleu de Prusse insoluble est retenu par la fibre.

Depuis que l'étude des produits retirés du goudron de houille par distillation a fait connaître un nombre considérable de bases nouvelles, l'industrie des matières colorantes artificielles s'est développée. Par la richesse et la variété de leurs teintes, par la facilité avec laquelle elles sont appliquées sur la fibre textile, par la modicité de leur prix, ces matières colorantes ont, en grande partie, remplacé les matières colorantes naturelles. Nous ajouterons que les principales matières colorantes naturelles ont pu être reproduites artificiellement (alizarine, indigo).

Les matières colorantes doivent être employées à l'état

de dissolution, soit dans l'eau, soit dans des liqueurs acides ou alcalines, afin que la fibre textile (soie, laine, coton, fil) soit uniformément imprégnée. Mais tantôt la fibre attire la matière colorante, et la fixe d'elle-même, tantôt il est nécessaire de faire intervenir une substance auxiliaire qui, adhérant à la fibre, fixe à son tour la matière colorante ; cette substance intermédiaire porte le nom de *mordant*.

On sait que l'alumine gélatineuse fixe les matières colorantes, avec lesquelles elle forme des *laques ;* le sesquioxyde de fer, le bioxyde d'étain précipités se comportent de même. On *mordance* une étoffe à l'alumine, au fer, à l'étain, en l'immergeant dans un bain convenablement choisi qui laisse les fibres imprégnées de l'oxyde métallique. Le choix du mordant n'est pas indifférent ; car une même matière colorante peut donner, suivant la nature de celui-ci, des teintes ou même des couleurs très différentes.

MATIÈRES COLORANTES NATURELLES.

186. Généralités. — Les matières colorantes végétales ne préexistent pas en général dans les plantes vivantes ; elles se développent le plus souvent aux dépens d'un principe colorable qui subit une sorte de fermentation et quelquefois une oxydation au contact de l'air. La lumière favorise ces réactions. Cependant, par une action prolongée, au contact de l'oxygène de l'air, des réactions peuvent se poursuivre qui amènent une décoloration partielle ou totale de la substance ; les matières colorantes ainsi altérables sont dites *mauvais teint.*

Le chlore détruit toutes les matières colorantes et les transforme en produits incolores solubles dans les alcalis.

Nous étudierons brièvement quelques-uns des matières colorantes naturelles aujourd'hui encore employées dans l'industrie.

187. Indigo. — Les plantes qui fournissent l'indigo (*Indigofera*) sont cultivées dans les Indes néerlandaises, les Indes françaises et l'Amérique centrale. Après la floraison, les tiges et les feuilles sont abandonnées à la fermentation en présence de l'eau. Au bout de quelque temps on agite le liquide au contact de l'air, ce qui détermine la formation d'un dépôt qu'on lave, qu'on exprime dans des toiles et qu'on fait sécher. L'indigo brut se présente sous la forme de morceaux irréguliers d'un bleu foncé à reflets cuivrés; il renferme d'ailleurs des proportions variables de matière colorante ou *indigotine*.

Dans la préparation de l'indigo, on admet généralement qu'un glucoside (88), l'*indican*, s'est dédoublé en un glucose et en *indigotine*, en fixant les éléments de l'eau.

L'indigo étant insoluble dans l'eau, on l'emploie à l'état soluble pour former les bains de teinture, soit en l'engageant dans une combinaison avec l'acide sulfurique, soit en le transformant en *indigo blanc*.

Dans le premier cas, on délaye l'indigo dans l'acide sulfurique fumant et, en reprenant par l'eau, on a un liquide d'un bleu intense, dans lequel il suffit d'immerger l'étoffe : c'est la *teinture en bleu de Saxe*.

Dans la seconde méthode, on prépare ce que l'on appelle une *cuve à l'indigo*. Par exemple, on éteint 15 kilogrammes de chaux vive dans 100 litres d'eau, puis on mélange avec une lessive alcaline, obtenue en dissolvant 5 kilogrammes de potasse caustique dans 20 litres d'eau et que l'on a fait bouillir pendant deux heures environ avec 5 à 6 kilogrammes d'indigo pulvérisé. Dans la cuve de teinture qui renferme, par exemple, 600 seaux d'eau, on dissout 10 kilogrammes de sulfate de protoxyde de fer, et on verse le mélange précédent; on remue longuement et on laisse reposer. Dans la liqueur légèrement jaunâtre qui surnage, on immerge les étoffes, et il suffit ensuite de les exposer à l'air libre pour que l'oxydation de l'indigo blanc détermine la formation d'une couleur bleue uniforme.

Nous compléterons l'histoire de l'indigo en étudiant les amides (221).

188. Garance. — La garance, cultivée en Alsace et en Provence, fournit une des matières colorantes les plus précieuses. La culture de la garance a aujourd'hui beaucoup perdu de son importance et l'on emploie surtout en teinture l'*alizarine artificielle* (132).

La garance naturelle renferme plusieurs substances colorantes, dont deux seulement jouent un rôle en teinture, l'*alizarine* $C^{28}H^8O^4$ et la *purpurine* $C^{28}H^8O^8$; ces matières sont presque insolubles dans l'eau, mais solubles dans les alcalis, qu'elles colorent en rouge.

Nous rappellerons que la racine fraîche de garance ne renferme pas de matières colorantes ; que celles-ci se développent peu à peu avec le temps (132). La racine de garance s'emploie desséchée et pulvérisée ; divers produits commerciaux sont désignés sous le nom de *fleurs de garance* (garance lavée), de *garancine* (garance lavée, bouillie avec de l'acide sulfurique qui détruit la matière organique, lavée et séchée), d'*alizarine commerciale*, obtenue en soumettant la garancine à l'action de la vapeur d'eau surchauffée, enfin d'*extraits de garance* obtenus en extrayant par divers procédés les pigments colorés de la racine.

L'alizarine pure forme avec l'alumine une laque d'un *rouge grenat* et avec le sesquioxyde de fer une laque *violette*, d'autant plus belle qu'elle est plus pure ; elle teint les étoffes en rouge grenat ou en violet, suivant qu'elles sont mordancées à l'alumine ou au fer. La *purpurine* colore les étoffes mordancées à l'alumine en *rouge* franc. Elle ne donne pas de violet avec les étoffes mordancées au fer. C'est un mélange convenable d'alizarine et de purpurine (45 d'alizarine pour 55 de purpurine) qui fournit le *rouge garancé* si recherché. Les divers produits de la garance naturelle, renfermant ces deux principes colorants en quantité variable, ne sont pas identiques au point de vue tinctorial : la garancine, par exemple, est plus riche en purpurine que la garance naturelle, l'alizarine commerciale est plus riche en alizarine, car la purpurine, moins stable, a été détruite par la vapeur d'eau surchauffée.

L'*alizarine artificielle* (132) est livrée au commerce sous la forme d'une pâte renfermant la matière colorante combinée avec la potasse. Ce n'est pas une matière simple ;

comme la garance naturelle, elle contient de l'alizarine en proportion variable, suivant que l'opération a été dirigée de telle ou telle façon ; mais elle contient aussi divers principes colorants, parmi lesquels le plus important est l'*isopurpurine*, isomère de la purpurine. Le mélange de ces deux matières donne l'*alizarine pour rouge*, teignant les étoffes mordancées à l'alumine en rouge garance. L'alizarine de synthèse, débarrassée des matières colorantes qui l'accompagnent, par un traitement approprié, teint seule les mordants de fer en un beau violet.

189. Cochenille. — La *cochenille* est une matière colorante rouge, fournie par le corps desséché d'un insecte hémiptère (*Coccus cacti*) qui vit sur un Cactus (Nopal) croissant au Mexique, ou cultivé à Java, en Algérie, en Espagne. On la trouve dans le commerce sous la forme de petits grains irréguliers d'un rouge noir, qui se gonflent au contact de l'eau ; elle doit ses propriétés tinctoriales à l'*acide carminique*, soluble dans l'eau.

Les tissus mordancés à l'alumine sont teints en rouge violacé ; mais avec un mordant mixte formé d'alumine et d'oxyde d'étain, on obtient un rouge ponceau ; la laine mordancée à l'étain prend une belle couleur écarlate. Avec les mordants de fer, on obtient des gris violets ou des gris noirs.

En faisant macérer la cochenille avec de l'ammoniaque, on obtient la *cochenille ammonicale*, qui donne en teinture des mauves et des amarantes.

C'est avec la cochenille que l'on prépare le *carmin*, obtenu généralement en épuisant la cochenille par l'eau bouillante et précipitant la liqueur par un sel acide (le sel d'oseille, par exemple) ; le carmin se dépose par le repos ; on le lave et on le sèche. Le carmin pur doit être soluble entièrement dans l'ammoniaque.

190. Orseille. — Un certain nombre de lichens qui croissent au bord de la mer renferment des matières analogues à des glucosides (88) qui, en présence de l'eau et sous des influences diverses, se dédoublent en glucoses et en un phénol diatomique, l'*orcine* $C^{14}H^4(H^2O^2)^2$. Lorsqu'on ajoute de l'ammoniaque à une solution aqueuse d'orcine et qu'on abandonne la liqueur au contact de l'air, elle se transforme en une matière colorante rouge, l'*orcéine* $C^{14}H^7AzO^6$.

Lorsqu'on expose à l'air les lichens arrosés d'une solution ammoniacale, une réaction analogue se produit et c'est ainsi que l'on prépare la matière colorante connue sous le nom d'*orseille*. L'orseille teint la laine et la soie sans mordant en rouge ou en violet suivant la nature du produit ; elle est surtout employée à l'état de mélange avec la cochenille, l'indigo, etc.

191. Bois de teinture. — Un certain nombre de bois renferment dans leur parenchyme des matières colorantes ou colorables fort employées, aujourd'hui encore, en teinture. Les matières colorantes ne se développent le plus souvent que peu à peu au contact de l'air. On emploie ces bois réduits en copeaux très fins, ou bien on les épuise par l'eau bouillante et, par évaporation sous basse pression, on en fait des extraits d'un transport et d'un emploi plus faciles ; la fabrication de ces extraits tend à se faire de plus en plus sur les lieux de production.

Le *bois de Campêche*, ou bois noir fourni par un arbre épineux de la famille des Légumineuses, croît dans l'Amérique méridionale, au Mexique et aux Antilles. La principale matière colorante, soluble dans l'eau, est l'*hématine* ou *hématoxyline*. Le campêche donne avec les mordants d'alumine des violets gris, avec les mordants de fer des noirs, mais ces couleurs sont peu solides. Il sert à teindre le coton, la laine, la soie, le cuir.

On désigne sous le nom de *bois rouges* des bois qui, provenant d'espèces différentes de la famille des Légumineuses, renferment une même matière colorante rouge, la *brésiline*. Ces arbres croissent aux Indes orientales, aux Antilles, dans l'Amérique méridionale. Les principales variétés sont les *bois de Fernambouc, de Brésil, de Sainte-*

Marthe et de Nicaragua, de Sapan ou du Japon, etc. La *brésiline* est soluble dans l'eau, elle teint les tissus mordancés en rouge ou rouge violacé.

Le *bois de Santal*, originaire des Indes orientales, de Ceylan, peut servir à teindre en rouge la laine et le coton mordancés à l'alumine ou à l'étain.

Un certain nombre de bois servent à la teinture en jaune : *bois de Brésil jaune, bois de Cuba,* etc., originaires de l'Amérique méridionale, de l'Amérique centrale, ou des Indes. Les matières colorantes jaunes sont le *morin* et l'*acide morintannique :* la première, peu soluble dans l'eau froide ; la seconde, très soluble. Les bois jaunes colorent les mordants d'alumine et d'étain en jaune clair ; les mordants d'oxyde de fer, en vert ou en gris.

On emploie également pour la teinture en jaune le *quercitron*, écorce broyée d'un arbre de la famille des Amentacées (*Quercus tinctoria*), originaire d'Amérique ; la *Gaude* (*Reseda luteola*) contient un principe colorant d'un beau jaune, la *lutéoline*, peu soluble dans l'eau.

Le *bois de Fustet* (Antilles, Hongrie, Tyrol) colore les mordants d'alumine en jaune orangé, les mordants d'étain en rouge orangé ; mais ces nuances sont fugaces, elles virent au rouge sous l'influence des alcalis et du savon.

MATIÈRES COLORANTES ARTIFICIELLES.

Les matières colorantes artificielles sont en nombre immense, et chaque jour on en découvre de nouvelles. Nous prendrons comme exemples les matières colorantes dérivées directement ou indirectement de la *benzine* et du *toluène* d'une part, de la *naphtaline* d'autre part.

192. Rosanilines. — Une magnifique matière colorante rouge, la *fuchsine*, obtenue en 1859 à l'aide de l'aniline commerciale, est un sel d'une base incolore, la *rosaniline*. Cette base est en réalité un mélange de plusieurs isomères dont la

formule générale est $C^{40}H^{21}Az^5O^2$ et résulte de la réaction de
1 équivalent d'aniline sur 2 équivalents de toluidine :

$$C^{12}H^7Az + 2C^{14}H^9Az + 6O = C^{40}H^{21}Az^5O^2 + 2H^2O^2.$$

Tous les sels de rosaniline sont colorés en rouge.

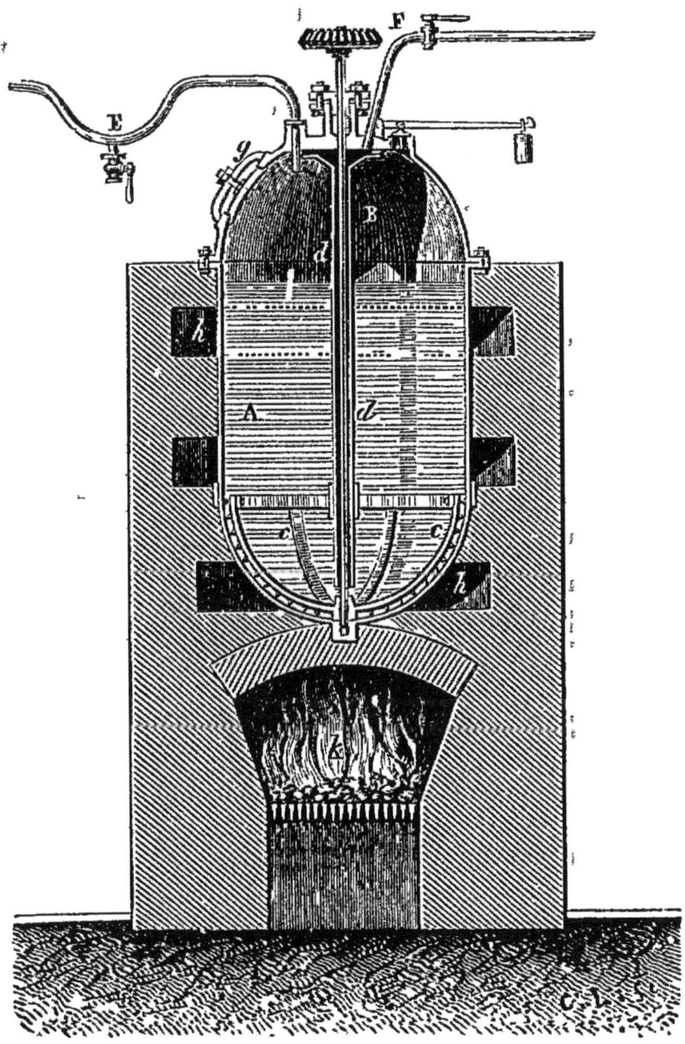

Fig. 69.

On prépare la fuchsine en chauffant dans des vases en fonte
(fig. 69) 100 parties d'aniline commerciale dite *pour rouge*

(bouillant entre 185° et 205°) avec 140 parties d'acide arsénique. Dans cette réaction, l'acide arsénique est partiellement ramené à l'état d'acide arsénieux; une partie reste unie à la nouvelle base. On reprend la masse solide, obtenue dans l'opération précédente, par une lessive de carbonate de soude, qui enlève l'acide arsénieux et l'excès d'acide arsénique. On fait bouillir l'arséniate de rosaniline avec une dissolution de sel marin; le chlorhydrate de rosaniline, peu soluble à froid dans l'eau salée, se dépose, et l'arséniate de soude reste dans la liqueur.

Le chlorhydrate de rosaniline ou *fuchsine* $C^{40}H^{19}Az^3,HCl$, forme des octaèdres réguliers d'un beau vert mordoré; il suffit d'une trace de cette substance pour communiquer à l'eau une couleur rouge cramoisi intense. Cette liqueur teint la soie par simple immersion.

La rosaniline est une base triacide : on connaît en effet un trichlorhydrate $C^{40}H^{19}Az^3,3HCl$.

103. Violets et bleu de rosaniline phénylée. — En chauffant la fuchsine à 160° avec un excès d'aniline, on obtient, suivant que la réaction est plus ou moins complète, deux matières colorantes violettes et une couleur bleue, toutes trois insolubles dans l'eau, mais solubles dans l'alcool.

Ce sont des chlorhydrates de trois bases qui diffèrent de la rosaniline en ce que H^2, $2H^2$ ou $3H^2$ ont été remplacées par la benzine $C^{12}H^6,2C^{12}H^6$ ou $3C^{12}H^6$;

$$C^{40}H^{19}(C^{12}H^6)\,Az^3O^2 \qquad \text{base du violet rouge.}$$
$$C^{40}H^{17}(C^{12}H^6)^2Az^3O^2 \qquad \text{base du violet bleu.}$$
$$C^{40}H^{15}(C^{12}H^6)^3Az^3O^2 \qquad \text{base du bleu.}$$

Le bleu désigné sous le nom de *bleu de Lyon* ou *bleu de fuchsine* n'offre une teinte bleue pure que si on le débarrasse, par précipitation fractionnée dans l'alcool, des matières violettes qui prennent naissance dans la même réaction. Le bleu ainsi purifié porte le nom de *bleu lumière*, parce qu'il conserve sa teinte à la lumière artificielle.

Ce bleu est soluble dans l'acide sulfurique concentré, avec lequel il forme une combinaison soluble dans l'eau (*bleu*

Nicholson). Il suffit de plonger le tissu dans cette dissolution et d'ajouter un alcali pour précipiter la matière colorante sur la fibre.

194. Violet Hofmann ; violet de Paris. — En chauffant une dissolution alcoolique de rosaniline avec des éthers éthyl ou méthyliodhydrique, on obtient des couleurs violettes connues sous le nom de *violet Hofmann*. Ces substances peuvent être considérées comme des sels d'une base nouvelle provenant de la substitution de 3 équivalents de méthyl ou d'éthylamine à 5 équivalents d'ammoniaque dans la rosaniline :

$$C^{40}H^{12}(C^2H^2,AzH^5)^3,HI,$$
$$C^{40}H^{12}(C^4H^4,AzH^5)^5,HI.$$

On obtient plus économiquement un beau violet (*violet de Paris*) en préparant tout d'abord la diméthylaniline et soumettant celle-ci à une oxydation ménagée.

On mélange cette base avec du nitrate de cuivre, du sel marin et de l'acide acétique, et 10 fois son poids de sable siliceux, de façon à former une pâte consistante, que l'on découpe en petites masses et que l'on chauffe à l'étuve vers 40°. Lorsque la matière colorante s'est développée, on mélange la masse avec un sulfure alcalin, pour sulfurer le cuivre, puis on reprend par l'eau et on précipite la matière colorante par le sel marin.

195. Verts d'aniline. — Dans la préparation du violet Hofmann, lorsqu'on prolonge l'action de l'éther méthyliodhydrique sur la rosaniline, on obtient une belle couleur verte : c'est le *vert à l'iode*, dont la composition assez complexe peut être représentée par la formule $C^{40}H^{19}(C^2H^2)^5Az^3,2C^2H^2(HI)$.

On prépare un vert identique, mais plus économique, en faisant réagir en vase clos, à 95°, le chlorure de méthyle sur une dissolution rendue alcaline de méthylaniline dans l'alcool méthylique. En ajoutant à la dissolution du chlorure de zinc et du sel marin, on précipite une combinaison de la matière verte avec le chlorure de zinc.

Un autre vert, connu sous le nom de *vert malachite*, est obtenu en chauffant un mélange de méthylaniline et de chlorure de benzyle bichloré (49). Ce vert est moins beau que le précédent à la lumière artificielle, mais il est d'un prix peu élevé.

196. Noir d'aniline. — Le noir d'aniline n'est pas une matière aussi nettement définie que les corps précédents. On teint directement en noir en imprégnant sur l'étoffe un mélange de chlorate de potasse, de chlorhydrate d'aniline et de chlorure de cuivre épaissi avec de l'empois d'amidon. Il suffit d'exposer l'étoffe à l'air pour que l'impression, tout d'abord incolore, prenne une belle teinte noir velouté, surtout si on lave l'étoffe avec une eau légèrement alcaline. L'emploi d'un sel soluble de cuivre présentant des difficultés et le chlorhydrate d'aniline attaquant les fibres textiles, il est préférable d'employer un mélange tartrate d'aniline, de chlorhydrate d'ammoniaque, de chlorate de potasse et de sulfure de cuivre. Ce noir ne se fixe bien que sur coton.

197. Matières colorantes dérivées des corps azoïques. — Lorsqu'on fait passer un courant d'acide azoteux dans une dissolution alcoolique d'aniline, on obtient un précipité jaune d'*amidoazobenzol* (178) ou *jaune d'aliniine* qui n'a pas d'emploi en teinture, mais quelques-uns de ses dérivés sont fort importants.

Si on ajoute du *phénylène diamine* $C^{12}H^4(AzH^3)^2$ à une dissolution alcoolique d'amidoazobenzol, on obtient une coloration rouge intense et, si la liqueur est concentrée, elle laisse déposer des cristaux d'azotate de *chrysoïdine*.

La *chrysoïdine* $C^{12}H^5Az^2,C^{12}H^3(AzH^2)^3$ est une matière colorante jaune-rouge d'une très grande intensité.

En faisant agir le nitrite de potasse sur le phénylène diamine en liqueur acide, on obtient une matière colorante brune (*brun Bismarck*) qui est un triamidoazobenzol $C^{12}H^4(AzH^2)Az^3$, $C^{12}H^5(AzH^2)^2$, et donne à la soie et surtout au coton des teintes d'une grande richesse.

198. Orangés. — Nous ne dirons que quelques mots d'une classe très nombreuse de matières colorantes, les *tropéolines* ou *orangés*, qui, par leur solidité et le bas prix prix auquel on peut les obtenir, ont pris rapidement la place d'un grand nombre de couleurs d'aniline et de matières colorantes naturelles. Les tropéolines ou orangés résultent de la réaction exercée par les dérivés sulfuriques (*dérivés sulfo-conjugués*) des corps diazoïques sur les phénols ou les amines secondaires, telles que la méthylaniline, la diphénylamine, etc.

199. Acide picrique. — Corallines. — L'acide *picrique* ou phénol trinitré (129) est, en raison de son pouvoir colorant intense, employé à la teinture en jaune de la laine et de la soie.

Deux autres matières colorantes peuvent être préparées à l'aide du phénol : la *coralline jaune* et la *coralline rouge*.

On obtient la coralline jaune lorsqu'on chauffe vers 150° 3 parties de phénol avec 2 parties d'acide oxaliqeu sec et 2 parties d'acide sulfurique concentré. C'est une couleur orange employée en teinture. La coralline jaune est un mélange en proportions variables d'*aurine* et de son isomère supérieur l'*acide rosolique*. L'aurine s'obtient à l'état de pureté lorsqu'on effectue la réaction ci-dessus sur le phénol pur; elle résulte d'une fixation d'acide carbonique sur le phénol avec élimination d'eau :

$$3C^{12}H^6O^2 + C^2O^4 = C^{35}H^{14}O^6 + 2H^2O^2.$$

L'acide rosolique résulte de cette même réaction effectuée sur le crésylol qui se trouve mélangé au phénol dans la produit commercial.

Chauffée avec de l'ammoniaque, à la température de 150°, la coralline jaune se transforme en une matière rouge de composition complexe, là *coralline rouge* ou *péonine*, également fort employée en teinture.

200. Matières colorantes dérivées de la naphtaline. — Phtaléines. — La naphtaline $C^{20}H^8$ peut être transformée en une base, la *napthylamine* $C^{20}H^6(AzH^5)$, ou en un phénol, le *napthol* $C^{20}H^6(H^2O^2)$, d'où l'on dérive de nombreuses matières colorantes par des procédés analogues à ceux qui ont été décrits ci-dessus.

Mais la naphtaline peut être considérée comme le point de départ d'autres matières colorantes fort remarquables, les *phtaléines*.

En oxydant la naphtaline par un mélange de bichromate de potasse et d'acide chlorhydrique, on prépare l'*acide phtalique*, qui, chauffé vers 250°, perd de l'eau et se sublime en longues aiguilles incolores d'acide *phtalique anhydre* ou *anhydride phtalique* $C^{16}H^4O^6$.

L'anhydride phtalique peut s'unir aux phénols, pour former une classe de composés appelés *phtaléines*. Ainsi, en chauffant l'acide phtalique avec le pyrogallol (172) ou avec l'acide gallique, vers 200°, on obtient la *galléine* :

$$C^{16}H^4O^6 + 2(C^{12}H^6O^6) = C^{40}H^{12}O^{14} + 2H^2O^2.$$

Cette matière colorante teint le coton en un beau gris violacé aussi solide que l'indigo.

En chauffant l'anhydride phtalique avec la *résorcine* (150) vers 200°, on obtient une matière insoluble dans l'eau, soluble dans l'alcool ou dans les dissolutions alcalines, qu'elle colore en jaune brun ; la liqueur présente par réflexion une fluorescence jaune-verdâtre très remarquable ; de là le nom de *fluorescéine* donné à ce composé. La fluorescéine resulte de la réaction

$$C^{16}H^4O^6 + 2(C^{12}H^6O^4) = C^{40}H^{12}O^{10} + 2H^2O^2.$$

La fluorescéine n'a pas d'application ; mais, traitée par le brome, elle se transforme en *fluorescéine tétrabromée* ou *éosine* $C^{40}H^8Br^4O^{10}$, dont les solutions alcalines sont d'un rose magnifique, avec une fluorescence jaune très accentuée. L'éosine donne des roses en teinture.

CHAPITRE XIV

201. Propriétés générales. — Des combinaisons azotées douées de propriétés basiques, et que l'on désigne sous le nom d'*alcalis végétaux* ou d'*alcaloïdes*, ont été retirées de certains végétaux, où elles sont combinées à des acides organiques; elles constituent le plus souvent les principes actifs auxquels les plantes médicinales doivent leurs propriétés.

Les alcaloïdes sont en général peu solubles dans l'eau, plus solubles dans l'alcool et l'éther; ils forment avec les acides des sels cristallisés. Parmi ces combinaisons salines, les plus importantes sont celles qu'ils forment avec l'acide chlorhydrique. Ces chlorures s'unissent avec le chlorure de platine pour donner des combinaisons insolubles analogues à celles que forme le chlorhydrate d'ammoniaque. Tandis que quelques-uns de ces alcaloïdes ne se combinent, comme l'ammoniaque, qu'à un seul équivalent d'acide chlorhydrique, d'autres s'unissent à 2 et même à 3 équivalents d'hydracide; ces derniers sont des bases di ou triacides, comparables aux amines secondaires et tertiaires (174).

Quelques alcalis végétaux ont été reproduits synthétiquement; mais la plupart ont une constitution chimique fort complexe, et leur étude est encore peu avancée.

Les alcaloïdes peuvent se partager en deux grands groupes: les uns sont liquides et volatils, ce sont des composés ternaires non oxygénés, comme la *nicotine*; les autres sont solides et fixes, ils renferment alors de l'oxygène, comme la *morphine*, la *quinine*, la *strychnine*.

NICOTINE, $C^{20}H^{14}Az^2$.

202. État naturel. — Extraction. — La nicotine s'extrait du tabac (*Nicotiana tabacum*). Les diverses variétés de tabacs en renferment des proportions variables : ainsi le tabac du département du Lot en renferme 8 pour 100, le tabac de Virginie 7 pour 100, le tabac de Maryland 2,3 pour 100 et le tabac de la Havane 2,0 pour 100.

Pour extraire la nicotine, on épuise le tabac par l'eau bouillante et on évapore la liqueur au bain-marie à consistance de sirop; on ajoute un volume double d'alcool et on laisse reposer. La couche alcoolique qui surnage est séparée, évaporée; l'extrait est mélangé avec de la potasse caustique qui met la nicotine en liberté, puis agité avec de l'éther qui dissout la nicotine; on évapore l'éther au bain-marie, et on distille le résidu dans une petite cornue tubulée, dans un courant d'hydrogène, en ne recueillant que ce qui passe à 180°.

203. Propriétés. — La nicotine est un liquide incolore, qui à l'air se colore en brun et se résinifie. Elle est *lévo-gyre*. Elle bout vers 250° en se décomposant partiellement; soluble dans l'eau, elle est plus soluble encore dans l'alcool et dans l'éther.

La nicotine est une base énergique; elle précipite les oxydes métalliques de leurs dissolutions. Elle exige pour se saturer 2 équivalents d'un acide monobasique; ainsi la formule de son chlorhydrate est

$$C^{20}H^{14}Az^2,2HCl.$$

La nicotine est un poison redoutable ; elle exerce surtout son action sur les centres nerveux.

MORPHINE, $C^{34}H^{19}AzO^6$.

204. État naturel. — Extraction. — La sève qui s'écoule d'incisions pratiquées aux capsules des diverses espèces de pavots, s'épaissit à l'air. Cette matière, façonnée en pains de couleur brune, est connue dans le commerce sous le nom d'*opium*, et l'on distingue, suivant la provenance, les opiums de Smyrne, de Constantinople, d'Égypte.

On peut extraire de l'opium les bases principales, unies à divers acides organiques : la *morphine*, la *codéine*, la *thébaïne*, la *papavérine*, la *narcotine*, la *narcéine*.

La morphine est la plus importante de ces bases. Pour l'extraire, on fait macérer l'opium coupé en tranches avec sept à huit fois son poids d'eau froide, on malaxe la matière solide, on filtre et on renouvelle ce traitement jusqu'à ce que l'opium ne cède plus rien au liquide. On obtient ainsi l'*extrait aqueux d'opium*, que l'on concentre jusqu'à consistance sirupeuse, et d'où on précipite la morphine en saturant le liquide encore chaud par du carbonate de soude ou de l'ammoniaque ; la morphine, peu soluble à froid, se dépose. On la purifie en la dissolvant dans l'alcool bouillant, qui la laisse déposer par le refroissement.

205. Propriétés. — La morphine est très peu soluble dans l'eau froide ; elle se dissout dans 500 fois son poids d'eau bouillante, dans 40 parties d'alcool froid, dans 25 parties d'alcool bouillant.

Le chlorure d'or et l'azotate d'argent sont réduits par la morphine ; la dissolution de permanganate de potasse est décolorée. Lorsqu'on ajoute une petite quantité de morphine réduite en poudre à une dissolution de perchlorure de fer, la liqueur prend une couleur bleue caractéristique de cette base.

Le plus important de ses sels est le chlorhydrate $C^{34}H^{19}AzO^6,HCl + 3H^2O^2$, qui cristallise en aiguilles soyeuses, solubles dans l'eau et surtout dans l'alcool. La dissolution aqueuse de ce chlorhydrate est employée en médecine, comme calmant, à la dose de quelques centigrammes, en injections sous-cutanées; à dose élevée, les sels de morphine sont des poisons redoutables.

QUININE, $C^{40}H^{24}Az^2O^4$.

206. État naturel. Extraction. — La quinine et la cinchonine, ainsi que quelques autres bases moins importantes, existent unies à des acides végétaux, dans les écorces appelées *quinquinas*[1]. Les arbres (*cinchona*) qui produisent le quinquina croissent dans les Cordillières, dans le Vénézuela, en Bolivie; on les cultive aujourd'hui à Java et dans les Indes.

Suivant les espèces qui les fournissent, on distingue trois quinquinas vrais : le *quinquina gris*, riche en cinchonine, le *quinquina jaune*, plus riche en quinine, et le *quinquina rouge*, renfermant de la quinine et de la cinchonine.

Pour extraire les bases de l'écorce de quinquina, on réduit celle-ci en poudre fine, on la triture avec de la chaux et on lave le mélange avec de l'alcool bouillant ou, plus économiquement, avec des huiles lourdes de pétrole; la chaux déplace les alcalis qui se dissolvent dans les essences carburées. Il suffit d'agiter celles-ci avec de l'acide sulfurique étendu d'eau pour dissoudre la quinine et la cinchonine à l'état de sulfates. En évaporant ces liquides acides on fait cristalliser le sulfate de quinine; le sulfate de cinchonine reste dans les eaux mères.

Il suffit d'ajouter de l'ammoniaque à la dissolution du sulfate de quinine pour isoler l'alcaloïde.

207. Propriétés. — La quinine se présente alors sous la forme d'un précipité caséeux, amorphe. Elle se dissout

---

1. Le quinquina a été introduit en Europe en 1640. La comtesse del Cinchon, femme du vice-roi du Pérou, ayant été guérie de la fièvre par cette écorce, le quinquina fut connu tout d'abord sous le nom de *poudre de la comtesse.*

dans 400 parties d'eau bouillante dans 2 parties d'alcool froid; elle se dissout également très bien dans les huiles grasses et les huiles hydrocarburées. Sa dissolution aqueuse est lévogyre.

Mais elle est surtout employée à l'état de sulfate basique. Ce sel $2C^{40}H^{24}Az^2O^4,(S^2O^6,H^2O^2)+14HO$ cristallise en longues aiguilles minces, incolores, très légères, peu solubles dans l'eau; la dissolution est d'une amertume extrême. Ces cristaux se dissolvent dans un excès d'acide sulfurique en formant un sulfate neutre $C^{40}H^{24}Az^2O^4(S^2O^6,H^2O^2)+16HO$ plus soluble dans l'eau que le précédent. La dissolution sulfurique du sulfate de quinine montre une belle fluorescence bleue.

Le sulfate de quinine est employé comme fébrifuge; le sulfate de cinchonine est moins actif.

STRYCHNINE, $C^{44}H^{23}Az^2O^4$.

208. État naturel. — Extraction. — Les plantes appartenant au genre *strychnos* doivent leurs propriétés toxiques à deux alcaloïdes, la *strychnine* et la *brucine*.

C'est de la noix vomique (semences du *strychnos nux vomica*) que l'on extrait le plus important de ces alcaloïdes, la strychnine.

Le procédé d'extraction le plus simple consiste à faire bouillir la noix vomique pulvérisée avec de l'acide sulfurique étendu. On précipite les deux bases de la dissolution acide en saturant avec de la chaux, et on reprend le précipité par l'alcool bouillant, qui laisse déposer la strychnine par le refroidissement.

209. Propriétés. — La strychnine est cristallisée en octaèdres orthorhombiques, incolores. Elle est très peu soluble dans l'eau, insoluble dans l'alcool absolu et dans l'éther; elle se dissout dans l'alcool ordinaire et la dissolution est lévogyre.

Elle forme des sels bien définis et cristallisables :

Chlorhydrate de strychnine	—	$C^{42}H^{22}Az^2O^4,HCl + 3HO.$
Sulfate	—	$2C^{42}H^{22}Az^2O^4,(S^2O^6,H^2O^2) + 14HO.$
Azotate	—	$C^{42}H^{22}Az^2O^4,(AzO^5,HO).$

Les sels de strychnine sont des poisons terribles, qui produisent des effets mortels à la dose de quelques centigrammes ; ils déterminent des convulsions tétaniques d'une extrême violence. On les emploie en médecine à des doses extrêmement faibles pour combattre certaines paralysies.

CHAPITRE XV

AMIDES. — URÉE. — INDIGO.

AMIDES.

210. Définition. — Classification. — On désigne sous le nom général d'*amides* des composés azotés naturels ou artificiels dont le mode de génération qui leur sert de définition est le suivant :

Les *amides diffèrent des sels ammoniacaux par la perte des éléments de l'eau*. Ainsi à l'acétate d'ammoniaque $C^4H^4O^4(AzH^3)$ correspond l'*acétamide* :

$$C^4H^4O^4(AzH^3) - H^2O^2 = C^4H^2O^2(AzH^3).$$

Suivant que l'acide générateur est à fonction simple ou à fonction complexe, on distingue les *amides à fonction simple* et les *amides à fonction complexe*.

Il y a lieu d'étudier en outre séparément les amides des acides *monobasiques* et les amides des acides *polybasiques*.

AMIDES DES ACIDES MONOBASIQUES.

211. Classification. — Un acide monobasique donne deux composés amidés. Son sel ammoniacal peut perdre H^2O^2 ou $2H^2O^2$; dans le premier cas on a un *amide* proprement dit, dans le second cas un *nitrile*. Exemple :

$$C^4H^4O^4(AzH^3) - H^2O^2 = C^4H^2O^2(AzH^3) \quad \textit{acétamide,}$$
$$C^4H^4O^4(AzH^3) - 2H^2O^2 = C^4(AzH^3) \quad \textit{acétonitrile.}$$

212. Acétamide. — On prépare l'acétamide en distillant l'acétate d'ammoniaque vers 200°. C'est un corps solide, incolore, fondant à 78° et bouillant à 221°, soluble dans l'alcool.

Ce corps prend également naissance quand on décompose un éther acétique par l'ammoniaque :

$$C^4H^5(C^4H^3O^4) + AzH^3 = C^4H^4(H^2O^2) + C^4H^2O^2(AzH^3) \,;$$

et par l'action de l'ammoniaque sur le chlorure acétique :

$$C^4H^3O^2Cl + 2AzH^3 = C^4H^2O^2(AzH^3) + AzH^4Cl.$$

Ce sont là des procédés généraux de préparation des amides.

213. Acétonitrile. — Chauffés avec de l'acide phosphorique anhydre, l'acétamide et même l'acétate d'ammoniaque perdent de l'eau et se transforment en *acétonitrile*, liquide incolore, bouillant à 82°. La composition de l'acétonitrile est celle d'un *éther cyanhydrique de l'alcool méthylique* $C^2H^2(C^2AzH)$. Il ne peut être classé cependant parmi les éthers sels de l'alcool méthylique, car il ne se dédouble pas, en présence de l'eau et des bases, en alcool et acide cyanhydrique ou cyanure, mais il se change en acétate d'ammoniaque :

$$C^2H^2(C^2AzH) + 2H^2O^2 = C^4H^5O^4, AzH^3.$$

Le nitrile correspondant à l'acide formique ou *formionitrile* est identique à l'acide cyanhydrique :

$$C^2H^2O^4, AzH^3 - 2H^2O^2 = C^2AzH.$$

AMIDES DES ACIDES BIBASIQUES.

214. Classification. — Un acide bibasique A forme deux sels ammoniacaux :

Un sel neutre ou biammoniacal.	$A,2AzH^3,$
Un sel acide ou monoammoniacal.	$A,AzH^3.$

Le sel neutre, en perdant

$$H^2O^2 \text{ donne une } \textit{diamide},$$
$$2H^2O^2 \quad — \quad \text{un } \textit{dinitrile},$$

Le sel acide, en perdant

$$H^2O^2 \text{ donne un } \textit{acide amidé},$$
$$2H^2O^2 \quad — \quad \text{un } \textit{nitrile acide} \text{ ou } \textit{imide}.$$

Ainsi de l'*acide oxalique* $C^4H^2O^8$ dérivent

$$C^4H^2O^8, 2AzH^3 — 2H^2O^2 = C^4O^4Az^2H^4 \quad \textit{oxamide},$$
$$C^4H^2O^8, 2AzH^5 — 4H^2O^2 = C^4Az^2 \quad\quad\ \textit{oxalonitrile},$$
$$C^4H^2O^8, AzH^3 \ — \ H^2O^2 = C^4O^6AzH^5 \quad \textit{acide oxamique}.$$

Les procédés généraux de préparation des diamides sont d'ailleurs ceux des monamides. Ainsi on trouve l'oxamide parmi les produits de la décomposition de l'oxalate neutre d'ammoniaque par la chaleur. Mais on l'obtient plus facilement en additionnant l'éther oxalique d'un excès d'ammoniaque; il se précipite sous la forme d'une poudre blanche.

L'oxalonitrile $C^4Az^2 = 2(C^2Az)$ est identique au cyanogène. On obtient en effet du cyanogène en chauffant l'oxamide avec de l'acide phosphorique anhydre.

L'acide carbonique fonctionne comme un acide bibasique; on connait en effet des carbonates neutres $2MO, C^2O^4$ et des bicarbonates MO, HO, C^2O^4. Au carbonate neutre d'ammoniaque, qui d'ailleurs ne peut être obtenu, correspond une diamide, la *diamide carbonique* ou *carbamide* qui est identique à l'*urée*.

URÉE, $C^2H^4Az^2O^2$.

L'urée est le principe immédiat le plus important de l'urine de l'homme et des animaux. C'est une des formes sous lesquelles l'azote est éliminé de l'organisme.

215. Préparation. — Un litre d'urine humaine renferme

de 25 à 30 grammes d'urée. On réduit l'urine fraîche au dixième environ de son volume, on ajoute un volume égal d'acide azotique et, par refroidissement, l'urée se sépare à l'état d'azotate. On égoutte les cristaux, et on les purifie en les faisant cristalliser de nouveau dans l'eau bouillante. Pour extraire l'urée de ce sel, on ajoute à sa dissolution un petit excès de carbonate de baryte précipité ; l'acide carbonique ce dégage et le liquide renferme de l'azotate de baryte et de l'urée. On sépare celle-ci en reprenant par l'alcool le résidu de l'évaporation de cette liqueur ; l'azotate de baryte est en effet insoluble dans l'alcool.

216. Synthèse. — L'urée peut être obtenue synthétiquement en appliquant les procédés généraux de préparation des amides (212).

En effet, on obtint de l'urée en faisant réagir l'ammoniaque sur l'oxychlorure de carbone $C^2O^2Cl^2$ (chlorure carbonique) :

$$C^2O^2Cl^2 + 4AzH^3 = 2AzH^4Cl + C^2H^4Az^2O^2 ;$$

ou bien en décomposant par l'ammoniaque l'éther carbonique

$$(C^4H^4)^2(C^2O^4,H^2O^2) + 2AzH^3 = 2C^4H^6O^2 + C^2H^4Az^2O^2.$$

Mais la synthèse de l'urée a été effectuée par Wöhler par une méthode tout autre. L'acide cyanique C^2AzO,HO ou CyO,HO saturé par l'ammoniaque donne le cyanate d'ammoniaque C^2AzO,HO,AzH^3 isomère de l'urée, et qui se transforme en urée lorsqu'on chauffe sa dissolution.

217. Propriétés. — L'urée cristallise de ses dissolutions en longs prismes striés, incolores. Elle fond à 120° et se décompose un peu au-dessus de cette température avec dégagement d'ammoniaque. Chauffée plus fortement dans une petite cornue, elle laisse un résidu blanc d'acide cyanurique $Cy^3O^3,3HO$.

Le chlore, le brome, les vapeurs nitreuses détruisent l'urée avec dégagement d'azote et d'acide carbonique :

$$C^2H^4Az^2O^2 + H^2O^2 + 6Cl = C^2O^4 + 2Az + 6HCl,$$
$$C^2H^4Az^2O^2 + 2AzO^5 = C^2O^4 + 2H^2O^2 + 4Az.$$

Ces réactions sont utilisées pour déterminer, d'après les volumes d'azote et d'acide carbonique recueillis, la proportion d'urée contenue dans un volume donné d'urine.

Chauffée à 140° en tube scellé, la dissolution d'urée se dédouble en ammoniaque et en acide carbonique :

$$C^2H^4Az^2O^2 + H^2O^3 = C^2O^4 + 2AzH^3.$$

Cette réaction, générale pour les amides, permet de remonter à l'acide générateur.

L'urée forme avec les acides, les bases ou certains sels des combinaisons bien définies et cristallisées.

L'azotate d'urée $C^2H^4Az^2O^2,AzO^6H$ prend naissance quand on verse de l'acide azotique dans une dissolution un peu concentrée d'urée; celle-ci se prend en un magma cristallin. Nous citerons encore le chlorhydrate d'urée $C^2H^4Az^2O^2,HCl$.

On connait de nombreuses combinaisons de l'urée avec l'oxyde de mercure et l'argent.

Lorsqu'on mélange des dissolutions faites en poids équivalents d'urée et de sel marin, on obtient, en évaporant à consistance sirupeuse, des cristaux d'une combinaison très soluble dans l'eau :

$$C^2H^4Az^2O^2,NaCl + H^2O^2.$$

L'urée se combine de même avec l'azotate d'argent et l'azotate de mercure.

218. Acide urique, $C^{10}H^4Az^4O^6$. — On doit rapprocher de l'urée une autre substance azotée, l'*acide urique*, que l'on rencontre également dans l'urine humaine, où elle se développe même quelquefois abondamment sous certaines influences pathologiques; l'acide urique forme, en combinaison avec lès bases alcalines ou alcalino-terreuses, dès sédiments et des calculs vésicaux ; les urates alcalins constituent la majeure partie dès excréments des oiseaux, des serpents ; on les trouve abondamment dans le guano.

L'acide urique est une poudre cristalline blanche, très peu soluble dans l'eau ; c'est un acide bibasique ; ses sels acides sont également très peu solubles dans l'eau froide. On peut l'extraire du guano en lavant celui-ci à l'acide chlorhydrique faible qui laisse l'acide urique ; on dissout celui-ci dans une lessive alcaline bouillante et on précipite l'acide urique par un acide.

L'acide urique présente une réaction remarquable et caractéristique de cette substance. En le dissolvant dans l'acide azotique concentré et chaud, et évaporant de façon à chasser l'excès d'acide, on obtient une coloration rouge ; si on ajoute de l'ammoniaque, on obtient une liqueur d'un pourpre foncé, qui, convenablement concentrée, laisse déposer des cristaux à reflets verdâtres de *murexide* $C^{16}H^8Az^6O^{12}$.

AMIDES A FONCTION COMPLEXE.

219. Classification. — Les acides *amidés* et les *imides* dérivant d'un sel ammoniacal acide d'un acide bibasique sont à la fois acides et amides : ce sont des *amides-acides*. Il existe aussi des *amides-alcools* et des *amides-phénols*.

Ainsi, à l'*acide glycolique* (162) correspond un sel ammoniacal, le glycolate d'ammoniaque, et un amide, le *glycolamide*, isomère du glycocolle (184) :

$$C^4H^2(H^2O^2)O^4,AzH^3 - H^2O^2 = C^4(H^2O^2)O^2,AzH^5.$$

Le glycolamide peut former avec l'acide chlorhydrique un éther, et par conséquent se comporte comme un alcool.

Il est un autre mode de génération très important des amides à fonction complexe. Les *amines-acides* peuvent former des sels dans lesquels ils jouent le rôle de l'ammoniaque ; la *glycolamine*, par exemple, peut former avec un acide monobasique un sel analogue à un sel ammoniacal ; si on enlève à ce sel H^2O^2, on aura un amide d'un nouveau genre qui, comme son générateur la glycollamine, jouera le rôle d'acide. Comme exemple, nous citerons l'*acide hippurique*.

220. Acide hippurique $C^{18}H^9AzO^6$. — Ce corps peut être envisagé en effet comme un benzoate de glycocolle déshydraté partiellement :

$$C^4H^5AzO^4 + C^{14}H^6O^4 = C^{18}H^9AzO^6 + H^2O^2,$$

Si on le fait bouillir en effet avec un acide, il reprend les éléments de l'eau ; l'acide benzoïque est régénéré et la glycollamine reste unie à l'acide réagissant. Il éprouve la même réaction en présence des alcalis ou par fermentation.

L'acide hippurique existe à l'état de sel dans l'urine des herbivores. Pour le préparer, on concentre de l'urine fraîche de cheval au sixième de son volume, puis on ajoute un excès d'acide chlorhydrique concentré à la liqueur refroidie. L'acide hippurique, peu soluble à froid, se dépose et cristallise.

INDIGO.

Bien que la constitution chimique de la matière colorante de l'indigo ou *indigotine* ne soit pas fixée définitivement, on rapproche cependant cette substance des amides à fonction complexe.

Nous avons indiqué, en étudiant les matières colorantes, l'origine et le mode d'emploi de l'indigo ; nous compléterons l'histoire de l'indigo commercial, en étudiant brièvement l'*indigotine* et l'*indigo blanc*.

221. Indigotine $C^{16}H^5AzO^2$. — En chauffant légèrement de l'indigo brut dans un courant d'hydrogène, dans un tube de verre, on voit se former une vapeur d'un violet intense et se sublimer sur les parties froides du tube des prismes très déliés, d'un violet foncé et doués d'un beau reflet cuivré. On peut opérer plus simplement encore en chauffant au bain de sable une petite quantité d'indigo dans un têt en terre recouvert d'un têt renversé.

Mais, en opérant ainsi par voie sèche, on détruit une partie de la matière, et le rendement est faible. Il est plus avantageux de transformer l'indigo en indigo blanc (222) et d'abandonner une dissolution alcaline de celui-ci à l'oxydation spontanée.

L'indigotine est insoluble dans l'eau; mais, en délayant l'indigo pulvérisé avec de l'acide sulfurique fumant, on obtient une masse de couleur très foncée qui se dissout dans l'eau; on obtient ainsi des liqueurs d'un beau bleu et d'une grande richesse de coloration. Suivant le mode opératoire, on obtient dans ces réactions des *acides sulfoindigotiques* $C^{16}H^5AzO^2,S^2O^6$ et $2(C^{16}H^5AzO^2)S^2O^6$. Nous avons vu l'application qui a été faite de ces réactions à la teinture en bleu (187).

La synthèse de l'indigo a été réalisée dans ces dernières années; mais les réactions qui y conduisent sont très complexes, et le prix de revient de l'indigo de synthèse est tel, qu'on ne peut songer encore à l'employer industriellement.

222. Indigo blanc $C^{32}H^{12}Az^2O^4$. — Les corps réducteurs décolorent l'indigotine et la transforment en indigo blanc :

$$2C^{16}H^5AzO^2 + 2H^2 = C^{32}H^{12}Az^2O^4 ;$$

inversement l'indigo blanc exposé à l'air prend de l'hydrogène et se transforme en indigotine.

On effectue la réduction de l'indigotine en maintenant en contact pendant quelques jours l'indigo pulvérisé avec de l'eau, du sulfate de protoxyde de fer et de la chaux. La chaux déplace le protoxyde de fer qui agit comme réducteur, en même temps qu'un excès de base dissout l'indigo blanc. On siphonne le liquide limpide à l'abri de l'air et on le mélange avec un excès d'acide chlorhydrique dans des vases hermétiquement fermés : l'indigo blanc se dépose; on le décante et on le lave avec de l'eau bouillie, dans un courant d'acide carbonique et on le fait sécher dans le vide sur une plaque poreuse.

L'indigo blanc, insoluble dans l'eau, est soluble dans l'alcool et dans les lessives alcalines. Si on abandonne à l'air libre une telle dissolution, elle s'oxyde lentement et laisse déposer des cristaux d'indigotine. Il est dans ce cas préférable d'opérer ainsi : Dans un grand flacon de 6 litres on introduit 120 grammes d'indigo et 120 grammes de glucose, on verse de l'alcool chaud et 180 grammes d'une lessive concentrée de soude caustique, enfin on achève de remplir le flacon avec de l'alcool chaud. Le flacon est hermétiquement fermé et lorsque la liqueur est décolorée, on décante le liquide clair dans un vase ouvert où l'oxydation se produit lentement avec formation d'un dépôt cristallin d'un bleu noir.

C'est en s'appuyant sur ces transformations réciproques de l'indigotine et de l'indigo blanc qu'on prépare les *cuves d'indigo* employées en teinture (187).

CHAPITRE XVI

MATIÈRES ALBUMINOÏDES. — MATIÈRES GÉLATINEUSES.

MATIÈRES ALBUMINOÏDES.

225. Propriétés générales. — Les matières albuminoïdes, dont le type est l'albumine de l'œuf de poule, sont des
matières azotées neutres, très répandues dans l'organisme.
Leur composition est complexe : elles renferment du carbone,
de l'hydrogène, de l'oxygène, de l'azote et de petites quantités de soufre, et leur composition élémentaire diffère peu de
la suivante :

Carbone.	53,5
Hydrogène.	6,9
Azote.	15,6
Oxygène.	22,4
Soufre.	1,6
	100,0

Nous distinguerons l'*albumine du blanc d'œuf*, l'*albumine
du sang* ou *sérine*, la *fibrine*, la *caséine* et les *albumines
végétales*.

Les matières albuminoïdes sont amorphes et incolores ;
elles n'ont ni odeur, ni saveur ; desséchées, elles forment des
masses blanches ou jaunâtres, translucides et susceptibles de
se gonfler au contact de l'eau. Elles existent généralement
à l'état soluble dans l'organisme, et se coagulent, deviennent

insolubles soit par la chaleur, soit par certains agents chimiques. Les sels de plomb, de cuivre, précipitent leurs dissolutions.

Soumises à la distillation sèche, elles se décomposent en laissant un résidu charbonneux brillant, boursouflé, riche en azote, en même temps que se dégagent de l'eau des composés ammoniacaux, des bases parmi lesquelles se trouve l'aniline, et enfin des carbures d'hydrogène.

224. Albumine. — Le blanc de l'œuf[1] de poule est en grande partie formé d'une matière albuminoïde soluble dans l'eau et coagulable par la chaleur; c'est l'*albumine* proprement dite.

Pour extraire l'albumine, on délaye dans l'eau des blancs d'œufs, on filtre à travers un linge et on ajoute une dissolution de sous-acétate de plomb jusqu'à cessation de précipité. Celui-ci est recueilli, soigneusement lavé, mis en suspension dans l'eau et décomposé par un courant d'acide carbonique; il se précipite du carbonate de plomb et l'albumine se dissout de nouveau. On débarrasse la liqueur d'une trace de plomb dissoute par quelques gouttes d'hydrogène sulfuré, on chauffe doucement au bain-marie de façon à déterminer un commencement de coagulum qui entraîne le sulfure de plomb, on filtre et on évapore à une température qui ne doit pas dépasser 40° à 50°.

On obtient ainsi une masse transparente, amorphe, jaunâtre, qui se dissout lentement dans l'eau en toutes proportions. Cette dissolution est lévogyre.

Sèche, l'albumine peut être séchée au delà de 100° sans perdre sa solubilité dans l'eau; mais sa dissolution se coagule lorsqu'on la chauffe, la température à laquelle se produit le changement d'état dépendant de la concentration de la liqueur; une dissolution concentrée commence à se troubler

---

1. Les œufs des divers oiseaux paraissent renfermer des albumines douées de propriétés un peu différentes. Aussi convient-il de prendre comme type l'albumine de l'œuf de poule, la seule d'ailleurs qui ait des applications.

vers 60°; très étendue d'eau, elle ne laisse déposer quelques flocons que vers 90°.

L'alcool concentré précipite l'albumine de ses dissolutions; il en est de même des acides sulfurique et chlorhydrique; mais un excès d'acide chlorhydrique redissout le précipité; l'acide chlorhydrique étendu ne précipite pas l'albumine. L'acide azotique, l'acide métaphosphorique, coagulent complètement l'albumine; par contre, l'acide phosphorique ordinaire, l'acide acétique et les autres acides organiques sont sans action.

Un grand nombre de sels précipitent l'albumine, en formant avec elle des combinaisons : tels sont le sous-acétate de plomb, le bichlorure de mercure, l'azotate d'argent.

L'albumine coagulée par la chaleur est insoluble dans l'eau, l'alcool, l'éther; les dissolutions alcalines la dissolvent difficilement si elles sont étendues; les dissolutions concentrées la dissolvent rapidement. Elle se gonfle dans l'acide acétique et s'y dissout peu à peu; l'acide chlorhydrique étendu ne la dissout pas; si l'acide est concentré, la dissolution a lieu avec transformation de l'albumine en *syntonine*, matière analogue à celle que l'on obtient en traitant la chair musculaire par l'acide chlorhydrique étendu. En présence de l'acide chlorhydrique étendu et de la *pepsine* (ferment non figuré, qui existe dans le suc gastrique), l'albumine coagulée se dissout vers 55°, en se transformant en *syntonine*.

225. Sang. — Fibrine. — La fibrine est la matière albuminoïde qui se sépare du sang par la coagulation spontanée de ce liquide.

Le sang des animaux supérieurs est formé d'un liquide aqueux, le *plasma*, renfermant de la fibrine, une albumine un peu différente de l'albumine du blanc d'œuf ou *sérine* et des sels divers, dans lesquels nagent des globules rouges ou *hématines*, des globules blancs et des granulations beaucoup plus petites ou *granulations hématiques*.

Sans parler des gaz, 1000 parties de sang humain renferment en moyenne :

Eau..................................	781,60
Globules secs.....................	155,00
Albumine..........................	70,00
Fibrine............................	2,50
Sels solubles.....................	8.40
Graisses..........................	1,60
Phosphates terreux...............	0,35
Fer...............................	0,55
	1000,00

La proportion des globules humides, c'est-à-dire tels qu'ils existent dans les vaisseaux, et du plasma est de 396 à 604 environ.

Au sortir de la veine le sang se coagule en quelques minutes et se sépare en deux masses distinctes : l'une rouge, formée par la fibrine coagulée qui emprisonne les globules, l'autre légèrement jaunâtre, le *sérum*.

Si l'on bat le sang frais avec un petit balai, la fibrine s'attache à celui-ci sous forme de filaments qui peuvent être débarrassés complètement de globules rouges par un lavage à l'eau ; on lave à l'alcool et à l'éther pour enlever les matières grasses.

La fibrine se présente en masses fibreuses grisâtres, opaques, élastiques ; elle est insoluble dans l'eau, l'alcool, l'éther ; elle est très soluble dans l'acide acétique et dans les alcalis. Elle se gonfle et se dissout en partie lorsqu'on la fait digérer vers 40° avec diverses solutions salines neutres (salpêtre, sel marin, sulfate de soude). Lorsqu'elle est humide, elle se putréfie facilement pendant les chaleurs de l'été.

Le sérum renferme diverses matières albuminoïdes, parmi lesquelles la plus importante est la *sérine*, qui diffère de l'albumine du blanc d'œuf par quelques-unes de ses propriétés. Ainsi elle précipite par l'alcool, mais le précipité se redissout dans l'eau. La dissolution aqueuse de sérine se coagule par la chaleur comme la dissolution d'albumine, vers 72°.

226. Lait. — Caséine. — Le lait des mammifères est une dissolution aqueuse de sels minéraux divers, de sucre de lait et d'une matière albuminoïde, la *caséine*, tenant en suspension des globules gras. Ces globules gras apparaissent, lorsqu'on examine une goutte de lait au microscope, comme de petits sphéroïdes entourés d'un fin liséré brillant que l'on a cru être une membrane. Il n'en est rien : les globules gras sont disséminés dans le liquide à l'état d'émulsion, et se séparent peu à peu du liquide pour former à la surface une couche de crème, émulsion de matière grasse plus riche que la précédente. Par le battage, on réunit ces globules, et c'est ainsi que l'on fabrique le *beurre;* le liquide clair séparé du lait forme le petit-lait. Ces phénomènes sont analogues à ceux que l'on obtient lorsqu'on ajoute de l'huile à une dissolution de savon à 1 pour 100 ; en agitant vivement on obtient un liquide blanc d'apparence homogène, d'où les globules de matière grasse, plus légers que le liquide, se séparent peu à peu.

La caséine est en partie en suspension dans le lait, en partie dissoute. On la sépare du lait écrémé en additionnant celui-ci d'un acide (acide chlorhydrique, acide sulfurique) qui coagule la caséine; celle-ci se sépare en flocons compacts, qu'on lave à l'eau, l'alcool et l'éther.

La caséine ainsi obtenue est insoluble dans l'eau, mais elle se dissout dans une lessive alcaline, d'où l'alcool la précipite de nouveau. Elle est précipitée de ses dissolutions très faiblement alcalines par les acides, un grand nombre de sels neutres, tels que le chlorure de sodium, le sulfate de magnésie. La *présure* (*estomac des ruminants*), qui agit par la pepsine du suc gastrique, coagule le lait ; c'est ainsi que l'on fait cailler le lait destiné à la fabrication des fromages. Pendant les chaleurs de l'été, le sucre de lait fermente et se transforme en acide lactique qui, acidifiant ce liquide, détermine la coagulation de la caséine : on dit que le lait *tourne.*

On empêche le lait de tourner en l'additionnant de quelques millièmes de carbonate de soude ou mieux de borate de soude, de façon à le maintenir légèrement alcalin.

227. Albumines végétales. —Les organes des végétaux renferment un grand nombre de matières azotées que l'on doit rapprocher des matières albuminoïdes.

Les plus importantes sont celles qui constituent le *gluten.*

Cette substance, qui reste comme résidu du lavage de la farine des graminées (110), est une masse grise élastique, de composition complexe et fort mal connue; une partie de la matière est insoluble dans l'alcool, et comme elle présente les propriétés générales de la caséine, on lui donne le nom de *gluten-caséine;* de la partie soluble dans l'alcool on peut isoler un *gluten-fibrine* analogue à la fibrine animale.

L'eau qui a servi au lavage de la farine, débarrassée de toute trace de fécule par filtration, tient en dissolution une *albumine* analogue à celle que contient le blanc d'œuf; il suffit en effet de l'aciduler et de la porter à l'ébullition pour obtenir un coagulum.

Les graines des légumineuses et les graines oléagineuses ne contiennent pas de gluten soluble dans l'alcool, mais renferment, indépendamment de l'albumine soluble dans l'eau et coagulable par la chaleur, des matières albuminoïdes (*légumines*) insolubles dans l'eau pure, solubles dans les liqueurs alcalines étendues, précipitables de ces dissolutions par les acides faibles, analogues par conséquent à la caséine végétale.

MATIÈRES GÉLATINEUSES.

228. Propriétés générales. — On donne le nom de *matières gélatinisables* à des substances qui, sous l'action de l'eau bouillante ou mieux de l'eau surchauffée, se transforment en une matière soluble dans l'eau et qui se prend en gelée par le refroidissement, la *gélatine.*

Telles sont le *tissu conjonctif* (ligaments musculaires, tendons, peau) et la matière animale des os, l'*osséine.*

Le *tissu cartilagineux* soumis à l'action de l'eau sous pression ne donne pas de gélatine, mais de la *chondrine,* qui par quelques-unes de ses propriétés diffère de la gélatine.

Les matières gélatinisables et les matières gélatineuses ont une composition élémentaire très voisine de celle des substances albuminoïdes :

	Colle de poisson.	Osséine de bœuf.
Carbone.	50,8	50,2
Hydrogène.	6,6	7,1
Azote.	18,3	18,4
Oxygène et soufre.. . . .	24,3	24,3
	100,0	100,0

229. Gélatine. — On prépare une gélatine de qualité inférieure à l'aide de matières très diverses (*colles-matières*), telles que débris de peaux vertes, rognures de cuir, débris de peaux provenant des tanneries, des mégisseries, etc. On fait digérer ces substances avec un lait de chaux afin de les débarrasser des poils, de la graisse, du sang, puis, après lavage, on chauffe avec de l'eau, sous pression à 120°, dans des chaudières à double fond. Le liquide soutiré se prend par le refroidissement en une masse gélatineuse. On obtient ainsi la *colle*.

On réserve le nom de gélatine à celle que l'on obtient à l'aide des os d'animaux domestiques [1]. On peut sacrifier la matière minérale de l'os en dissolvant celle-ci à l'aide de l'acide chlorhydrique étendu, puis soumettant l'osséine ainsi mise à nu à la coction dans une chaudière fermée ; on prépare de cette façon une gélatine de très bonne qualité. Les eaux acides qui ont dissous le phosphate de chaux servent à la préparation du phosphate de chaux, précipité employé comme engrais.

1. Les os frais renferment en moyenne :

Eau.	50
Matières grasses.	15,75
Osséine.	12,40
Matières minérales.	21,85

Privés d'eau par la dessiccation, ils contiennent :

Matières organiques.	38,2
Phosphate tricalcique.	50,1
Carbonate de chaux.	11,7

Cette composition est celle des os spongieux ; les os compacts sont plus riches en matière minérale.

Mais on préfère généralement faire bouillir les os frais avec de l'eau pour les débarrasser des matières grasses, puis les soumettre directement à la coction dans un autoclave dont l'eau est portée à la température de 130°. On transforme ainsi l'osséine en gélatine, qui se sépare de l'eau par le refroidissement. Le résidu (*os dégélatinisés*) peut servir à la préparation du noir animal.

On prépare une gélatine très pure, connue sous le nom de *colle de poisson* ou *ichtyocolle*, avec la vessie natatoire de l'esturgeon. Cette gélatine peut être employée à la confection de gelées alimentaires; elle sert au collage des vins. C'est avec les variétés les moins pures que l'on prépare les colles fortes, colles à bouche, etc.

La gélatine se gonfle dans l'eau froide sans s'y dissoudre; mais elle se dissout dans l'eau chaude; pour peu qu'elle renferme 3 pour 100 au moins de substances dissoutes, la liqueur se prend en gelée par le refroidissement.

Les alcalis, les acides et même l'acide acétique dissolvent à froid la gélatine.

Elle est précipitée par l'alcool de ses dissolutions; elle n'est précipitée ni par l'alun, ni par l'acétate ou le sous-acétate de plomb, et elle se distingue en cela de la *chondrine*. Le tannin précipite abondamment et complètement la gélatine, avec laquelle il forme une combinaison imputrescible; c'est sur cette propriété qu'est fondé le *tannage des peaux*, car les matières gélatinisables, telles que la peau, jouissent de la même propriété.

NOTE

POLARISATION ROTATOIRE

Polarisation par double réfraction. — Tous les corps cristallisés qui appartiennent à un système cristallin autre que le système cubique possèdent la double réfraction, c'est-à-dire qu'à un rayon de lumière incidente correspondent deux rayons réfractés.

Fig. 70.

Lorsqu'on regarde un objet à travers un cristal biréfringent, on observe en effet deux images ; l'expérience est particulièrement facile à répéter avec les beaux cristaux transparents de spath d'Islande (fig. 70).

L'un des rayons réfractés qui suit la loi de Descartes est le *rayon ordinaire*, l'autre qui s'en écarte est le *rayon extraordinaire*. Si l'on fait tomber sur un spath un faisceau cylindrique de rayons parallèles (fig. 71), les deux faisceaux émergents iront frapper l'écran en D et E, par exemple, et il est à remarquer que la droite qui joint ces deux traces est toujours parallèle à la *petite diagonale* des faces du rhomboèdre ; le plan passant par les deux petites diagonales de deux faces opposées est le *plan principal* du cristal.

Pour étudier les faisceaux transmis, isolons l'un d'eux, le rayon extraordinaire par exemple. A cet effet, coupons un rhomboèdre de spath suivant un plan perpendiculaire au plan des grandes diagonales de base· et passant par deux sommets obtus opposés (fig. 72), puis recollons les deux moitiés avec du baume de Canada ; les indices de réfraction des rayons ordinaire et extraordinaire et du baume sont tels, que le rayon ordinaire S (fig. 75) subit la réflexion totale et est renvoyé latéralement en CdO, tandis que le rayon extraordinaire poursuit sa route en Ce. Le spath ainsi modifié est ce que l'on appelle un *prisme de Nicol*, ou plus simplement un *nicol*.

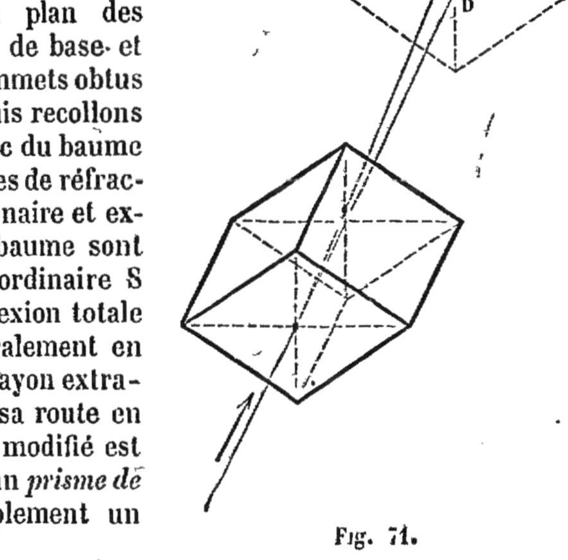

Fig. 71.

Si l'on reçoit un faisceau de lumière incidente sur un nicol, de façon que la lumière traverse deux faces naturelles du spath, on n'observe donc qu'un seul faisceau transmis, et si l'on fait tourner le nicol autour du faisceau, la lumière est transmise, sans variation d'intensité, comme si elle traversait une lame de verre. Mais si

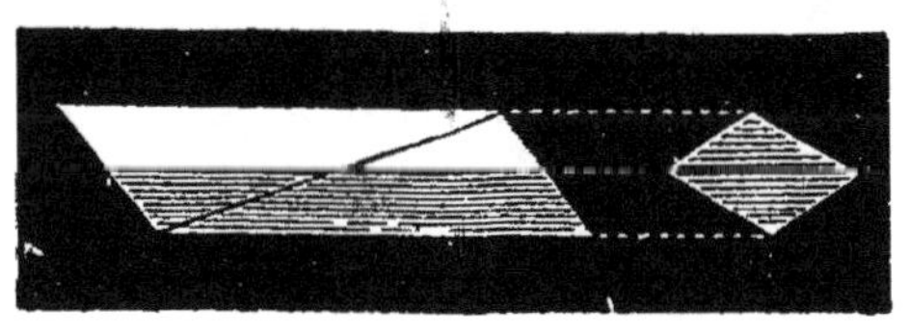

Fig. 72.

le faisceau émergent rencontre un second nicol placé dans le prolongement du premier, la lumière traverse le second cristal, si les deux sections principales sont parallèles ; si les sections principales sont croisées (fig. 74),

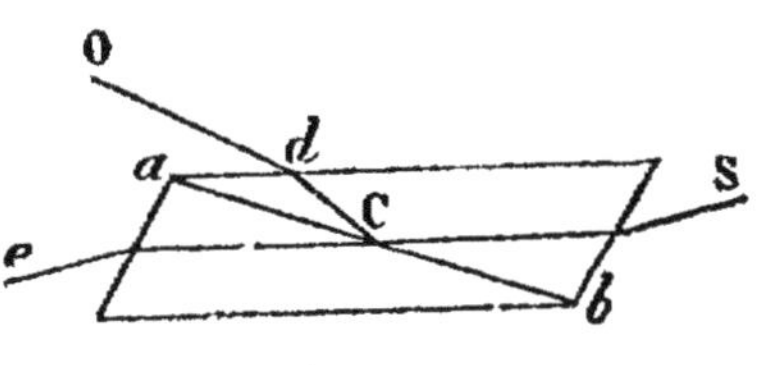

Fig. 75.

la lumière est éteinte. On exprime ces faits en disant que la lumière s'est *polarisée* en traversant la substance biréfringente.

On explique ces faits, dans la théorie des ondulations, en disant que les vibrations lumineuses qui, pour la lumière naturelle, s'effectuent perpendiculairement à la ligne de propagation et dans

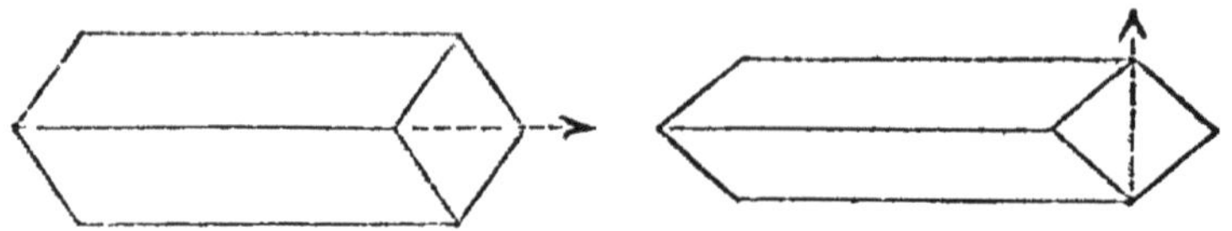

Fig. 74.

tous les azimuts, se sont orientées ou polarisées dans leur passage à travers une substance biréfringente. Pour le rayon extraordinaire en particulier, elles s'effectuent toutes dans le plan qui contient les petites diagonales du spath, c'est-à-dire dans le plan de la section principale. Si les nicols sont croisés, on s'explique ainsi que le rayon polarisé par son passage à travers le premier ne puisse traverser le second; le premier nicol est un *polarisateur*, le second est dit un *analyseur*.

Polarisation rotatoire. — Interposons entre deux nicols croisés une plaque de quartz taillée perpendiculairement à l'axe du prisme hexagonal régulier (fig. 75), le faisceau de lumière traverse de nouveau l'ensemble des trois milieux. Tout se passe comme si le plan de polarisation de la lumière

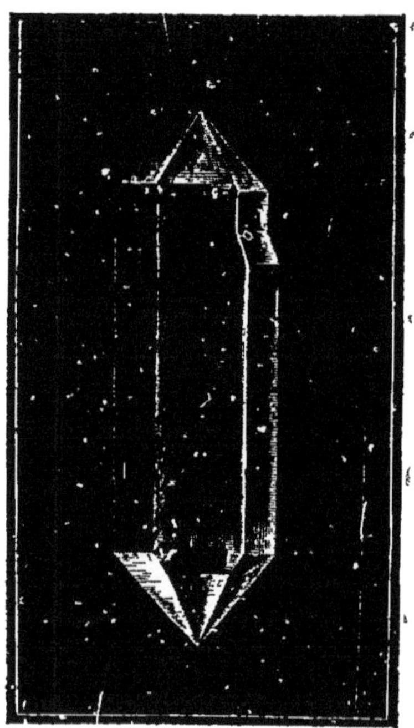

Fig. 75.

avait tourné d'un angle A, car il faudra, pour obtenir l'extinction du faisceau transmis, faire tourner l'analyseur d'un certain angle autour de ce faisceau de façon que les sections principales qui faisaient un angle de 90°, fassent cette fois un angle de $90° \pm A$; suivant qu'il faut tourner l'analyseur à droite ou à gauche, on dit que le *pouvoir rotatoire* de la substance est droit ou gauche; ou bien encore que la substance est *dextrogyre* ou *lévogyre*.

Certaines substances, comme le quartz, ont le pouvoir rotatoire à l'état cristallisé, à droite ou à gauche d'ailleurs, suivant les échantillons ; d'autres n'ont le pouvoir rotatoire qu'à l'état liquide ou à l'état de dissolution et on dit qu'elles ont le *pouvoir rotatoire moléculaire*. Un grand nombre de substances organiques sont des liquides : ce sont des substances *actives*. Pour observer la polarisation rotatoire dans ce cas, on se sert d'appareils nommés *pola-*

Fig. 76.

rimètres ou, en raison des services qu'ils peuvent rendre pour l'analyse des sucres, *saccharimètres*. L'un de ces appareils est représenté par la figure 76.

La dissolution de la substance active est placée dans un tube métallique *m* fermé à ses deux bouts par des lames de verre à faces parallèles ; en S est le polariseur éclairé par la source lumineuse, en *a* est l'analyseur.

Le *pouvoir rotatoire moléculaire* d'une substance dissoute, pour la lumière jaune fournie par la lampe à alcool salé, c'est-à-dire pour la lumière émise par la raie D du spectre de sodium, est la rotation imprimée au plan de polarisation par une dissolution qui contient 1 *gramme* de substance active par *décilitre* et qu'on observe dans un tube de 1 *décimètre* de longueur; on le représente par $[\alpha]_D$.

Pour les principales substances étudiées dans le cours, le pouvoir rotatoire moléculaire, caractéristique de chacune d'elles, est

Térébenthène.	— 40°,5
Glucose..	+ 53°,4
Saccharose.	÷ 66°,55
Acide tartrique droit..	+ 15°,06

Relation entre le pouvoir rotatoire et l'hémiédrie. — D'après la loi 'de symétrie ou *loi de Haüy*, lorsqu'un élément d'une forme fondamentale est modifié, *tous les éléments* (arêtes ou angies solides) *semblables doivent être semblablement et simultanément modifiés*. Certaines substances ne portent que la moitié des modifications : on dit qu'elles sont *hémièdres*. Ainsi la forme fondamentale du quartz est un prisme hexagonal régulier surmonté par une pyramide à 6 faces (fig. 77). Tous les angles solides des deux bases sont identiques et devraient porter les mêmes modifications; il n'en est rien : on, observe des cristaux de quartz qui portent de petites facettes *s* modifiant seulement les angles de deux en deux. Or certains échantillons de quartz font tourner à droite le plan de polarisation, d'autres à gauche, d'une même quantité sous la même épaisseur. Si on place à droite de l'observateur la facette *s* pour les cristaux droits, la facette *s* sera placée à gauche pour les cristaux gauches (fig. 78).

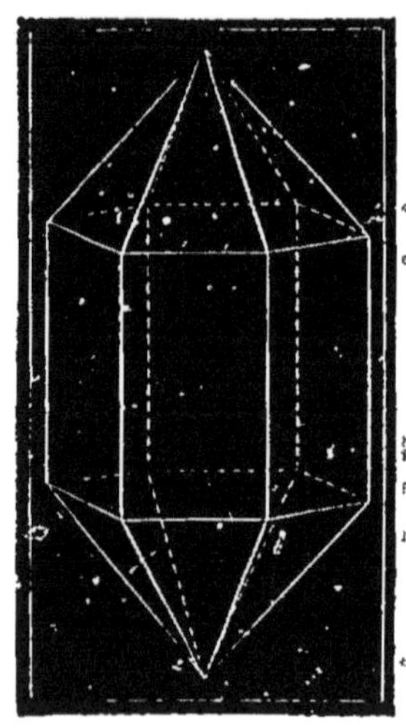

Fig. 77.

M. Pasteur a montré que dans les substances actives susceptibles de cristallisation une relation analogue pouvait être observée. Ainsi, dans le tartrate double de soude et d'ammoniaque qui cristallise dans le système orthorhombique (fig. 79), la moitié seulement des arêtes de base porte des modifications. Pour un observateur qui place en avant l'angle obtus de la forme primitive, les facettes de modifications hémièdres sont à droite ou à gauche; or les dissolutions de ces deux sels jouissent du pouvoir rotatoire à

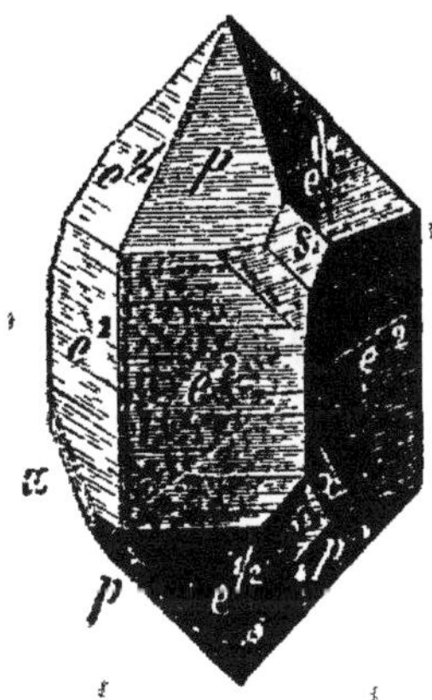 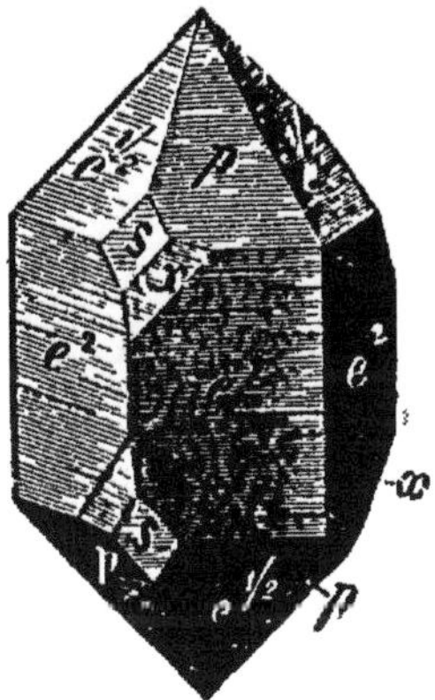

Fig. 78.

droite ou à gauche. Il en est de même pour l'acide tartrique; les cristaux de l'acide tartrique droit et les cristaux de l'acide tartrique

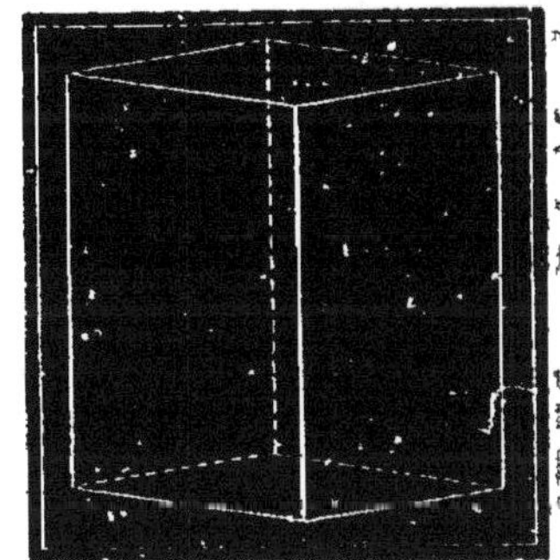

Fig. 79

gauche ne sont pas identiques; ils ne sont pas superposables, l'un est l'image de l'autre dans un miroir (fig. 66).

MANIPULATIONS

GÉNÉRALITÉS.

Nous insisterons plus particulièrement ici sur les principaux procédés à l'aide desquels on peut effectuer la séparation des matières organiques.

Distillation. — On a fréquemment à effectuer des distillations, c'est-à-dire à séparer un liquide volatil d'un résidu fixe par une vaporisation suivie d'une condensation.

Les appareils distillatoires sont disposés très différemment, suivant la nature du liquide. L'appareil le plus simple (fig, 80) consiste en une cornue de verre dont le col s'engage dans le col d'un ballon. Celui-ci repose sur un valet en jonc au fond d'une terrine remplie d'eau, et l'on s'arrange généralement, en disposant le récipient au-dessous d'un robinet, de façon à renouveler l'eau; pour éviter le contact brusque du liquide et du verre, et répartir d'ailleurs plus uniformément la réfrigération, on recouvre le ballon d'un linge; enfin, comme le poids de l'eau déplacée par le ballon l'emporte généralement sur le poids du vase, on donne de la stabilité au récipient en engageant le col de celui-ci dans un large anneau en plomb.

On se sert de cet appareil pour effectuer des distillations de liquides peu volatils, surtout lorsque le liquide est un acide attaquant les matières organiques; il n'entre en effet, dans le montage de cet appareil, ni bouchons de liège, ni bouchons de caoutchouc.

Lorsque l'on n'a rien à craindre sous ce rapport et que l'on tient à condenser la totalité du liquide, on dispose l'appareil

Fig. 80.

différemment (fig. 81). Le col de la cornue pénètre dans une allonge à laquelle il est fixé à l'aide d'un bouchon; le col de l'allonge est relié de la même façon au col d'un ballon tubulé; enfin, la tubulure de celui-ci porte un long tube dans lequel les vapeurs peuvent encore se condenser, et que l'on fait déboucher sous une cheminée, dans le cas où quelque produit volatil odorant ou dangereux se dégage dans la réaction.

L'emploi d'une cornue tubulée facilite l'introduction des substances; nous rappellerons que dans le cas où l'on se sert d'une cornue non tubulée, on doit introduire tout d'abord les matières solides (en nous supposant placés dans le cas le plus compliqué, mélange d'un solide et d'un liquide) en ayant soin que les parois du col de la cornue soient parfaitement sèches, puis on verse le liquide à l'aide d'un tube à entonnoir qui plonge jusqu'à la panse de la cornue. Retirant alors le tube à entonnoir avec précaution, en évitant de

toucher avec son extrémité mouillée le col de la cornue,
on redresse celle-ci et l'on mélange le liquide et le solide
par l'agitation : il est indispensable que les parois du verre
soient uniformément mouillées, car, si quelque point se

Fig. 81.

trouvait à sec, il se produirait une surchauffe, et le liquide
plus froid arrivant au contact déterminerait la rupture du
verre.

On ne peut éviter, lorsqu'on soumet un liquide à l'ébullition dans une cornue, que les bulles de vapeur, en crevant
à la surface, projettent du liquide sur les parties supérieures
du col; il y a, par conséquent, entraînement mécanique du
liquide de la cornue dans le récipient et le liquide recueilli
sera souillé de petites quantités de la substance dont on vou-
lait le débarrasser.

Lorsqu'on tient à la pureté du produit distillé, il faut
remplacer la cornue par un ballon, et disposer l'appareil
comme le représente la figure 82. Au col du ballon s'adapte
un tube recourbé assez long et d'un diamètre un peu supérieur à celui des tubes à gaz ordinaires. Ce tube traverse

un *réfrigérant de Liebig* dans lequel circule un courant d'eau,
l'eau froide arrivant par la partie inférieure et le liquide

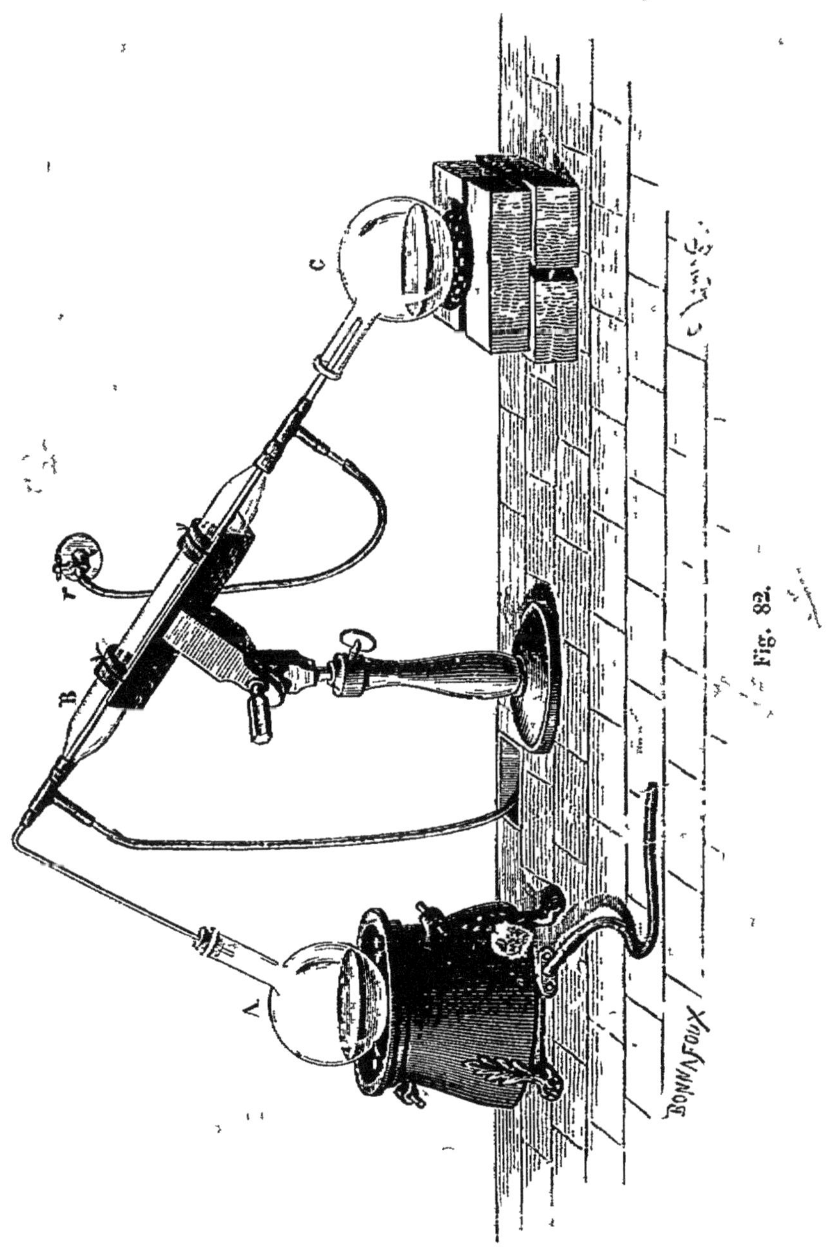

chaud s'écoulant par la partie supérieure. La figure représente un réfrigérant dont toutes les parties sont en verre et

reliées par des caoutchoucs; on trouve aussi dans le commerce des réfrigérants métalliques, plus solides par conséquent que les précédents.

On peut facilement construire un réfrigérant de Liebig avec un gros tube de verre de 50 à 60 centimètres de longueur et de 5 à 6 centimètres de diamètre. On le munit de deux bons bouchons de liège à ses deux extrémités; chacun d'eux est traversé à frottement dur par le tube de l'appareil distillatoire; un petit tube coudé s'engageant dans chaque bouchon permet de faire arriver ou sortir l'eau. Le réfrigérant est maintenu dans une position inclinée, à l'aide d'un solide support en bois.

Le mode de chauffage de l'appareil distillatoire dépend de la nature des liquides à distiller. Lorsque celui-ci est peu volatil, et que l'ébullition ne peut être accompagnée de soubresauts, on chauffe la cornue ou le ballon à feu nu. Si le liquide est très volatil (alcool, éther, sulfure de carbone), il faut toujours chauffer au bain-marie et celui-ci est obtenu d'une façon très simple à l'aide d'une marmite en fonte au fond de laquelle on dispose un valet sur lequel on fait reposer le fond de la cornue ou du ballon. La température d'ébullition de l'eau est, ici, la limite supérieure de volatilité de la substance. En remplaçant l'eau par des dissolutions salines plus ou moins concentrées, par de l'huile, ou mieux par de la paraffine, on dispose de températures de plus en plus élevées.

Distillations fractionnées. — Nous avons admis jusqu'ici qu'une distillation avait pour but de séparer un liquide d'un résidu solide ou d'un liquide très peu volatil. Ce n'est pas là le problème le plus général que l'on ait à résoudre. Le plus souvent un mélange liquide renferme un ou plusieurs liquides de volatilités différentes, et l'on se propose de les séparer. On effectue alors une *distillation fractionnée*.

En général, on ne peut, par une seule distillation, séparer deux liquides mélangés; la température indiquée par un thermomètre plongé dans la vapeur s'élève graduellement du point d'ébullition du mélange, qui est presque toujours intermédiaire entre la température d'ébullition des deux liquides, ou qui même peut être inférieure à la température d'ébullition du plus volatil, jusqu'à la température d'ébullition du moins volatil. Si l'on fractionne les produits en recueillant ce qui passe de 5 en 5 degrés par exemple, on reconnaît, il est vrai, que les premières portions sont plus riches en produits volatils, les dernières en produits moins volatils, mais chaque fraction n'en constitue pas moins un mélange. Lorsque les températures d'ébullition des deux liquides sont notablement différentes, on arrive à une séparation plus approchée en reprenant les divers liquides recueillis et les soumettant séparément à de nouvelles distillations fractionnées, jusqu'à ce que l'on arrive à des produits distillant entre des limites de température tellement rapprochées qu'on puisse les considérer comme des liquides purs.

Lorsque les températures d'ébullition sont peu différentes et que l'un des corps est en grand excès par rapport à l'autre, la distillation fractionnée peut devenir illusoire. Ainsi, d'après M. Berthelot, un mélange de 91 parties de sulfure de carbone (bouillant à 45°) et de 9 parties d'alcool (bouillant à 78°), bout à une température à peu près constante entre 43° et 44° sans que la composition du liquide distillé varie un seul instant.

Pour effectuer une distillation fractionnée, on surmonte le ballon de l'appareil distillatoire d'un tube à

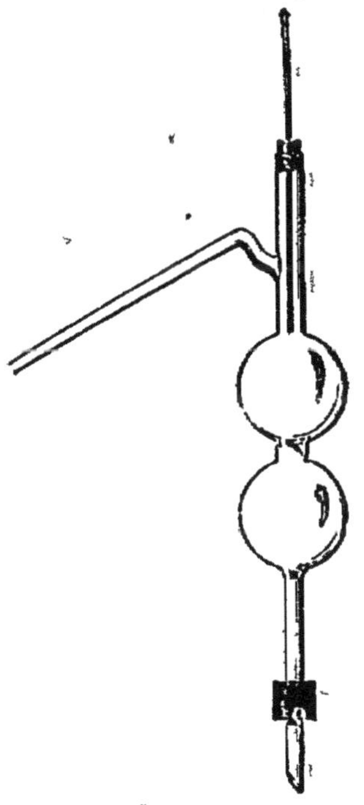

Fig. 83.

deux boules (*tube de Wurtz*), tel qu'il est représenté par la figure 83. Les liquides se condensent en partie dans ces boules et tendent à retomber dans le ballon (fig. 84); d'autre part, la vapeur qui s'élève barbote dans ces liquides, les échauffe et les portions les plus volatiles seules se dégagent par le tube latéral; elles se condensent d'ailleurs, en partie, sur les parois de la boule la plus élevée et sur le réservoir du

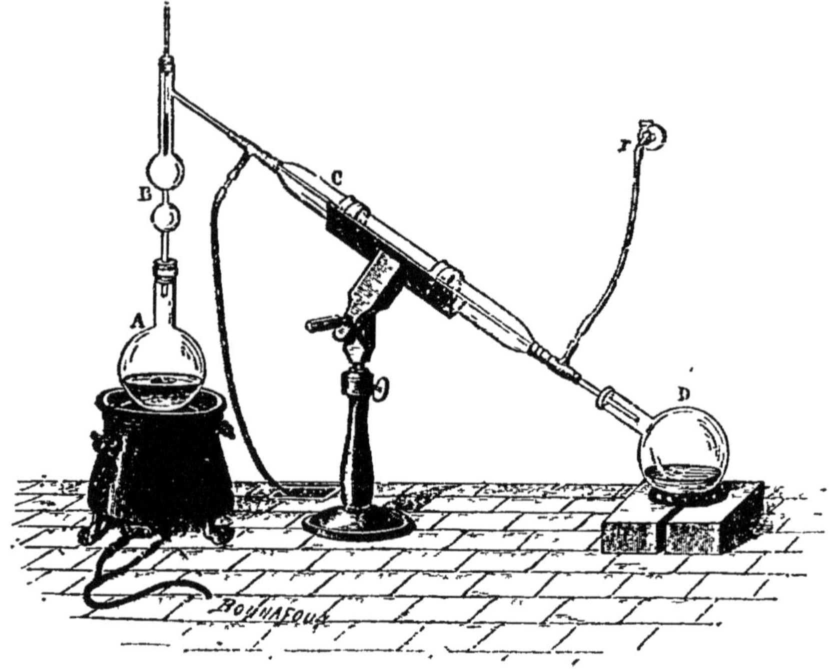

Fig. 84.

thermomètre, dont les indications servent de guide pour régler l'opération.

Un appareil à boules plus compliqué est représenté par la figure 85; il a été imaginé par MM. Le Bel et Henninger et agit comme les déflegmateurs que nous avons décrits brièvement (107). Dans chaque étranglement se trouve un tampon de toile de platine qui retarde l'écoulement des liquides condensés et détermine la formation d'une petite couche liquide que la vapeur est obligée de traverser dans son mouvement ascensionnel. Les petits tubes recourbés qui relient deux boules successives sont destinés à empêcher le liquide de s'élever au-dessus d'un certain niveau dans chacune d'elles.

Digesteurs. — L'alcool, l'éther, les essences de pétrole,

le sulfure de carbone, sont fréquemment employés, en chimie
organique, pour dissoudre certaines substances. La dissolution est souvent lente et se trouve facilitée lorsqu'on élève
la température. Comme ces liquides sont
très volatils et que leur maniement n'est
jamais sans danger au contact d'un foyer
incandescent, on emploie diverses dispositions expérimentales qui ont pour
but de maintenir le liquide en ébullition
dans un espace clos, ou tout au moins
dans des conditions telles, que la vapeur,
se condensant sur les parois froides de
l'appareil, revienne au contact de la
substance, sans qu'il y ait de perte sensible par évaporation.

La disposition la plus simple consiste
à opérer dans un appareil distillatoire
chauffé au bain-marie, en inclinant le
réfrigérant de bas en haut (fig. 24);
c'est ce que l'on appelle un appareil *à
reflux.*

On peut disposer plus simplement
l'appareil à reflux en fixant au bouchon
du ballon un tube droit aussi long que
possible (50 cent. à 1 mètre) et c'est
sur les parois de ce tube refroidi par
le contact de l'air ambiant que s'effectue la condensation des vapeurs.

Lorsqu'on suppose que le contact
des substances a été suffisamment pro-
longé, on décante le liquide, qui laisse,

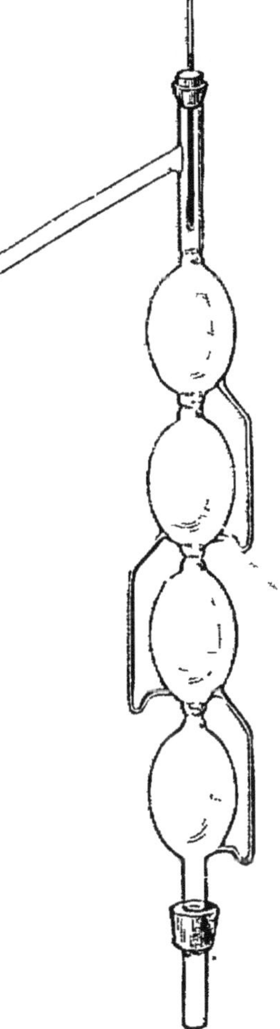

Fig. 85.

par exemple, déposer par le refroidissement des cristaux de
la substance qu'il s'agissait d'isoler. Si le dissolvant doit
être évaporé, on effectue cette opération dans un appareil
distillatoire chauffé au bain-marie et monté avec le plus
grand soin, de façon que les vapeurs des liquides inflammables soient toujours dirigées loin du foyer.

Nous ne saurions trop insister sur ce point que des liquides très volatils et inflammables comme l'éther, les essences de pétrole, le sulfure de carbone, ne doivent jamais être maniés auprès d'un foyer incandescent; ils ne doivent jamais être chauffés à feu nu, ou évaporés à l'air libre.

Bain-marie. —Nous venons de voir que dans les distillations on se sert fréquemment d'un *bain-marie* et que même, dans certains cas, ce mode de chauffage indirect est indispensable. Tout vase métallique est d'ailleurs propre à faire un *bain-marie* (marmite en fonte, casserole en fer ou en cuivre).

Certaines substances organiques ne peuvent être chauffées à une température supérieure à 100 degrés sans subir d'altération; s'agit-il, par exemple, de concentrer la dissolution d'une de ces substances, on effectue l'opération au bain-marie. On fait reposer le fond de la capsule sur un anneau en tôle ou en cuivre qui repose sur les bords du vase extérieur. Des disques métalliques percés de trous de différents diamètres permettront de faire reposer sur le même bain-marie des capsules de différentes tailles.

Sublimation. —La sublimation est un cas particulier de la distillation : le produit distillé est ici solide, et sa nature détermine la forme des appareils à employer.

Le procédé le plus simple consiste à introduire la substance dans un ballon à fond plat reposant sur un bain de sable qui peut être formé d'une façon très simple en remplissant de sable sec un large têt en terre, dans lequel on enfonce le fond du matras, plus ou moins suivant la quantité de matière à traiter.

On remplace quelquefois la fiole à fond plat par une cornue de verre, ou une capsule de porcelaine sur les bords, de laquelle repose un entonnoir. Si la substance ne se sublime qu'à une température supérieure à celle du ramollissement du verre, on emploie une cornue de grès.

Pour sublimer de petites quantités d'une matière très volatile, on peut se servir de deux verres de montre, dont les bords s'appliquent l'un contre l'autre et sont maintenus

Fig. 86.

Fig. 87.

par une lame de clinquant fendue longitudinalement dans
sa partie médiane (fig. 86). On fait reposer le verre inférieur contenant la matière, soit sur un bain de sable, soit
sur les bords d'un petit têt chauffé directement par la
flamme du gaz.

Fig. 88.

Un petit creuset de porcelaine chauffé par sa partie inférieure au bain de sable (fig. 87) servira pour sublimer de
petites quantités de matières moins volatiles (sublimation de
l'alizarine, de l'indigotine).

Un dispositif très ancien est fréquemment employé lors

qu'il s'agit de volatiliser des quantités de matières un peu considérables. La matière est introduite (fig. 88) dans un large têt en terre reposant sur un bain de sable ou sur une plaque de tôle. On recouvre le têt d'une feuille de papier à filtre et, à l'aide d'une bande de papier maintenue par de la colle, on fixe sur les parois latérales du têt un cône en carton à l'intérieur duquel on a tendu des fils transversalement (sublimation de la naphtaline, de l'acide benzoïque).

PREMIÈRE MANIPULATION.

Acétylène. — Gaz oléfiant. — **Liqueur des Hollandais.**

Acétylène. — On prépare l'acétylène en décomposant l'acétylure cuivreux par l'acide chlorhydrique (17). On doit donc se proposer tout d'abord de préparer ce composé.

Parmi les diverses dispositions que l'on peut adopter à cet effet, nous avons décrit une des plus simples (16); elle exige déjà l'installation d'un appareil assez compliqué et demande beaucoup de temps. Nous supposerons qu'il s'agit simplement ici de caractériser la présence de l'acétylène dans les mélanges gazeux et sa formation dans la combustion incomplète des matières organiques volatiles.

La combustion incomplète de la vapeur d'éther fournit des quantités notables d'acétylène. Pour réaliser l'expérience, on introduit dans une éprouvette longue et étroite quelques centimètres cubes d'éther et cinq à six gouttes de sous-chlorure de cuivre dissous dans l'ammoniaque. Si l'on approche une flamme de l'orifice, l'éther prend feu et brûle avec une flamme blanche. Si l'on a soin de maintenir l'éprouvette fortement inclinée et de la faire tourner lentement entre les doigts, la combustion de l'éther demeure incomplète à l'intérieur du vase, et le réactif cuivreux étalé sur ses parois ne tarde pas à se charger d'un précipité rouge accusant la formation de l'acétylène.

La combustion incomplète des carbures gazeux et du gaz de l'éclairage accuse également la formation de l'acétylène.

On remplit de l'un de ces gaz [1] une éprouvette à pied longue et étroite, on la redresse et, après avoir introduit quelques centimètres cubes du réactif, on enflamme le gaz à l'orifice. La flamme descend lentement jusqu'au fond de l'éprouvette et le précipité rouge d'acétylure de cuivre apparaît.

La préparation d'un réactif cuivreux sensible exige quelques précautions.

Il est plus simple d'effectuer la dissolution du sous-chlorure de cuivre dans l'ammoniaque au moment où l'on veut s'en servir. Nous rappellerons que le sous-chlorure de cuivre doit être conservé en solution chlorhydrique, en présence d'un excès de cuivre en tournure, dans un flacon bouché à l'émeri. En versant dans un excès d'eau une certaine quantité de cette liqueur, on obtient un précipité blanc qui se rassemble peu à peu au fond du vase (il est commode d'opérer dans un grand verre à pied) ; on lave à deux ou trois reprises par décantation, et on ajoute de l'ammoniaque par petites portions, de façon à dissoudre à peu près tout le sous-chlorure et en évitant d'employer un trop grand excès d'alcali. La liqueur prend immédiatement une teinte bleu clair et est prête à être employée; exposée à l'air pendant quelque temps, elle absorberait l'oxygène et ne pourrait plus servir à constater la présence de l'acétylène. On peut cependant préparer d'avance le réactif, en ayant soin de le conserver dans un flacon bien bouché et complètement rempli de tournure de cuivre; la dissolution incolore est, pour la recherche de l'acétylène, d'une grande sensibilité.

Gaz oléfiant. — Le gaz oléfiant ou éthylène s'obtient en chauffant un mélange d'alcool et d'acide sulfurique dans un ballon de verre relié à deux flacons laveurs (fig. 11).

Dans un ballon de 500 centimètres cubes, on verse 60 grammes d'alcool, puis, par petites portions et en agitant constamment, 260 grammes d'acide sulfurique. Ce mélange

1. Pour introduire du gaz de l'éclairage dans une éprouvette, il suffit, celle-ci ayant son orifice tourné vers le haut, de faire plonger jusqu'au fond un tube de caoutchouc relié à une conduite de gaz: l'air est déplacé peu à peu.

doit être effectué très lentement, et il est bon, afin d'éviter une élévation trop brusque de température, de plonger le ballon dans une grande terrine pleine d'eau. On ajoute ensuite peu à peu du sable siliceux, en agitant le ballon de façon à délayer celui-ci, et en quantité telle que le mélange soit encore parfaitement fluide. Ce sable est destiné à empêcher la formation d'une mousse abondante qui pourrait être entraînée dans les diverses parties de l'appareil.

Le ballon est soigneusement essuyé et relié aux flacons laveurs : le premier renferme une solution de potasse ou de soude destinée à retenir l'acide carbonique et l'acide sulfureux qui peuvent prendre naissance surtout vers la fin de l'opération ; le second, de l'acide sulfurique concentré qui retient l'éther.

On chauffe lentement tout d'abord, puis on élève graduellement la température, jusqu'à ce que le gaz s'échappe régulièrement par le tube de dégagement. Il est bien entendu qu'on ne recueille pas les premières bulles de gaz, formées de l'air contenu dans les appareils et dilaté par la chaleur.

Lorsque le gaz est pur, il brûle avec une flamme éclairante, sans détonation ; la combustion terminée, on verse rapidement quelques centimètres cubes d'eau de chaux, on ferme avec la main et on agite, afin de mettre en évidence, par la formation d'un précipité blanc de carbonate de chaux, la présence de l'acide carbonique parmi les produits de la combustion.

On introduit rapidement [1] dans une grande éprouvette à pied à bords rodés 2 volumes de chlore et 1 volume de gaz

1. Les gaz ont été recueillis séparément dans des flacons à large goulot ; le chlore, préparé peu de temps avant de faire l'expérience, est conservé dans des flacons fermés à l'émeri ou simplement par de bons bouchons de liège, et retournés dans des verres remplis d'eau. La grande éprouvette ayant été remplie d'eau et renversée dans la cuve, on fait passer successivement les deux gaz en redressant peu à peu les flacons qui les contiennent et que l'on avait tout d'abord immergés dans la cuve, l'orifice en bas.

oléfiant; on ferme l'orifice avec une plaque de verre dépoli; on retourne l'éprouvette à deux ou trois reprises, de façon à mélanger les gaz, et on la redresse. Si l'on approche une flamme de l'orifice, on voit immédiatement une flamme rougeâtre descendre lentement jusqu'au fond de l'éprouvette, en même temps qu'un dépôt abondant de carbone très divisé se produit sur les parois. Un papier bleu de tournesol humide présenté à l'orifice de l'éprouvette rougit rapidement, accusant ainsi la formation de l'acide chlorhydrique.

Liqueur des Hollandais. — Pour mettre en évidence la formation du bichlorure d'éthylène ou *liqueur des Hollandais* par l'action directe du chlore sur l'éthylène, à la lumière diffuse, on fait passer dans une longue éprouvette de 1 litre de capacité volumes égaux des deux gaz. L'éprouvette, reposant sur une assiette ou dans un petit cristallisoir rempli d'eau, est abandonnée à elle-même; les gaz se mélangent et réagissent lentement, le liquide monte peu à peu dans l'éprouvette, en même temps que des gouttelettes huileuses de bibromure d'éthylène se rassemblent à la surface du liquide et tombent peu à peu au fond du vase. A mesure que le niveau de l'eau s'élève dans l'éprouvette, on ajoute de l'eau dans le vase inférieur. L'absorption du liquide n'est jamais complète, car les gaz sont toujours mélangés d'air, surtout le chlore, lorsqu'on l'a préparé par déplacement.

DEUXIÈME MANIPULATION.

Gaz des marais. — Chloroforme.

Gaz des marais. — On prépare le gaz des marais ou formène en décomposant par la chaleur l'acétate de soude en présence d'un excès de chaux sodée.

L'acétate de soude a été préalablement fondu; on le pulvérise et on mélange 20 grammes de cette substance avec 60 grammes de chaux sodée, en petits fragments, en triturant le tout dans un mortier. On introduit ce mélange dans une petite cornue en verre vert (125 centimètres cubes), on adapte à l'orifice de celle-ci, soit à l'aide d'un bouchon, soit à l'aide d'un bout de tube de caoutchouc, un tube de dégagement muni d'un tube de sûreté; le gaz est recueilli sur l'eau.

On chauffe la cornue très doucement au début, puis plus fortement, en réglant la température d'après la rapidité du dégagement gazeux. On laisse d'ailleurs le gaz se dégager pendant quelque temps avant de le recueillir.

On vérifie que le gaz recueilli dans les éprouvettes est combustible, et que l'acide carbonique se trouve parmi les produits de la combustion; il suffit pour cela de verser dans l'éprouvette, la combustion une fois terminée, quelques centimètres cubes d'eau de chaux; celle-ci se trouble lorsque, fermant l'éprouvette avec la main, on l'agite.

Si l'on mélange dans un petit flacon (200 centimètres cubes) le gaz des marais avec le double de son volume d'oxygène, et si l'on approche l'orifice du flacon de la flamme d'une bougie, on obtient une violente explosion. L'expérience ne présente généralement aucun danger; cependant il est prudent d'envelopper le flacon d'un torchon humide, de façon à préserver la main de l'opérateur, dans le cas où le vase serait brisé. Les proportions indiquées sont celles qui conviennent pour que la combustion soit complète :

$$C^2H^4 + 8O = C^2O^4 + 4HO.$$
4 vol.   8 vol.

L'action du chlore sur le gaz des marais peut être étudiée de deux façons différentes.

On introduit rapidement dans une grande éprouvette à pied remplie d'eau 2 volumes de chlore et 1 volume de gaz des marais, on retourne vivement celle-ci, après avoir fermé l'orifice avec une plaque de verre, on l'agite, puis on la redresse et on approche de l'orifice la flamme d'une bougie. Une flamme rougeâtre se produit immédiatement, en même temps qu'un nuage de carbone très divisé s'élève. On constate, en plongeant dans l'atmosphère de l'éprouvette un papier de tournesol bleu humide, qu'il s'est formé un gaz acide, qui évidemment est de l'acide chlorhydrique.

Dans cette réaction, le gaz carburé a été détruit, il s'est formé de l'acide chlorhydrique et du carbone a été mis en liberté :

$$C^2H^4 + 4Cl = 4HCl + 2C.$$
4 vol   8 vol.

On peut mettre en évidence la formation des produits de substitution du chlore au gaz des marais en opérant de la manière suivante :

On introduit dans un flacon volumes égaux de gaz des marais et de chlore, et l'on expose ce mélange à la lumière solaire diffusée par un mur blanc. On voit peu à peu la teinte verdâtre du chlore disparaître ; si, une fois que la décoloration est complète, on ouvre le flacon sur la cuve à mercure, on n'observe aucune variation de volume ; mais si l'on introduit dans le flacon quelques centimètres cubes d'une dissolution concentrée de potasse, on voit que le mercure remplit environ la moitié du flacon. Il s'est formé en effet dans cette réaction du formène monochloré ou éther méthylchlorhydrique et de l'acide chlorhydrique :

$$C^2H^4 + 2Cl = C^2H^5Cl + HCl.$$
4 vol.   4 vol.   4 vol   4 vol.

Le gaz qui reste dans le flacon est le formène monochloré.

Si l'on exposait le flacon à la lumière solaire directe, on obtiendrait une réaction violente, explosive et la destruction du carbure.

Chloroforme. — On emploiera pour cette préparation un appareil distillatoire composé d'une cornue, d'une allonge et d'un ballon tubulé (fig. 84), ou plus simplement d'une cornue dont le col s'engage librement dans le col du ballon.

La cornue doit être d'une grande capacité, 2 litres environ. On y introduit tout d'abord :

200 grammes de chlorure de chaux,
100   —   de chaux éteinte,

puis

800 grammes d'eau,

qûe l'on ajoute par petites portions, de façon à produire une bouillie par l'agitation; on ajoute enfin

40 grammes d'alcool.

On chauffe la cornue très légèrement, de façon à déterminer la réaction; on éteint alors le feu. La masse se boursoufle, et si l'on n'avait pris la précaution d'employer une cornue de grandes dimensions, la masse pâteuse soulevée passerait dans le récipient. Lorsque là distillation se ralentit, on chauffe de nouveau très légèrement. Dans la première partie de l'opération, une partie de l'alcool a pu distiller et échapper ainsi à la réaction; aussi est-il bon de *cohober*, c'est-à-dire de verser de nouveau dans la cornue le contenu du ballon, et de distiller de nouveau.

Le liquide recueilli est un mélange d'eau, d'alcool et de chloroforme; on le verse dans un grand verre, on ajoute un excès d'eau et l'on agite avec une baguette. L'eau dissout l'alcool, et le chloroforme se sépare en gouttelettes huileuses qui gagnent le fond du vase. On décante la majeure partie du liquide surnageant et, pour séparer plus complètement le chloroforme, on l'introduit dans un petit entonnoir dont on a préalablement étiré et fermé la douille à la lampe d'émailleur. Lorsque le chloroforme s'est rassemblé à la partie inférieure, on casse la pointe et l'on fait écouler le liquide dans un petit flacon; lorsqu'on s'aperçoit que la surface de séparation du chloroforme et de l'eau est proche de l'orifice inférieur, on ferme celui-ci avec le doigt.

La quantité de chloroforme préparée avec les poids indiqués ci-dessus est assez faible, car une partie de l'alcool échappe nécessairement à la réaction, et il serait illusoire de chercher à purifier complètement le chloroforme recueilli. Mais si on réunit les produits de plusieurs opérations, on peut procéder à cette rectification de la façon suivante : On agite le chloroforme dans un flacon, avec une petite quantité d'acide sulfurique concentré qui absorbe l'alcool et l'eau; on sépare le chloroforme à l'aide d'un entonnoir effilé, et on l'agite avec une petite quantité d'une dissolution de carbonate de soude, pour neutraliser l'acide sulfurique entraîné; on sépare de nouveau et on laisse le chloroforme en contact pendant quelques heures, dans un flacon fermé, avec des fragments de chlorure de calcium. On termine l'opération en distillant le chloroforme dans un petit ballon muni d'un appareil à boules (fig. 84), en recueillant ce qui passe vers 60°.

TRÓISIÈME MANIPULATION.

Rectification de la benzine. — Nitrobenzine. — Sublimation de la naphtaline.

Rectification de la benzine. — Nous rappellerons (40) que les benzines commerciales (ou *benzols*) sont des mélanges en proportions variables de benzine et de ses homologues supérieurs et qu'elles sont vendues sur titre, d'après leur teneur en centièmes de produits bouillant au-dessous de 100°. On trouve facilement dans le commerce des benzols presque purs, titrant 90 pour 100 et plus. Bien que ces produits soient très riches en benzine (celle-ci bout à 80°, le toluène à 120°), on ne saurait, par distillation fractionnée les débarrasser complètement des carbures étrangers. On en retire la benzine pure par congélation.

On enveloppe le petit flacon qui contient le carbure d'un mélange de glace et de sel, et lorsqu'il s'est mis en équilibre de température, on agite vivement de façon à faire cesser la sursaturation. Lorsque la solidification est presque complète, on brise les cristaux avec un agitateur, on décante lentement le liquide qui les imprègne, puis on laisse les cristaux se liquéfier; on solidifie de nouveau et, en répétant ces mêmes traitements à plusieurs reprises, on obtient finalement un liquide qui fond seulement à + 7° et se solidifie un peu au-dessous de 0°.

La préparation d'un benzol à 90 pour 100 à l'aide d'un produit commercial moins riche nécessiterait plusieurs distillations fractionnées dans les appareils à boule décrits page 252. Ces distillations sont longues, même pour un opérateur très exercé, elles exigent l'emploi de volumes liquides assez considérables, et la séparation de la benzine n'est jamais aussi nette que dans les appareils industriels.

Préparation de la nitrobenzine.

— On mélange tout d'abord, dans un petit vase à précipiter de 250 centimètres cubes environ, 20 grammes d'acide azotique fumant et 10 grammes d'acide sulfurique. Afin d'éviter l'élévation de la température, on doit opérer ainsi : On tient de la main gauche le vase à précipiter, que l'on immerge par sa partie inférieure dans une terrine remplie d'eau; on l'agite d'une façon continue et, après y avoir introduit l'acide azotique, on verse goutte à goutte l'acide sulfurique. On attend quelques instants, et lorsqu'on s'est assuré que le mélange est à la température ambiante, on verse goutte à goutte et très lentement 20 grammes de benzine pure, en agitant vivement.

Il est indispensable d'éviter, dans cette première partie de l'opération, une élévation brusque de température; aussi faut-il, par une agitation continue du liquide au sein d'une masse d'eau un peu considérable, répartir uniformément la chaleur dégagée nécessairement par la réaction, et attendre quelques instants après chaque addition de benzine. Lorsqu'on ne prend pas cette précaution, chaque goutte de benzine que l'on introduit dans le mélange acide, fait entendre un bruissement et détermine un dégagement immédiat de vapeurs nitreuses.

Le liquide ainsi obtenu est légèrement coloré en jaune et la nitrobenzine obtenue est mélangée d'un excès d'acide. Pour la séparer, on remplit d'eau un grand verre à réaction et l'on y verse le contenu du vase à précipiter. La nitrobenzine se sépare sous forme de gouttelettes huileuses qui tombent au fond du vase; on agite vivement avec une baguette de verre; on laisse reposer, on décante le liquide acide qui surnage et on le remplace par une nouvelle quantité d'eau, en ajoutant même quelques gouttes d'ammoniaque pour neutraliser l'acide libre. Après un dernier lavage, on verse la nitrobenzine dans un petit flacon, où on la laisse séjourner au contact de quelques fragments de chlorure de calcium, pour la dessécher.

La nitrobenzine ainsi obtenue est suffisamment pure, surtout si la benzine employée comme point de départ est pure elle-même, pour qu'il ne soit pas nécessaire de la distiller. La distillation de la benzine n'est pas sans danger; il faut éviter de la chauffer à feu nu, et on ne doit effectuer cette distillation qu'en chauffant la cornue dans un bain d'huile. Si l'on opérait à feu nu, on ne pourrait éviter que les parois du verre ne fussent portées à une température bien supérieure à la température d'ébullition de la substance, et l'on s'exposerait à déterminer une décomposition brusque de la nitrobenzine et, par suite, une explosion.

Sublimation de la naphtaline. — La disposition que l'on emploie pour sublimer de petites quantités de naphtaline est la suivante (fig. 88) :

On place la substance dans un large têt en terre à la surface duquel on tend une feuille de papier à filtre que l'on fixe au bord du vase avec de la colle de pâte. On surmonte le tout d'un cône en carton léger à l'intérieur duquel on a tendu des fils s'entrecroisant en tous sens. Les bords inférieurs du cône sont assujettis au têt en terre par une bande de papier et de la colle.

L'appareil étant ainsi disposé, on place le têt sur une plaque en tôle au-dessus d'un fourneau. La naphtaline se sublime lentement et les cristaux viennent se déposer sur les parois du cône ou s'attachent aux fils. Mais il est indispensable de chauffer très légèrement, si l'on veut que les cristaux soient bien nettement formés.

L'opération terminée, il suffit de secouer le cône de carton au-dessus d'une feuille de papier pour recueillir la naphtaline.

Rectification de l'alcool. — Fermentation alcoolique. — Éther acétique.

Rectification de l'alcool.

Rectification de l'alcool. — L'alcool à 95° que l'industrie livre au commerce ne peut être débarrassé, par une nouvelle distillation, des derniers centièmes d'eau qu'il contient.

Pour préparer l'alcool absolu, divers procédés peuvent être employés ; nous en décrirons deux, le *procédé à la chaux*, et le *procédé à la baryte*.

1° *Procédé à la chaux.* — On introduit dans un ballon relié à un réfrigérant à reflux (fig. 24) 500 grammes d'alcool à 95 degrés centésimaux et 150 grammes d'une chaux vive de bonne qualité concassée en petits fragments ; on laisse en digestion pendant 24 heures, ou, si l'on veut opérer plus rapidement, on chauffe l'alcool à une température voisine de sa température d'ébullition pendant une heure ou deux. L'eau est absorbée par la chaux, qui s'hydrate.

En remplaçant le tube à courbure obtuse qui relie le ballon au réfrigérant par un tube à courbure aiguë, on distille l'alcool et on le recueille dans des petits matras dont on a préalablement légèrement étranglé le col et que l'on ferme ensuite à la lampe. L'alcool absolu est en effet très avide d'eau, il ne doit pas être mis au contact de l'air, et lorsqu'on en prépare des quantités un peu notables, on a soin de le recueillir dans plusieurs vases que l'on scelle à la lampe et que l'on conserve pour l'usage.

On peut, à la rigueur, simplifier l'appareil précédent et se passer d'un réfrigérant ascendant. Il suffit d'adapter au bouchon du ballon un tube en verre droit, de 1 mètre environ de longueur, et d'un diamètre un peu plus grand que celui des tubes à dégagement. Si l'on a soin, pendant la première partie de l'opération, de ne pas faire bouillir trop vivement l'alcool, les vapeurs se condensent dans le tube refroidi et retombent dans le ballon. Au moment de procéder à la distillation, on remplace le tube droit par un tube recourbé à angle aigu à branches très inégales ; la longue branche (1 mètre de longueur environ) pénètre par son extrémité libre dans le matras où l'on veut recueillir l'alcool. On doit alors distiller très lentement, afin que le tube ne s'échauffe pas trop par la condensation des vapeurs.

2° *Procédé à la baryte*. L'alcool à 95° est mélangé dans un flacon avec une petite quantité de baryte caustique pulvérisée ; on ferme soigneusement et on agite de temps en temps. La baryte forme avec l'eau un hydrate insoluble dans l'alcool, puis l'excès de base se dissout en formant une liqueur jaunâtre d'alcoolate de baryte. On décante le liquide dans un ballon bien sec, et l'on distille.

Ce procédé fournit plus aisément de l'alcool absolu que le précédent ; le plus souvent même, après avoir rectifié l'alcool sur la chaux vive, on achève l'opération par le procédé à la baryte.

L'alcoolate de baryte se trouble au contact d'une trace d'eau ; aussi cette dissolution constitue-t-elle, d'après les indications de M. Berthelot, le réactif le plus sensible pour reconnaître si un alcool est réellement anhydre ; au contact d'un alcool aqueux, l'alcoolate de baryte se trouble immédiatement.

Fermentation alcoolique. — Dans un flacon de 1 litre et muni d'un tube de dégagement se rendant sur la cuve à eau (fig. 41), on introduit 40 à 50 grammes de glucose dissous dans un peu d'eau tiède, 500 grammes d'eau, et une petite quantité de levure de bière fraîche, délayée dans un peu d'eau. Si la température de l'eau est voisine de 30°, on ne tarde pas à voir des bulles de gaz se dégager et une mousse abondante se former à la surface du liquide. On recueille l'acide carbonique sur la cuve à eau et on le caractérise par ses propriétés.

Lorsque le dégagement gazeux s'arrête, la fermentation est terminée ; on filtre le liquide, on le distille en ne recueillant que le premier tiers. On peut manifester la présence de l'alcool dans ce liquide en s'appuyant sur l'insolubilité de l'alcool dans une dissolution saturée de carbonate de potasse. On introduit quelques centimètres cubes du liquide alcoolique dans un large tube à essais et on ajoute du carbonate de potasse solide; on agite en fermant le tube avec le doigt, et on continue les additions du sel alcalin jusqu'à ce que celui-ci soit en grand excès; l'alcool vient former à la surface du liquide une couche transparente.

Éther acétique. — L'appareil distillatoire employé à cette préparation est représenté par la figure 81. Dans une cornue de 500 centimètres cubes de capacité, on introduit 120 grammes d'acétate de soude fondu, et un mélange fait antérieurement de 70 grammes d'alcool et de 180 grammes d'acide sulfurique. On chauffe très lentement, de façon à recueillir dans le récipient refroidi un volume de liquide à peu près égal à celui de l'alcool.

Le liquide recueilli est un mélange d'éther acétique et d'acide acétique ; on l'additionne d'une petite quantité de carbonate de soude, et on le distille de nouveau au bain-marie.

CINQUIÈME MANIPULATION.

Saponification de l'huile par l'oxyde de plomb. — Préparation de la glycérine. — Savon de soude. — Acide stéarique.

Saponification de l'huile par l'oxyde de plomb. — Préparation de la glycérine. — En saponifiant un corps gras par l'oxyde de plomb, en présence de l'eau, on obtient d'une part un savon de plomb insoluble (*emplâtre simple*) et de la glycérine qui reste dissoute dans le liquide. C'est le procédé mis en œuvre par Scheele et qui a conduit à la découverte de la glycérine.

On peut répéter facilement cette expérience de la façon suivante. Dans une capsule de porcelaine on introduit 20 grammes d'huile d'olive, 20 grammes d'axonge et 100 grammes d'eau. On chauffe très légèrement d'abord de façon à fondre la graisse, puis on ajoute par petites portions, en agitant constamment avec une spatule de porcelaine ou simplement un morceau de bois grossièrement taillé en forme de spatule, 20 grammes de litharge finement pulvérisée. On porte à l'ébullition sans cesser de remuer la masse, et on ajoute de temps en temps de l'eau bouillante pour remplacer celle qui s'évapore, jusqu'à ce que la litharge ait disparu et ait été remplacée par une matière pâteuse, grise, d'apparence homogène; on a ainsi obtenu le savon de plomb, mélange de manganate, de stéarate et d'oléate de plomb.

On laisse refroidir, on décante le liquide et on ajoute une petite quantité d'eau, tiède dans laquelle on malaxe avec les doigts le savon de plomb; on réunit tous les liquides qui renferment de la glycérine en dissolution. La liqueur renferme un peu de plomb dissous comme on le constate facilement en y faisant passer un courant d'hydrogène sulfuré qui précipite du sulfure de plomb noir. On filtre alors, et l'on fait bouillir le liquide pour chasser l'hydrogène sulfuré, puis on évapore lentement au bain-marie, dans une petite capsule de porcelaine.

Savon de soude. — En remplaçant dans l'opération précédente l'oxyde de plomb par la soude caustique, on obtient un savon soluble, combinaison des acides gras avec la soude, et la glycérine est encore mise en liberté.

Pour effectuer la saponification, on introduit dans une capsule de porcelaine 100 grammes d'eau, 60 grammes d'huile d'olive environ et 30 grammes d'une lessive de soude à 36° Baumé (*lessive des savonniers*). On porte et on maintient à l'ébullition, en ayant soin d'ajouter de l'eau de temps en temps pour conserver un volume de liquide invariable, jusqu'à ce qu'une petite quantité de la matière, puisée à l'aide d'une pipette, se dissolve complètement dans l'eau froide; à ce moment, la matière grasse a disparu et la saponification est terminée.

Pour isoler le savon alcalin, on s'appuie sur ce qu'il est insoluble dans l'eau chargée de sel marin. On verse alors dans le liquide bouillant 25 à 30 grammes de sel marin. Dès que ce sel est dissous, le savon vient surnager sous la forme d'une couche huileuse qui se solidifie par le refroidissement.

Acide stéarique. — Les bougies stéariques sont formées en majeure partie d'acide stéarique, accompagné d'un peu d'acide margarique et d'acide oléique. Pour préparer de l'acide stéarique à peu près pur, on peut profiter de sa solubilité dans l'alcool bouillant, et le faire cristalliser par refroidissement. En réitérant ces traitements, on le débarrasse très sensiblement des autres acides gras qui restent en dissolution.

Pour effectuer ces opérations, on se sert d'un petit appareil à épuisement formé d'un ballon auquel, au moyen d'un bouchon, on adapte un tube de verre long de 50 à 60 centimètres et du diamètre des tubes à dégagement. On introduit dans le ballon quelques grammes d'acide stéarique en petits fragments, puis de l'alcool à 90? centésimaux; on fixe le bouchon et à l'aide d'une pince on maintient le ballon dans un bain-marie dont on porte l'eau vers 80°. A mesure que la température s'élève, l'acide stéarique se dissout et sa dissolution devient bientôt complète, si la quantité d'alcool ajoutée est suffisante. Par le refroidissement, l'acide stéarique se dépose en petites écailles miroitantes; on décante le liquide alcoolique, on fait tomber les cristaux d'acide stéarique sur plusieurs doubles de papier à filtre, on presse et on fait sécher.

SIXIÈME MANIPULATION.

Sucre de canne : cristallisation dans l'alcool. — Préparation du glucose par l'amidon. — Préparation de l'amidon et de la dextrine. — Coton-poudre.

Cristallisation du sucre. — Le sucre de canne ou saccharose est très soluble dans l'eau, et ce n'est que dans des liqueurs sirupeuses, abandonnées dans un endroit frais, que l'on obtient, avec le temps, de beaux cristaux de cette substance (*sucre candi*). La cristallisation du sucre est plus facile à réaliser en employant l'alcool comme dissolvant. Le sucre, à peu près insoluble dans l'alcool absolu froid, se dissout dans 80 fois son poids d'alcool bouillant; sa solubilité est plus grande dans l'alcool aqueux.

On introduit dans un petit ballon de verre quelques grammes de sucre blanc pulvérisé et une quantité d'alcool suffisante pour qu'en chauffant au bain-marie, au voisinage de la température d'ébullition de l'alcool, la dissolution soit complète. Le liquide en se refroidissant lentement laisse déposer de petits cristaux de sucre bien déterminés.

On trouve dans le commerce du sucre non raffiné, en petits cristaux blancs (sucre de premier jet) qui n'est souillé que d'une petite quantité de mélasses brunes. En lavant ce sucre à l'alcool froid d'abord, puis en le faisant cristalliser dans l'alcool, on obtiendrait du sucre très pur, ne laissant que quelques millièmes de cendres par combustion.

Préparation de l'amidon. — Pour préparer l'amidon de la farine du blé, on fait avec celle-ci et une petite quantité d'eau une pâte consistante que l'on mélange entre les doigts sous un mince filet d'eau au-dessus d'un tamis; ce tamis repose sur une terrine, et l'amidon entraîné par l'eau traverse les mailles du tamis. L'opération est terminée lorsqu'il reste entre les doigts une pâte élastique de couleur grise (*gluten*). En versant le contenu de la terrine dans un vase à précipité, on voit peu à peu l'amidon se réunir au fond du vase sous la forme d'une poudre blanche, qu'on lave à plusieurs reprises par décantation et qu'on laisse sécher à l'air libre. Bien que le tamis ait eu pour objet d'arrêter les fragments de gluten entraînés, la fécule ainsi préparée en renferme toujours de petites quantités (110).

L'amidon de la pomme de terre ou fécule s'extrait d'une manière analogue. On frotte une pomme de terre sur une râpe à sucre de façon à déchirer les parois des cellules; si l'on opère sous un mince filet d'eau, au-dessus d'un tamis destiné à retenir les débris des cellules, la fécule seule entraînée par le liquide traverse les mailles du tissu et est recueillie dans une terrine. Elle se dépose par le repos au fond du vase et on la lave par décantation.

En examinant simultanément au microscope l'amidon du blé et la fécule, on voit nettement que les grains de fécule sont beaucoup plus gros que ceux d'amidon, et l'on se rend compte de leur structure (111). On prépare l'*empois d'amidon* en chauffant une petite quantité de cette substance avec un grand excès d'eau, dans un petit ballon ou dans un tube à essais; vers 70° l'amidon se gonfle et le liquide prend une teinte laiteuse; il suffit de chauffer quelques instants pour que la matière amylacée ait disparu. L'empois d'amidon bien préparé doit se colorer en bleu en présence d'une *trace d'iode* libre. Pour le vérifier, on ajoute à l'empois d'amidon refroidi contenu dans un tube à essais une goutte d'une dissolution aqueuse d'iode. On sait qu'en chauffant le liquide vers 80°, on fait disparaître la coloration; celle-ci reparaît par le refroidissement.

La consistance de l'empois dépend de la quantité d'amidon mise au contact de l'eau; en ajoutant des poids croissants de matière amylacée on peut obtenir des liqueurs épaisses qui se prennent en gelée par le refroidissement.

Préparation du glucose. — Lorsqu'on maintient l'empois d'amidon pendant quelque temps à 100° par une ébullition prolongée, on le transforme en amidon soluble (112); si la liqueur est acidulée par quelques gouttes d'acide sulfurique, on obtient, en poursuivant l'opération, successivement de la dextrine et du glucose.

La préparation du glucose à l'aide de l'amidon peut s'effectuer à l'aide de la disposition expérimentale représentée par la figure 54. On verse lentement 5 à 3 grammes d'acide sulfurique dans 250 centimètres cubes d'eau contenus dans un vase à précipiter de 1 litre 1/2 de capacité[1]. On délaye d'autre part 30 grammes d'amidon dans une petite quantité d'eau et l'on mélange le tout. Par le tube recourbé qui plonge au fond du vase, on fait arriver un courant de vapeur obtenu en faisant bouillir rapidement de l'eau dans un grand ballon de 2 litres environ. La condensation de la vapeur d'eau élève peu à peu la température du liquide, l'amidon se gonfle tout d'abord, se transforme en empois d'amidon;

---

1. On est obligé d'employer un vase de très grande dimension par rapport à la quantité de liquide introduite au début; la condensation de la vapeur d'eau augmente en effet beaucoup le volume de celui-ci.

la liqueur est laiteuse, puis elle s'éclaircit, l'amidon se transformant en amidon soluble, en dextrine et enfin en glucose. La réaction n'est terminée qu'au bout d'un temps très long et l'on suit les diverses phases de la réaction, en essayant l'action de l'iode libre sur de petites quantités de la liqueur introduites successivement dans des tubes à essais et refroidies. Tant que la liqueur renferme de l'amidon, elle se colore en bleu ; lorsque l'amidon s'est transformé en dextrine, la liqueur se colore en violet ; enfin lorsque la transformation en glucose est terminée, le liquide reste incolore.

Il est assez difficile, lorsqu'on opère sur de petites quantités de matière, de faire cristalliser le glucose. Si l'on tient cependant à terminer la préparation, on sature par de la craie pulvérisée l'acide sulfurique libre, ce qui donne du sulfate de chaux peu soluble et un dégagement d'acide carbonique. On filtre, puis on évapore au bain-marie jusqu'à consistance sirupeuse en séparant par le filtre les dépôts de sulfate de chaux qui se forment à mesure que la liqueur se concentre.

La liqueur réduite ainsi à un petit volume se prend peu à peu par le refroidissement en une bouillie cristalline.

Le glucose ainsi préparé est toujours souillé de dextrine et de sulfate de chaux.

On peut vérifier, en opérant avec la dissolution de glucose étendue, que celle-ci réduit la liqueur cupro-potassique (*liqueur de Fehling*, 87). On porte quelques centimètres cubes de cette liqueur à l'ébullition dans un tube à essais, puis on fait tomber quelques gouttes de la dissolution de glucose. La liqueur prend une teinte verdâtre, puis jaune, et enfin, au bout de quelques instants d'ébullition, laisse déposer un précipité rouge de sous-oxyde de cuivre.

Préparation de la dextrine. — Nous avons vu que, dans l'opération précédente, l'amidon se transforme en dextrine avant de se changer en glucose ; on reconnaît que cette transformation s'est effectuée lorsque l'eau iodée donne avec une prise d'essai froide une coloration violacée. A ce moment on arrête l'opération, on sature par du carbonate de chaux, on concentre jusqu'à consistance sirupeuse en séparant le sulfate de chaux par le filtre. La dextrine est incristallisable, et si on verse la liqueur dans un excès d'alcool à 50° centésimaux, on précipite la dextrine sous la forme d'une matière blanche floconneuse. La dextrine ainsi obtenue ne constitue pas un composé défini; elle est en outre mélangée d'amidon soluble et de glucose.

La transformation de l'amidon en dextrine par le procédé de Payen (115) est longue et demande à être conduite avec beaucoup de soin. On délaye 25 grammes d'amidon dans 40 à 50 grammes d'eau additionnée de 2 ou 3 gouttes d'acide azotique. Cette bouillie est placée au fond d'une large capsule de porcelaine et évaporée sur un bain-marie. Lorsque la matière est sèche, on la pulvérise, on l'étend sur de petites soucoupes en porcelaine que l'on maintient à une température voisine de 120° pendant une heure ou deux, dans une étuve à huile analogue à celle qui est représentée par la figure 2.

La matière jaunâtre ainsi obtenue doit être entièrement soluble dans l'eau; la dissolution ne doit pas bleuir par l'eau iodée, mais prendre une couleur violacée.

Elle renferme d'ailleurs du glucose, comme il est facile de s'en assurer par un essai à la liqueur de Fehling, et de l'amidon soluble. On précipite les dextrines par l'alcool, en projetant la dissolution concentrée dans l'alcool à 95° centésimaux.

Coton-poudre. — Les celluloses nitriques ont des compositions et des propriétés différentes suivant les procédés employés pour les préparer (124).

On obtient le fulmicoton destiné à la fabrication des explosifs en préparant un mélange de 3 volumes d'acide azotique et de 7 volumes d'acide sulfurique concentré, que l'on introduit dans un flacon bouché à l'émeri ou dans un vase à précipiter qui peut être recouvert d'une petite plaque de verre. On immerge le coton cardé, en ayant soin, au début, de le presser avec un agitateur contre les parois du vase, de façon à chasser les bulles d'air ; au bout d'une heure, on le retire avec la baguette de verre, on le presse contre les parois supérieures du vase de façon à chasser une partie de l'acide dont il est imprégné, on le lave à grande eau et on termine par un lavage dans un courant d'eau en plaçant le coton dans un entonnoir de verre placé sous un robinet. On le presse entre les doigts pour l'égoutter et on le fait sécher sur plusieurs doubles de papier à filtre.

Un fulmicoton bien préparé doit brûler rapidement sans laisser de résidu.

Le fulmicoton, soluble dans un mélange d'alcool et d'éther et destiné à la préparation du collodion, se prépare un peu différemment. Divers mélanges d'acide azotique et d'acide sulfurique ont été proposés à cet effet ; nous indiquerons deux dosages qui donnent d'excellents résultats.

On fait un mélange d'acide azotique fumant coloré en jaune par des vapeurs nitreuses et d'acide sulfurique dans les proportions suivantes :

> 4 volumes d'eau,
> 6   —   d'acide azotique fumant ;

à ce liquide on ajoute

> 18 volumes d'acide sulfurique concentré.

On remue le tout et lorsque la température qui s'est élevée vers 70° est redescendue à 55°, on immerge le coton dans le liquide, en prenant les précautions indiquées plus haut ; on recouvre le verre et on abandonne l'opération à elle-même pendant 10 à 12 minutes.

On retire alors rapidement le coton, on le fait tomber dans une terrine pleine d'eau, et on continue les lavages de façon que la majeure partie de l'acide soit enlevée dans le moins de temps possible. On termine par un lavage dans un courant d'eau et on fait sécher.

Un autre procédé consiste à mélanger 100 grammes de salpêtre en poudre fine et 200 grammes d'acide sulfurique. On remue avec un agitateur et lorsque le mélange est bien homogène, on y plonge le coton (5 grammes) ; on ferme le vase et on laisse en digestion pendant 10 minutes. On verse alors le contenu du flacon dans une grande terrine pleine d'eau et on poursuit rapidement les lavages comme ci-dessus.

Pour préparer du collodion, on introduit dans un flacon de 500 centimètres cubes :

$$\text{Éther rectifié.} \ldots \ldots \quad 300^{cc},$$
$$\text{Coton-poudre} \ldots \ldots \quad 5^{gr}.$$

On agite de manière à distendre toutes les fibres du coton, qui d'ailleurs ne doit pas se dissoudre ; on ajoute par petites portions, en agitant chaque fois,

$$\text{Alcool à } 90^\circ \ldots \ldots \quad 350^{c}.$$

Le coton se gonfle, se divise et disparaît bientôt. On laisse reposer et on décante doucement de façon à ne pas en-traîner quelques parties non dissoutes qui se sont déposées au fond du flacon.

SEPTIÈME MANIPULATION.

Sublimation du camphre. — Préparation de l'essence d'amandes amères.

Sublimation du camphre. — La sublimation du cam-phre s'effectue simplement en introduisant dans une fiole à fond plat de 250 centimètres cubes, par exemple, quelques grammes de camphre du commerce en fragments grossiers. La fiole repose sur un bain de sable formé d'un large têt en terre rempli de sable fin desséché. En chauffant très légè-gement le bain de sable, on détermine la sublimation du camphre, qui vient se déposer en cristaux sur la partie supérieure du ballon et dans le col. On évite les pertes par évaporation en bouchant incomplètement le col de la fiole à l'aide d'un cornet de papier renversé.

Cette sublimation du camphre s'effectue d'ailleurs lente-ment sans qu'il soit nécessaire de chauffer. Il suffit d'introduire du camphre au fond d'un flacon ou mieux d'une longue éprouvette bouchée à l'émeri pour obtenir au bout de quelques jours une belle cristallisation sur les parois du vase. L'inégale distribution de la température sur les parois et les variations de la température ambiante déterminent des volatilisations et condensations successives grâce auxquelles les cristaux se développent librement.

Préparation de l'essence d'amandes amères. — La préparation de cette substance à l'aide des amandes amères est une opération qui ne réussit bien que si l'on opère sur des quantités de matière un peu considérables. Elle exige que l'on ait à sa disposition des tourteaux d'amandes amères, c'est-à-dire que l'on ait débarrassé préalablement par expression les amandes des matières grasses qu'elles contiennent.

Le tourteau est délayé dans 10 fois son poids d'eau au moins et abandonné pendant 24 heures au contact de ce liquide. Très rapidement, l'*émulsine* réagit sur l'*amygdaline* et l'on perçoit l'odeur de l'essence d'amandes amères, ou plutôt l'odeur de l'acide cyanhydrique qui prend naissance simultanément.

Si l'on suppose que l'on ait à sa disposition le produit de cette macération, la préparation peut se continuer sans trop de difficultés.

Le liquide filtré est distillé et la distillation continuée jusqu'à ce que le liquide distillé soit sans odeur. On trouve dans le récipient de l'eau renfermant un peu d'acide cyanhydrique, d'aldéhyde benzoïque et, au-dessous, une couche huileuse d'essence d'amandes amères; on sépare les deux couches liquides à l'aide d'un entonnoir effilé ou d'un entonnoir à robinet.

Cette essence d'amandes amères est impure ; elle retient de l'acide cyanhydrique, de l'acide benzoïque et divers produits dérivés de l'acide benzoïque ou de l'aldéhyde. Il est facile de vérifier, même sur de petites quantités de matière, que l'aldéhyde benzoïque forme une combinaison cristalline avec le bisulfite de soude. Il suffit d'introduire dans un tube à essais 1 ou 2 centimètres cubes d'essence et 4 à 5 fois le volume d'une dissolution concentrée de bisulfite de soude, de fermer l'orifice avec le pouce et d'agiter vivement pour obtenir un magma cristallin.

En s'appuyant sur cette réaction on peut se proposer d'extraire l'aldéhyde benzoïque pure contenu dans une essence brute ; mais, en raison des pertes inévitables qu'entraînent les diverses manipulations, cette opération ne peut être effectuée que sur des quantités de matière un peu considérables.

On agite l'essence dans un flacon bouché à l'émeri avec 4 fois son volume d'une solution concentrée de bisulfite de soude récemment préparé. La combinaison s'effectue avec dégagement de chaleur ; on laisse refroidir, et on jette les cristaux sur un entonnoir dans la douille duquel on a introduit un petit tampon d'amiante ; on laisse égoutter, et on lave à l'alcool. On fait ensuite tomber ces cristaux dans une petite cornue avec un excès de lessive de soude moyennement concentrée et on distille. Le bisulfite alcalin se trouve ainsi transformé en sulfite neutre qui ne peut former avec l'aldéhyde aucune combinaison, et l'on recueille dans le récipient de l'eau et de l'aldéhyde pur, qui forment deux couches distinctes. On les sépare à l'aide d'un entonnoir effilé, on fait digérer l'aldéhyde avec quelques fragments de chlorure de calcium desséché dans un flacon fermé, pendant quelques heures, et on distille de nouveau.

HUITIÈME MANIPULATION.

Acide formique. — Acide acétique cristallisable. — Acide oxalique. — Acide tartrique. — Sublimation de l'acide benzoïque.

Préparation de l'acide formique. — On prépare l'acide formique étendu d'eau, en chauffant l'acide oxalique, en présence d'un grand excès de glycérine, dans l'appareil distillatoire représenté par la figure 80.

On introduit dans la cornue, dont la capacité est de 1 litre, par la tubulure, et en s'aidant d'un entonnoir, 100 grammes de glycérine et 100 grammes d'acide oxalique cristallisé. On chauffe la cornue dans un bain-marie formé d'une marmite en fonte renfermant une dissolution concentrée de sel marin. La réaction se produit lentement, des bulles de gaz se dégagent dans toute la masse, de l'acide formique et de l'eau se condensent dans le récipient. L'eau condensée est fournie par l'acide oxalique cristallisé, qui contient $2H^2O^2$ $(C^4H^2O^8 + 2H^2O^2)$. Lorsque le dégagement gazeux se ralentit, on peut ajouter de nouveau de l'acide oxalique par la tubulure de la cornue sans arrêter l'opération, et obtenir ainsi, d'une façon continue, de l'acide formique étendu.

L'acide formique serait plus concentré, il contiendrait de 50 à 60 pour 100 d'acide pur, si on remplaçait l'acide oxalique cristallisé par l'acide oxalique desséché. L'acide oxalique perdant son eau de cristallisation un peu au-dessus de 100°, il suffit, pour le déshydrater, de le chauffer, dans la cornue même où on doit faire l'opération, jusqu'à ce que la vapeur d'eau cesse de se condenser sur les parois froides du col. A ce moment on verse la glycérine, puis on adapte l'allonge et le récipient.

L'acide formique aqueux ainsi obtenu est souillé par un peu de glycérine entraînée; on le purifie par une nouvelle distillation.

Cet acide étendu peut être appliqué à la préparation de quelques formiates. Il suffit pour cela de le chauffer et d'y ajouter le carbonate correspondant, jusqu'à ce que toute effervescence ait cessé. A ce moment on porte le liquide à l'ébullition, on filtre et, par refroidissement, ou par une concentration convenable, le formiate cristallise. On obtient ainsi facilement les formiates de baryte, de strontiane en cristaux volumineux, incolores, et d'une limpidité parfaite.

Le formiate de plomb est peu soluble à froid; aussi se dépose-t-il par refroidissement de sa dissolution bouillante. En chauffant à 120° le formiate de plomb bien sec dans un tube de verre, dans un courant d'hydrogène sulfuré sec, on prépare l'acide formique cristallisable.

Acide acétique cristallisable. — En chauffant dans un petit appareil distillatoire 80 grammes d'acétate de soude fondu, et 60 grammes d'acide sulfurique concentré, on recueille dans le récipient de l'acide acétique presque débarrassé d'eau. Il est bon de fractionner les produits de cette opération, en recueillant dans un petit ballon les premiers produits et n'adaptant le récipient bien desséché que lorsqu'on a distillé quelques centimètres cubes de liquide. L'eau introduite par les matières réagissantes se retrouve dans les premières portions.

On introduit immédiatement l'acide dans un petit flacon bouché à l'émeri, et on constate, en enveloppant celui-ci de glace, que l'acide acétique se solidifie, surtout lorsqu'on se met à l'abri de la surfusion en l'agitant vivement.

Acide oxalique. — Le procédé le plus simple que l'on puisse employer pour préparer l'acide oxalique, consiste à oxyder le sucre, le glucose ou l'amidon par l'acide azotique étendu.

On effectue la réaction dans un appareil distillatoire formé simplement d'une cornue d'un demi-litre, dont le col s'engage librement dans le col d'un ballon refroidi. On introduit dans la cornue 30 grammes environ de sucre grossièrement concassé et 6 à 7 fois le poids d'un acide azotique de densité 1,2, obtenu, par exemple, en additionnant l'acide azotique ordinaire du commerce d'un peu moins de la moitié de son poids d'eau.

On chauffe très légèrement tout d'abord, de façon à commencer la réaction ; celle-ci s'annonce par un dégagement abondant d'acide carbonique et de bioxyde d'azote qui, au contact de l'air, donne des vapeurs rutilantes. Si la réaction devenait tumultueuse, on cesserait immédiatement de chauffer et on laisserait l'opération se poursuivre d'elle-même. Dès que la réaction se ralentit, on chauffe un peu plus, sans cependant atteindre une température telle, qu'il y ait distillation notable d'eau et d'acide azotique dans le récipient. Lorsque le dégagement gazeux a cessé, on élève la température de façon à réduire le volume au sixième environ, puis on verse le contenu de la cornue dans une capsule de porcelaine et on évapore très doucement jusqu'à ce que des cristaux commencent à se former à la surface du liquide. Par le refroidissement, l'acide oxalique cristallise ; on décante le liquide acide qui baigne les cristaux, et on dissout ceux-ci dans une petite quantité d'eau bouillante ; les cristaux qui se déposent de nouveau par le refroidissement, sont alors à peu près complètement débarrassés d'acide azotique.

Si dans cette préparation on substituait l'amidon au sucre de canne, la réaction serait plus vive, en raison de l'état de division de la matière, et plus difficile à régler.

Acide tartrique. — L'extraction de l'acide tartrique de la *crème de tartre*, ou tartrate acide de potasse, comprend deux opérations : dans la première, on transforme le tartrate de potasse en tartrate de chaux ; dans la seconde, on décompose ce sel par un poids équivalent d'acide sulfurique.

Le tartrate acide de potasse étant très peu soluble dans l'eau froide, on le pulvérise finement et on le projette par petites portions dans l'eau bouillante, en remuant constamment avec une baguette ; on effectuera ainsi la dissolution de 50 grammes de crème de tartre dans 500 centimètres cubes environ d'eau portée à l'ébullition dans une capsule de porcelaine. On ajoute alors, peu à peu, de la craie finement pulvérisée, jusqu'à ce que l'addition d'une nouvelle quantité de carbonate de chaux cesse de donner une effervescence. A ce moment la liqueur contient du tartrate neutre de potasse, et la moitié de l'acide tartrique s'est déposée à l'état de tartrate de chaux insoluble. On termine la transformation en tartrate de chaux en versant dans le liquide chaud une dissolution de chlorure de calcium jusqu'à ce que la liqueur qui surnage le précipité ne se trouble plus par une nouvelle addition du sel de chaux.

On laisse reposer le précipité, on décante le liquide et on lave le tartrate de chaux, jusqu'à ce que l'eau de lavage filtrée ne précipite plus par le nitrate d'argent, signe que l'on a éliminé tout le chlorure de potassium formé par double décomposition.

Si toutes ces opérations ont été soigneusement faites, la presque totalité du tartrate de chaux est restée au fond de la capsule. On mêle le précipité avec 32 grammes d'acide sulfurique du commerce préalablement étendu de trois fois son poids d'eau, on agite avec une baguette et on porte peu à peu à une température un peu inférieure à la température d'ébullition. Il se forme du sulfate de chaux et une dissolution d'acide tartrique ; on filtre la liqueur bouillante, on lave le précipité avec une petite quantité d'eau bouillante, et on concentre le liquide filtré par évaporation au bain-marie, jusqu'à consistance sirupeuse. Par le refroidissement, des cristaux d'acide tartrique se déposent, mais la cristallisation ne se produit généralement qu'au bout de plusieurs jours de repos ; elle est facilitée par la présence d'un petit excès d'acide sulfurique.

Bien que le sulfate de chaux soit très peu soluble, surtout dans l'eau bouillante, la liqueur qui renferme l'acide tartrique en contient des quantités assez notables pour que, bien avant que l'on ait atteint la consistance sirupeuse, un dépôt de sulfate de chaux se forme sur les parois de la capsule. Il convient alors de filtrer le liquide chaud et de terminer la concentration.

Sublimation de l'acide benzoïque. — La préparation de l'acide benzoïque à l'aide du benjoin, par sublimation, s'effectue dans l'appareil représenté par la figure 88. On remplit le têt en terre de *benjoin* grossièrement concassé ; il faut chauffer plus fortement que s'il s'agissait de sublimer de la naphtaline et plus longtemps (2 heures au moins) ; le rendement est, en effet, très faible, 1 kilogramme de benjoin ne donnant pas plus de 40 grammes environ d'acide benzoïque. Mais les cristaux obtenus sont des lamelles d'une blancheur parfaite et la volatilisation simultanée de divers produits aromatiques communique au produit une odeur très agréable. Il est indispensable, d'ailleurs, de recouvrir le têt d'une feuille de papier joseph bien collée sur ses bords, afin d'arrêter des huiles empyreumatiques fortement colorées qui souilleraient le produit.

Préparation de l'aniline. — Sa transformation en rosaniline. — Cuve d'indigo.

Préparation de l'aniline. — Dans la cornue (1 litre de capacité) d'un appareil distillatoire ordinaire, on introduit :

50 grammes de limaille de fer,

puis

50 grammes de nitrobenzine,
50 — d'acide acétique.

On chauffe très peu tout d'abord, de façon à amorcer la réaction, puis, dès qu'on voit la masse se boursoufler légèrement, on éteint. La réaction devient bientôt tumultueuse, la masse se boursoufle et, en quelques instants, la majeure partie du liquide introduit dans la cornue s'est condensée dans le récipient refroidi. On reverse ce liquide dans la cornue, puis on distille en chauffant doucement, jusqu'à ce que la masse soit sèche.

Dans le récipient on trouve une couche d'aniline et de l'eau; on sépare les deux liquides à l'aide d'un entonnoir effilé. On peut essayer sur ce produit les réactions caractéristiques de l'aniline. On introduit, par exemple, une goutte d'aniline et quelques centimètres cubes d'une solution étendue et récemment faite de chlorure de chaux, dans un petit tube à essais : le liquide prend une couleur violette ; si on ajoute un peu d'éther et qu'on agite en fermant le tube avec le doigt, l'éther surnage coloré en bleu et le liquide conserve une coloration rouge.

Rouge d'aniline. — Rosaniline. — La préparation du rouge d'aniline ou fuchsine ne se fait pas avec l'aniline pure, mais avec un mélange d'aniline et de toluidines que l'industrie livre au commerce sous le nom d'*aniline pour rouge* (192).

On introduit dans un matras d'essayeur à long col :

10 grammes d'aniline,
12 — d'acide arsénique,
10 — d'eau.

On chauffe très légèrement le matras en le faisant tourner constamment entre les doigts ; l'eau en l'aniline se volatilisent, se condensent sur les parois du col du matras, puis retombent ; la masse s'épaissit peu à peu et prenant une coloration rouge foncé, et lorsque, en plongeant une baguette de verre dans la matière, on constate que celle-ci prend, par refroidissement, une belle couleur mordorée, on peut considérer la réaction comme terminée.

La rosaniline formée dans cette réaction est restée unie à l'acide arsénique et à l'acide arsénieux qui provient de la réduction partielle de l'acide arsénique. On laisse refroidir et on introduit dans le matras une dissolution de carbonate de soude obtenue en dissolvant 8 grammes de carbonate de soude dans 50 grammes d'eau bouillante. On maintient le liquide en ébullition pendant quelques minutes et on jette le liquide qui s'est chargé d'arséniate et d'arsénite de soude, laissant un résidu peu soluble d'un arséniate basique de rosaniline.

On épuise à plusieurs reprises le contenu du matras par l'eau bouillante et l'on réunit les dissolutions partielles fortement colorées en rouge, dans une capsule de porcelaine. On porte le tout à l'ébullition, et on ajoute 25 grammes de sel marin. Par le refroidissement, de petits cristaux de chlorhydrate de rosaniline ou *fuchsine*, peu soluble dans l'eau chargée de sel, se déposent. On décante le liquide qui contient de l'arséniate de soude et, en redissolvant les cristaux de fuchsine dans la plus petite quantité d'eau bouillante, on obtient cette fois, par le refroidissement, des cristaux bien définis.

Quelques fragments de fuchsine suffisent pour colorer en rouge plusieurs litres d'eau. Pour teindre en rouge un écheveau de laine ou de soie, il suffit de le tremper, en l'agitant constamment, dans une dissolution tiède de fuchsine. Pour obtenir une teinture bien régulière, il est préférable de tremper l'écheveau tout d'abord dans une dissolution chaude à peine colorée, et d'ajouter la fuchsine par portions successives. On retire ensuite l'écheveau du bain de teinture, et on le lave abondamment, à plusieurs reprises, à l'eau froide.

Cuve d'indigo. — Parmi les divers procédés que l'on peut employer pour transformer l'indigo bleu en une dissolution d'indigo blanc propre à la teinture (*cuve d'indigo*), nous n'indiquerons que la préparation de la cuve dite *à la couperose*.

On éteint dans une petite quantité d'eau 6 grammes de chaux vive; on dissout d'autre part dans l'eau bouillante 4 grammes de sulfate de protoxyde de fer ou couperose verte et on introduit le tout dans un flacon à large goulot de 500 centimètres cubes en même temps que 5 grammes d'indigo finement pulvérisé. On achève de remplir le flacon avec de l'eau bouillante, on le ferme hermétiquement, on agite vivement et on laisse reposer quelques heures. Lorsque la réaction est terminée, le liquide a pris une teinte jaune; si sa couleur était légèrement verdâtre, on ajouterait quelques gouttes d'une dissolution concentrée de sulfate de fer et on laisserait reposer de nouveau.

La liqueur renferme de l'indigo blanc, soluble à la faveur d'un excès de chaux. Il suffit de puiser à l'aide d'une pipette une petite quantité de ce liquide, de le saturer, dans un verre à expériences, par de l'acide chlorhydrique dilué, pour obtenir un précipité blanc-grisâtre d'indigo blanc; en agitant vivement avec une baguette de verre de façon à faire intervenir l'oxygène de l'air, le précipité se colore en bleu.

Une étroite bande de calicot immergée pendant quelques instants, par une de ses extrémités, dans le liquide du flacon, se colore en bleu lorsqu'on l'expose ensuite au contact de l'air.

DIXIÈME MANIPULATION.

Préparation de la morphine. — Préparation de l'urée.

Préparation de la morphine. — La morphine s'extrait de l'opium; les variétés les plus riches en renferment jusqu'à 10 pour 100.

Des divers procédés proposés pour extraire la morphine, le plus simple, qui ne fournit il est vrai que de la morphine impure, est le suivant.

On prépare tout d'abord un extrait aqueux d'opium, en découpant celui-ci en tranches minces et le faisant macérer pendant vingt-quatre heures dans 8 fois son poids d'eau distillée froide. On malaxe l'opium de façon à en extraire le plus possible de matière solide, et on renouvelle ce traitement jusqu'à ce que l'opium ait cédé toutes les matières solubles. On réunit toutes ces liqueurs et on les concentre au bain-marie, jusqu'à consistance sirupeuse. La préparation de cet extrait exige, comme on le voit, plusieurs jours; mais une fois l'extrait obtenu, le reste de l'opération s'effectue assez rapidement.

La morphine est contenue dans cet extrait en combinaison avec divers acides organiques; ces sels sont solubles dans l'eau. On ajoute à l'extrait d'opium une petite quantité d'eau distillée froide, on mélange aussi intimement que possible avec une baguette de verre, et on maintient en contact pendant quelque temps en agitant fréquemment; on dissout ainsi les sels de morphine, et on laisse un résidu de matières grasses, de résines, et de narcotine que l'on sépare par le filtre.

En ajoutant quelques gouttes d'ammoniaque à la liqueur, on précipite une petite quantité de morphine impure entraînant la matière colorante; on filtre, on ajoute de l'ammoniaque jusqu'à ce que l'odeur de celle-ci persiste, et on porte à l'ébullition de façon à chasser l'excès d'alcali.

On précipite ainsi de la morphine presque pure que l'on recueille sur un petit filtre et qu'on lave à l'eau froide.

La morphine ainsi préparée est amorphe ; on l'obtient cristallisée et plus pure en la dissolvant dans une petite quantité d'alcool bouillant qui l'abandonne par le refroidissement.

On peut extraire plus rapidement la morphine en employant une méthode appliquée au dosage de cet alcaloïde dans l'opium. On coupe en tranches fines 10 grammes d'opium et on les triture dans un mortier avec 100 grammes d'alcool à 75° centésimaux employés par portions successives. On jette chaque fraction du liquide alcoolique sur un linge fin qui sert de filtre, et on additionne cette liqueur de 5 centimètres cubes d'ammoniaque. L'alcali déplace la morphine, qui se dépose peu à peu à l'état cristallin. La précipitation n'est complète qu'au bout de quelques jours.

La petite quantité de morphine préparée par l'une ou l'autre de ces méthodes permet d'effectuer quelques réactions caractéristiques de cette base. Elle agit comme corps réducteur : ainsi, il suffit d'ajouter une petite quantité de matière à une dissolution très étendue de chlorure d'or pour obtenir un dépôt pulvérulent d'or métallique tellement divisé que la liqueur paraît bleue lorsqu'on l'examine par transparence.

Si l'on ajoute un peu de morphine en poudre à une dissolution étendue de perchlorure de fer, on obtient une coloration bleue ; la couleur serait verte, si le sel de fer était en excès.

On dépose au fond d'une petite capsule de porcelaine ou sur une soucoupe quelques grains de morphine et on les touche avec une baguette de verre, trempée dans l'acide azotique : une coloration rouge sang apparaît aussitôt, mais la goutte liquide prend bientôt une couleur jaune persistante.

Préparation de l'urée. — L'urée peut être extraite de l'urine ou préparée par synthèse.

1° *Extraction de l'urine.* — 1300 grammes d'urine normale représentant le poids de ce liquide sécrété en moyenne en vingt-quatre heures par un homme bien portant, renferment 35 grammes d'urée environ.

Un litre d'urine fraîche est évaporé rapidement dans une capsule de porcelaine, à feu nu tout d'abord, puis, vers la fin de l'opération, au bain-marie, de façon que son volume soit réduit au $\frac{1}{10}$ environ. Au liquide froid on ajoute 100 centimètres cubes d'acide azotique parfaitement exempt de produits nitreux. La liqueur se prend en une masse de petits cristaux prismatiques d'azotate d'urée ; on jette le tout sur un petit entonnoir dans la douille duquel on a placé un tampon d'amiante, on laisse égoutter, puis on lave rapidement à deux ou trois reprises avec de l'eau glacée.

Ces cristaux d'azotate d'urée sont colorés en jaune ou en brun ; pour les décolorer, on les dissout sur le filtre dans une petite quantité d'eau bouillante et on reçoit la liqueur dans un petit matras. On ajoute du noir animal préalablement lavé à l'acide chlorhydrique étendu et à l'eau distillée (afin de le dépouiller des sels qu'il contient), on chauffe pendant quelques instants au bain-marie, et on filtre. L'azotate d'urée cristallise par le refroidissement.

Pour extraire l'urée de l'azotate, on délaye les cristaux dans une petite quantité d'eau tiède et on ajoute peu à peu une dissolution concentrée de carbonate de potasse jusqu'à ce que toute effervescence ait cessé. Il s'est formé de l'azotate de potasse et l'acide carbonique s'est dégagé ; quant à l'urée, elle reste dissoute dans le liquide avec l'azotate alcalin. On filtre, on évapore à sec au bain-marie ; le résidu de l'évaporation est introduit dans un petit ballon muni d'un bouchon et d'un tube droit de 50 centimètres de hauteur ; on porte à l'ébullition au bain-marie, et l'urée se dissout seule. On filtre et, en évaporant la majeure partie de l'alcool au bain-marie dans une petite capsule de porcelaine, on obtient une dissolution concentrée qui laisse cristalliser l'urée par le refroidissement.

2° *Synthèse de l'urée.* — La synthèse de l'urée repose sur la transformation du cyanate de potasse en cyanate d'ammoniaque ; celui-ci se convertit en urée par une simple transformation moléculaire.

On prépare le cyanate de potasse en chauffant un mélange de ferrocyanure de potassium ou prussiate jaune de potasse avec du bioxyde de manganèse. Le cyanate étant détruit par la vapeur d'eau, il est indispensable que les matières réagissantes soient parfaitement sèches.

On pulvérise soigneusement le ferrocyanure de potassium (il cristallise avec 3 équivalents d'eau, $FeCy^3K^2 + 3HO$) et on le dessèche dans une capsule de porcelaine en l'agitant constamment avec une baguette de verre. On dessèche d'autre part, dans une marmite en fonte, 70 grammes de bioxyde de manganèse en poudre et on ajoute 140 grammes de ferrocyanure de potassium desséché. On élève peu à peu la température au rouge sombre, en agitant avec une tige de fer ; la masse noircit et devient pâteuse. On arrête à ce moment l'opération : le bioxyde de manganèse a cédé une partie de son oxygène au ferrocyanure, formant du cyanate de potasse et de l'oxyde de fer.

La matière étant refroidie, on la détache aussi soigneusement que possible, on la pulvérise, on l'épuise par l'eau froide, dans laquelle le cyanate de potasse est très soluble et on filtre de façon à éliminer les oxydes métalliques insolubles. A la dissolution de cyanate de potasse ainsi obtenue, on ajoute 100 grammes de sulfate d'ammoniaque et on évapore le tout au bain-marie, à siccité. Le résidu est formé de sulfate de potasse et d'urée ; en épuisant par l'alcool bouillant, on sépare l'urée du sulfate de potasse insoluble dans l'alcool.

Manipulations.

14703. — Imprimerie A. Lahure, rue de Fleurus, 9, à Paris.